工业和信息化部"十二五"规划教材

炸药理论

黄寅生　编著 ●

EXPLOSIVES THEORY

北京理工大学出版社
BEIJING INSTITUTE OF TECHNOLOGY PRESS

内 容 简 介

本书共分 7 章，对炸药的热分解、燃烧、爆轰以及爆炸作用的基本特征和基本理论进行了系统的介绍。第 1 章绪论，介绍了炸药爆炸的特征与爆炸变化的基本形式；第 2 章爆炸化学，介绍了爆炸化学方程式的写法，以及氧平衡、爆热、爆温、爆容、有毒气体产物等基本爆炸参数的计算；第 3 章炸药的热分解，介绍了炸药热分解的特点、炸药的安定性和相容性研究方法；第 4 章炸药的燃烧，介绍了炸药燃烧的特点、燃烧方程式的建立与燃烧机理、燃烧转爆轰的现象与条件；第 5 章炸药的爆轰理论，从冲击波基本方程式入手，介绍了爆轰波的 C-J 理论、ZND 理论以及爆轰参数的计算；第 6 章炸药的起爆与感度，介绍了炸药在受到热、机械、冲击波、爆轰波、光、电等外界能量作用时的起爆机理，各种感度的试验方法与炸药的敏化及钝感方法；第 7 章炸药的爆炸作用，介绍了炸药爆炸对外界的作用，包括炸药爆炸的威力、猛度、聚能效应、管道效应、拐角效应的影响因素、表示方法及应用，炸药在空气中、水中和土岩中的爆炸效应。

全书力求引进新近的研究成果，内容丰富翔实。本书是特种能源工程与技术专业的本科生教材，亦可作为与炸药相关专业的本科生和研究生的参考教材，对从事研究、生产、使用炸药的工程技术人员也有参考价值。

图书在版编目（CIP）数据

炸药理论 / 黄寅生编著. —北京：北京理工大学出版社，2016.11（2025.2 重印）
工业和信息化部"十二五"规划教材
ISBN 978-7-5682-2558-8

Ⅰ. ①炸…　Ⅱ. ①黄…　Ⅲ. ①炸药-理论-高等学校-教材　Ⅳ. ①TQ560.1

中国版本图书馆 CIP 数据核字（2016）第 152341 号

出版发行 / 北京理工大学出版社有限责任公司
社　　址 / 北京市海淀区中关村南大街 5 号
邮　　编 / 100081
电　　话 / （010）68914775（总编室）
　　　　　（010）82562903（教材售后服务热线）
　　　　　（010）68944723（其他图书服务热线）
网　　址 / http://www.bitpress.com.cn
经　　销 / 全国各地新华书店
印　　刷 / 北京虎彩文化传播有限公司
开　　本 / 787 毫米×1092 毫米　1/16
印　　张 / 18　　　　　　　　　　　　　　　　责任编辑 / 李秀梅
字　　数 / 415 千字　　　　　　　　　　　　　文案编辑 / 杜春英
版　　次 / 2016 年 11 月第 1 版　2025 年 2 月第 6 次印刷　　责任校对 / 周瑞红
定　　价 / 58.00 元　　　　　　　　　　　　　责任印制 / 王美丽

PREFACE

前言

　　炸药是一种特种能源材料，是武器系统中最重要的组成部分，被工业冠以基础工业的基础、能源工业的能源，在国民经济，特别是国防武器建设上发挥着极为重要的作用。本书是在前人的基础上，结合笔者30多年"炸药理论"课程教学的感受与实践编撰而成，以适应特种能源工程与技术专业的本科教学。

　　本书共分7章，对炸药的热分解、燃烧、爆轰以及爆炸作用的基本特征和基本理论进行了系统的介绍。第1章绪论，介绍了炸药爆炸的特征与爆炸变化的基本形式；第2章爆炸化学，介绍了爆炸化学方程式的写法，以及氧平衡、爆热、爆温、爆容、有毒气体产物等基本爆炸参数的计算；第3章炸药的热分解，介绍了炸药热分解的特点、炸药的安定性和相容性研究方法；第4章炸药的燃烧，介绍了炸药燃烧的特点、燃烧方程式的建立与燃烧机理、燃烧转爆轰的现象与条件；第5章炸药的爆轰理论，从冲击波基本方程式入手，介绍了爆轰波的C-J理论、ZND理论以及爆轰参数的计算；第6章炸药的起爆与感度，介绍了炸药在受到热、机械、冲击波、爆轰波、光、电等外界能量作用时的起爆机理，各种感度的试验方法与炸药的敏化及钝感方法；第7章炸药的爆炸作用，介绍了炸药爆炸对外界的作用，包括炸药爆炸的威力、猛度、聚能效应、管道效应、拐角效应的影响因素、表示方法及应用，炸药在空气中、水中和土岩中的爆炸效应。

　　本书得到了南京理工大学的大力支持，并得到了工业与信息化部"十二五"重点规划教材的经费支持，承蒙北京理工大学出版社出版。在此对支持关心该书出版的同志表示衷心感谢！

编　者

目　录
CONTENTS

第1章
绪　　论

1.1　爆炸现象

从广义上说，爆炸是指物质在有限体积内以极为迅速的方式进行能量释放的过程，在此过程中，系统的内在势能急剧转变为机械功、光和热辐射等。爆炸的一个重要特征是，系统原有的高压气体或爆炸瞬间形成的高温高压气体骤然膨胀，在爆炸点的周围介质中发生急剧的压力突跃，而这种压力突跃是爆炸破坏作用的主要原因。

爆炸可以由不同的物理和化学变化所引起。由物理变化引起的爆炸称为物理爆炸；由核裂变或核聚变引起的爆炸称为核爆炸；由化学变化引起的爆炸称为化学爆炸。

物理爆炸在日常生活中是比较常见的，如蒸汽锅炉爆炸、高压气瓶爆炸、车胎爆裂、地震、闪电，等等。物理爆炸过程中没有新的物质生成。例如闪电，它是一种强力的电火花放电，能量可在 $10^{-7} \sim 10^{-6}$ s 内释放出来，在放电区可以达到极大的能量密度和数万度的高温，这就导致放电区空气压力迅速升高而发生爆炸，并在周围形成很强的冲击波。蒸汽锅炉或高压气瓶的爆炸也属于物理爆炸，这是由过热水迅速转变为过热蒸汽，造成的高压超过了锅炉极限强度而引起的，或者是由于充气压力过大，超过了气瓶的极限强度发生破裂而引起的。由地壳的弹性压缩能引起的地壳运动（地震）也属于一种强烈的物理爆炸现象，最大的地震能量可达 $10^{16} \sim 10^{18}$ J，比 100 万吨梯恩梯（TNT）炸药的爆炸还要厉害。

原子弹、氢弹等武器的爆炸是由核裂变或核聚变反应释放的核能引起的，核反应放出的能量比一般物理爆炸和化学爆炸放出的能量要大得多。核爆炸除了冲击波作用外，同时还有很强的光和热辐射以及各种粒子的辐射。

化学爆炸的例子有很多，如矿井瓦斯爆炸，可燃性粉尘爆炸，煤气、天然气爆炸，制药过程爆炸以及炸药的爆炸。炸药的化学爆炸是氧化还原的快速化学反应，生成大量气体、放出大量热，对外界有强烈的破坏作用。

煤、石油等矿物燃料燃烧时释放的能量来自碳、氢、氧的化合反应。一般化学炸药，如梯恩梯爆炸时释放的能量来自化合物的分解反应。在这些化学反应里，碳、氢、氧、氮等原子核都没有变化，只是各个原子之间的组合状态发生了变化。核反应与化学反应则不一样。在核裂变或核聚变反应里，参与反应的原子核都转变成其他原子核，原子也发生了变化。人们习惯上称这类武器为原子武器，但实质上它是原子核的反应与转变，所以称之为核武器更为确切。核武器爆炸时释放的能量比只装化学炸药的常规武器要大得多。例如，1 kg 铀全部裂变释放的能量约为 8×10^{13} J，比 1 kg 梯恩梯炸药爆炸释放的能量 4.19×10^6 J 约大 2 000 万倍。

核武器爆炸释放的总能量，即其威力的大小，常用释放相同能量的梯恩梯炸药量来表示，称为梯恩梯当量。各国装备的各种核武器的梯恩梯当量，小的仅 1 000 t，甚至更低；大的达 1 000万 t，甚至更高。核武器爆炸，不仅释放的能量巨大，而且核反应过程非常迅速，微秒级的时间内即可完成。因此，在核武器爆炸周围不大的范围内形成极高的温度，加热并压缩周围空气使之急速膨胀，产生高压冲击波。地面和空中核爆炸，还会在周围空气中形成火球，发出很强的光辐射。核反应还产生各种射线和放射性物质碎片，向外辐射的强脉冲射线与周围物质相互作用，造成电流的增长和消失过程，其结果又产生电磁脉冲。这些不同于化学炸药爆炸的特征，使核武器具备特有的强冲击波、光辐射、早期核辐射、放射性污染和核电磁脉冲等杀伤破坏作用。核武器的出现，对现代战争的战略战术产生了重大影响。

本书后面提到的"爆炸"，如不加说明，都是指炸药的化学爆炸。

1.2　炸药爆炸三要素

炸药爆炸变化需具备三个条件，即化学反应的放热性、化学反应的快速性和生成气态产物。它们称为爆炸反应的三要素，三者相互关联，缺一不可。

1.2.1　化学反应的放热性

化学反应的放热性是炸药爆炸变化应具备的第一个必要条件。没有这个条件，爆炸过程根本不能发生。要使炸药发生分解反应，必须首先供给能量，使其分子活化或破坏它原来的结构，重新组合成新的产物分子。没有反应的放热性这个条件，则前一层炸药爆炸后，不能激发下一层炸药的反应，爆炸过程便不能自动传播。反之，如果物质在爆炸时能释放热量，则其已爆炸部分所释放的热量是激发未爆炸部分的能源，这种爆炸过程就可以自行传播下去。此外，反应的放热性也是系统对外做功的能源，只有反应系统释放热能，才能够对外界做功，因此不放热或放热很少的反应不能提供做功所需的足够能量，当然也不会具有爆炸性。例如草酸盐的分解反应：

$$(NH_4)_2C_2O_4 \longrightarrow 2NH_3 + H_2O + CO + CO_2 - 363.6 \text{ kJ}$$

$$PbC_2O_4 \longrightarrow Pb + 2CO_2 - 69.87 \text{ kJ}$$

$$Ag_2C_2O_4 \longrightarrow 2Ag + 2CO_2 + 123.4 \text{ kJ}$$

三个反应式的形式相似，都是分解反应，但反应的热效应却不相同。前两个反应是吸热反应，不能发生爆炸，而最后一个反应是放热反应，能够发生爆炸。再如硝酸铵的分解反应：

$$NH_4NO_3 \xrightarrow[\text{常温}]{\triangle} NH_3 + HNO_3 - 170.7 \text{ kJ}$$

$$NH_4NO_3 \xrightarrow[200\,℃]{\triangle} 0.5N_2 + NO + 2H_2O + 36.1 \text{ kJ}$$

$$NH_4NO_3 \xrightarrow[200\,℃]{\triangle} N_2O + 2H_2O + 52.4 \text{ kJ}$$

$$NH_4NO_3 \xrightarrow{\text{雷管引爆}} N_2 + 2H_2O + 0.5O_2 + 126.4 \text{ kJ}$$

常温下，硝酸铵的分解是一个吸热反应，不能发生爆炸；但加热到 200 ℃左右时，分解反应为放热反应，如果放出的热量不能及时散失，炸药温度就会不断升高，促使反应速度不断加快和放出更多的热量，最终会引起炸药的燃烧和爆炸等快速的化学反应；当用雷管和起爆药柱引爆时，硝酸铵发生剧烈的放热反应，即刻爆炸。由此可见，只有放热反应才可能具有爆炸性，第一个反应靠外界供给能量来维持其分解，显然不可能发生爆炸；而余下几个反应具有放热性，因此具有爆炸性。

必须指出，炸药（主要指固态或液态炸药）在爆炸反应时放出的能量，如果按单位质量计算并不比一般燃料的多，但是若按容积计算却比一般燃料要多得多。这是因为凝聚状态的炸药本身含有氧，具有较小的比容，而一般燃料不含氧，它们要依靠加入氧气才能反应和释放能量，氧气的比容较大，整个混合物的比容也就大得多。表 1.1 列出几种炸药和燃料混合物的含能量，通过对比可以看出炸药含能量的特点。

表 1.1　炸药和燃料混合物的含能量

物质名称	含能量	
	kJ/kg	kJ/L
黑火药（ρ=1.2 g/cm³）	2 782.4	3 347.2
梯恩梯（ρ=1.6 g/cm³）	4 250.9	6 803.2
硝化棉（ρ=1.3 g/cm³）	4 288.6	5 564.7
硝化甘油（ρ=1.6 g/cm³）	6 221.6	9 957.9
碳和氧的混合物	9 204.8	17.15
苯和氧的混合物	9 748.7	18.41
氢和氧的混合物	13 514.3	7.11

由表 1.1 可见，凝聚相炸药在反应时放出的能量，就单位质量而言，它比普通燃料燃烧时放出的能量还低，但是前者集中在较小的容积内；按单位体积的含能量来看，它比普通燃料具有大得多的能量密度。因此，凝聚相炸药并非是高能量物质，而是一种高能量密度的物质。

1.2.2　化学反应的快速性

化学反应的快速性也是炸药爆炸的必要条件之一。它是爆炸过程区别于一般化学反应过程的最重要的标志。一般化学反应也可以是放热的，而且许多化学反应释放的热量比炸药爆炸化学反应释放的热量要多，但这些反应并未形成爆炸现象，其根本原因在于它们的反应过程进行得很慢。例如，1 kg 汽油在发动机中燃烧或 1 kg 煤块在空气中燃烧，所需要的时间为几分钟到数十分钟，而 1 kg 炸药爆炸反应的时间仅为十几到几十微秒（10^{-6} s），也就是说炸药的爆炸要比燃料燃烧快数千万倍。

由于炸药爆炸的化学反应速度极高，因此可以近似地认为爆炸反应产物来不及膨胀，所释放的能量全部集中在炸药爆炸前所占的体积内，从而维持一般化学反应所无法达到的很高的能量密度，这样可以形成高温高压气体，使炸药的爆炸具有巨大的功率和强烈的破坏作用。1 kg 普通炸药爆炸时释放的热量一般在 $(4.18\sim6.27)\times10^6$ J，仅相当于 1 kW 电动机工作一个多小时的能量，但在爆炸瞬间其功率可以达到 $(5\sim6)\times10^6$ kW。由此可见，炸药并不是一个能量很高的能源，而是一个功率极大的能源。

1.2.3　生成气态产物

爆炸对周围介质做功是通过高温高压气体迅速膨胀实现的，因此在化学反应过程中生成大量气体产物也是炸药爆炸的一个重要因素。这可以通过不生成气体产物的放热反应不会发生爆炸进行说明。例如铝热剂的反应：

$$2Al + Fe_2O_3 \longrightarrow Al_2O_3 + 2Fe + 853.12\,kJ$$

反应的速度很快，反应的热效应可以使产物温度达到 3 000 ℃，使其呈熔融状态，但因为没有气态产物生成，不会发生爆炸，只是高温产物逐渐将热量传导到周围介质中去，慢慢冷却凝固。

需要说明的是，在某些情况下，有足够的放热性和快速性，虽不生成气体，也可以发生爆炸过程。例如很细的铝粉组成的类似铝热剂的反应，由于铝粉中混入了空气，受热后也会发生弱爆炸。这种爆炸是空气受热膨胀后产生的，并不是铝热剂本身发生的。又如爆鸣气在爆炸时气体量不增加，反而减少了 1/3，反应式如下：

$$2H_2 + O_2 \longrightarrow 2H_2O + 483.67\,kJ$$

但是气体量的减少被反应过程中的放热性和快速性所弥补。由于产物在高温下体积增大，仍可在短时间内使压力达到 1 MPa 以上，从而也具有一定的爆炸性。

体积为 1 L 的普通炸药爆炸反应时，一般可产生 1 000 L 左右的气态产物（标准状态时）。由于反应的放热性和快速性，在爆炸瞬间形成的高温高压气体急剧膨胀，便对外界产生猛烈的机械作用。

由上可见，放热性、快速性和生成气态产物这三个要素是缺一不可的。放热性给爆炸反应提供了能源，而快速性则使有限的能量集中在较小容积内并产生强大功率，反应生成气态产物则提供了能量转换的工作介质。这三个要素又是互相联系的，反应的放热性将炸药和产物加热到较高的温度，从而使爆炸反应速度增大，即增大了反应的快速性；放热性和快速性将产物加热到更高的温度，从而使更多的产物处于气态。

炸药由其自身的化学结构和物理状态决定其可以发生爆炸变化的能力，不同的炸药，放热量的多少、反应速度的大小以及产生的气体量在程度上是各不相同的，因而它们的爆炸性能存在差异。

1.3　炸药化学反应的基本形式

炸药化学反应是氧化还原反应。根据反应方式和反应环境条件的不同，炸药的化学反应过程能够以不同的形式进行，而且在特性上具有很大的差别。按反应速度和反应传播的性质，可以将炸药的化学反应分为热分解、燃烧和爆轰。

1.3.1　热分解

炸药热分解是缓慢的化学反应。在常温条件下，当不受其他外界能量作用时，炸药常常以缓慢的速度进行分解反应。其特征是：分解在整个物质内进行，反应速度主要取决于环境温度，反应规律基本服从阿伦尼乌斯（Arrhenius）定律，即环境温度升高，化学反应速率呈指数增长。在常温条件下，热分解的速度十分缓慢。但当热分解放出的热量大于散热量时，能量就会积聚，随着时间的延续，温度会不断升高，热分解反应也会不断加速，继而引发炸药燃烧，甚至转化为热爆炸。历史上发生过多次军火库在无外界激发时发生自炸，一般是由这种过程引起的。虽然民爆器材储存期较短，但如果炸药入库时温度较高，堆垛太大，库房不通风，依然存在热分解引发炸药的自燃及爆炸的可能性。

1.3.2 燃烧

燃烧是炸药剧烈的化学反应。它与一般的缓慢化学反应的主要区别在于燃烧不是在全体炸药内进行，而是在某一局部发生，而且以化学反应波的形式在炸药中按一定的速度一层一层地自动进行传播。化学反应区比较窄，化学反应就是在这个很窄的反应区内进行和完成的。

炸药的燃烧与一般燃料燃烧不同，由于炸药本身含有氧化剂和可燃剂，因此不需要空气中的氧气就可燃烧。反应区沿炸药表面法线方向传播的速度叫作燃烧速度。一般情况下，燃烧速度在每秒几毫米至每秒数百米之间。燃烧速度与外界压力等因素有很大关系，随着压力的升高而显著增大。少量炸药铺成薄层在大气中燃烧进行得比较缓慢，也不伴随显著的声响效应。但是炸药在有限的容器中燃烧，例如在火炮的药室内燃烧，则燃烧过程进行得很快，而且压力迅速上升，燃烧后的大量气体能做抛射功并有明显的声响效应。

大部分单质炸药、混合炸药在敞开环境中用明火点燃，在控制堆积量的前提下，会平稳燃烧。当炸药在密闭环境下燃烧或堆放量非常大时，会发生燃烧转爆轰。发射药和烟火药的燃烧往往根据装药的形状和装药状态，以一定的规律进行燃烧。起爆药开始也是燃烧，但其燃烧速度变化非常快，很快燃烧就转为爆轰了。

炸药燃烧的基本特点：

（1）炸药燃烧时反应区的能量是通过热传导、气体产物扩散和热辐射传入原始炸药的。

（2）由于传热和扩散是一个缓慢的过程，因此炸药燃烧的速度比声速要低得多，一般为每秒几毫米到每秒数百米，燃烧的传播速度也大大低于爆轰波的传播速度。

（3）火焰波后的燃烧产物是向后运动的，因此在火焰区域内燃烧产物的压力较低。

（4）大量炸药或在密闭状态下的炸药燃烧，容易发生燃烧转爆炸。

1.3.3 爆轰

爆轰也是炸药剧烈的化学变化，是化学反应的最高形式。爆轰化学反应在化学反应区的局部区域发生，并快速一层一层地高速自动进行传播。炸药的爆轰是在一定条件下，以其最大速度在炸药中传播的一种化学反应。爆轰速度一般可达每秒数千米，甚至每秒上万米。

爆轰一旦形成，其受外界条件的影响就很小了，在爆炸点附近压力急剧升高，无论是在敞开体系或密闭容器中，爆炸产物都急剧地冲击周围介质，从而导致附近的物体产生变形和破坏飞散。

爆轰过程有稳定爆轰和不稳定爆轰。传播速度恒定不变的爆轰称为稳定爆轰，传播速度变化的爆轰称为不稳定爆轰。图 1.1 表示用雷管起爆炸药柱时爆轰速度变化的情况。在前一阶段爆轰速度是随时间（或距离）变化的，并呈逐渐增大的趋势，这是不稳定爆轰段。以后以此恒定速度传播下去，直到全部炸药柱反应完毕。

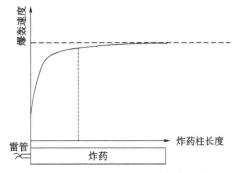

图1.1　雷管起爆炸药柱时爆轰速度的变化情况

爆轰与爆炸在意义上是可以通用的，只不过强调的着眼点不同。爆炸面更广些，爆炸包括炸药药剂的爆轰反应，也可指炸药爆轰后，爆轰产物对外界的爆炸作用，而爆轰脱离了爆炸就没有意义了。

燃烧和爆轰是两种不同特性的化学反应过程，它们的最主要区别如下：

（1）从传播过程的机理来看，燃烧时反应区的能量是通过热传导、热辐射及产物的扩散作用传入未反应炸药的，而爆轰的传播则是借助于冲击波的冲击压缩作用进行的。

（2）从质点运动方向来看，燃烧过程中反应区内产物的质点运动方向与燃烧波阵面的方向相反，波阵面压力低；而爆轰时反应区内产物的质点运动方向与爆轰波的传播方向一致，波阵面压力较高，达几十MPa甚至几十GPa。

（3）从反应地点来看，凝聚相炸药燃烧时，放热反应主要是在气相中进行的，而爆轰时的放热反应主要在液相或固相中进行。

（4）从波的传播速度来看，燃烧一般在每秒几毫米至每秒几百米，一般小于声速，爆轰波总是以大于原始炸药声速传播，为每秒几百米至每秒几千米，甚至达到每秒上万米。

（6）从受外界影响来看，燃烧过程受环境温度、压力等条件影响较大，爆轰速度极快，几乎不受外界条件的影响。

需要指出的是，炸药化学反应的三种形式在性质上虽各不相同，但它们之间有着紧密的内在联系，炸药的缓慢分解在一定条件下可以转变为炸药燃烧，而燃烧在一定条件下也可以过渡到不稳定爆轰，进而发展为稳定爆轰。炸药的这三种化学反应形式在一定的条件下可以相互转化：

$$\text{热分解} \underset{\text{燃烧熄灭}}{\overset{\text{放热量＞散热量}}{\rightleftharpoons}} \text{燃烧} \underset{\text{熄爆}}{\overset{\text{燃速加快}}{\rightleftharpoons}} \text{爆轰}$$

在燃烧过程中，如果生成气体的速度大于排气速度，气体平衡被打破，压力增大，燃烧速度加快，燃烧就变得不稳定，并可能转成爆轰。反之则产生熄爆、熄燃。

1.4　炸药的分类

能称作炸药的物质种类繁多，它们的组成、物理性质、化学性质和爆炸性质各不相同。为了认识它们的本质、特性，以便进行研究和使用，对它们进行相应的分类是必要的。通常有两种分类方法，一种是按炸药的用途分类，另一种是按其组成和分子结构分类。另外，也有按照物质状态等其他方法分类的。

1.4.1　按炸药的用途分类

根据炸药的用途不同，可分为起爆药、猛炸药、火药和烟火剂四大类。

1. 起爆药

起爆药是一种对外界作用十分敏感的炸药。起爆药在较轻微的外界能量（如机械能或热能）的作用下就能引发化学反应，并能在极短的时间内由燃烧转变为爆轰。起爆药主要用于引发其他炸药的爆炸变化，常用于制造各种起爆器材和点火器材，如火帽和雷管等。起爆药能直接在外界作用下引发爆炸，因此也被称为初级炸药、始发炸药或第一炸药。

单质起爆药主要是单一组分的起爆药。常用的有雷汞 $[Hg(ONC)_2]$、叠氮化铅 $[Pb(N_3)_2]$、斯蒂酚酸铅（LTNR）$[C_6H(NO_2)_3O_2Pb]$、二硝基重氮酚（DDNP）$[C_6H_2(NO_2)NO_2]$、四氮烯（$C_2H_8ON_{10}$）、硝酸肼镍（NHN）$[(NH_2)_6Ni(NO_2)_2]$ 等。

混合起爆药是由两种或两种以上的起爆药采用共沉淀或共结晶方式组成的混合物。常用的混合起爆药有：D.S 共沉淀起爆药（叠氮化铅与斯蒂酚酸铅混合物）、K.D 共晶起爆药（碱式苦味酸铅与叠氮化铅复盐）、Y.D 共沉淀起爆药（乙撑二硝胺铅与叠氮化铅混合物）。

高能钝感起爆药包括：GTG（CCP）（高氯酸三碳酸肼合镉（Ⅱ）、CP（2-高氯酸（5-氰基四唑酸）亚氨铬钴）、BNCP（高氯酸·四氮·双（5-硝基四唑合钴（Ⅲ）））、YE（乙二胺二高氯酸盐半水合物）。

近年来，为了避免敏感药剂的应用，已经发明了以点火药作为"起爆药"的非起爆药药剂，装入具有一定约束力的金属管壳中，使炸药产生燃烧而后转为爆轰（DDT），如已成功地在工程雷管中应用的 KBG 药剂和 KP/RDX 药剂；或利用金属桥膜或含能桥膜在通电爆炸后产生的等离子体直接驱动飞片撞击钝感炸药引发爆炸（EFI）的无起爆药的雷管。

2. 猛炸药

猛炸药的化学反应形式主要是爆轰，爆炸时对周围介质有猛烈的破坏作用，猛炸药因此而得名。猛炸药在一般用量和条件下，用简单的激发冲量不能引起爆轰，使用时通常需借助起爆药的爆轰来激发其爆轰，因此有时也称猛炸药为高级炸药、次发炸药和第二炸药。

猛炸药在军事上主要用作各种弹药的爆炸装药和制造爆破器材；在民用中主要用于开矿、采石、筑路、建筑工程等爆破工程以及各种爆炸加工。

猛炸药的生产和使用量很大，为了确保生产和使用中的安全，有实际使用价值的猛炸药必须具有对机械和热作用不太敏感、用简单的能量激发作用不能使其爆炸、爆炸后有较大的爆炸能量等特点，此外还有其他性能及成本的要求。

常用的单质猛炸药主要有梯恩梯（TNT）$[C_6H_2(NO_2)_3CH_3]$、黑索今（RDX）$[(CH_2NNO_2)_3]$、奥克托今（HMX）$[(CH_2NNO_2)_4]$、太安（PETN）$[C_5H_8(ONO_2)_4]$、特屈儿（TE）$[C_6H_2(NO_2)_4NCH_3]$、六硝基芪（HNS）$[(C_6H_2(NO_2)_3CH)_2]$、硝化甘油（NG）（$C_3H_5O_9N_3$）、硝基胍（$CH_4N_4O_2$）、六硝基六氮杂异伍兹烷（CL20）（$C_6H_6O_{12}N_{12}$）、二硝基呋咱基氧化呋咱（DNTF）（$C_6H_8O_8$）、三氨基三硝基苯（TATB）（$C_6H_6N_6O_6$）、二羟基联四唑二羟胺盐（HATO）（$C_2H_8N_{10}O_4$），等等。

常用的混合炸药主要有钝化黑索今（A 系列）、梯黑炸药（B 系列）、高分子混合炸药（C 系列），包括含铝混合炸药、液体混合炸药、工业炸药（铵梯炸药、铵油炸药、水胶炸药、乳化炸药）、燃料空气炸药（FAE）及温压炸药等。

3. 火药

火药的化学变化形式主要是燃烧。火药可以在没有外界助燃剂（如氧）的参与下，在相当宽的压力范围内保持有规律的燃烧，放出大量的气体和热能，对外做抛射功和推送功，因此火药常用作发射武器的能源，如火炮的发射药、火箭发动机的推进剂。其主要代表有：

（1）黑火药或有烟火药。它是我国古代的四大发明之一，是所有现代炸药的前身，由硝酸钾、木炭和硫黄按一定比例混合而成。它曾经起过起爆药、发射药和猛炸药的三重作用，不仅用于古代军事，也广泛用于工程爆破，对人类文明起过不小的作用。由于黑火药易于点燃、燃烧迅速、点火能力强、性能稳定，目前仍广泛使用，用于制作导火索、点火药、传火药等。

（2）单基火药。单基火药又称硝化棉火药，它的组成中有近 95% 的硝化棉，另外 5% 左右为非爆炸性组分，主要用作枪、炮的发射药。

（3）双基火药。这种火药有两种主要成分，除硝化棉外还有硝化甘油或硝化乙二醇，硝化甘油和硝化乙二醇是硝化棉的溶剂，它们挥发性很小，因此这类火药又称难挥发溶剂火药。这类火药主要用作迫击炮、加农榴弹炮等炮用发射药。

（4）多基火药。这种火药是在双基火药的基础上发展起来的。如在双基火药中加入硝基胍制得的三基发射药；又如为适应大口径远射程火炮的需要，在双基火药中加入硝基异丁基甘油酸酯或偶唑；甚至在火药中加入黑索今或奥克托今等高能炸药。

（5）高分子复合火药。它是以高分子化合物为黏合剂和可燃剂，以固体氧化剂为基本成分的一种火药。由于氧化剂等固体成分是机械分散于高分子黏合剂中，故亦为异质火药。它只用作火箭的发射装药，故又称为复合固体推进剂。

复合火药的基本成分有氧化剂（常用高氯酸铵）、有机黏合剂、高能添加剂（铝粉、硼粉）、增塑剂、固化剂、抗老剂、催化剂和工艺添加物等，原料品种多、来源广、燃速可调、能量高、制造方便，广泛应用于火箭、导弹、航天飞机等战术或战略武器中。

4. 烟火剂

烟火剂的主要化学变化形式是燃烧，在军事或民用方面主要利用烟火剂燃烧时产生的烟火效应（声、光、热、烟、电磁）。它通常由氧化剂、有机可燃物或金属粉及少量黏合剂等混合而成，用于装填特种弹药或烟火器材，产生特定的烟火效应。在军事上应用于诱饵弹、烟幕弹、照明弹及无源光电干扰遮蔽等特种弹上，在民用上用于烟花爆竹、气体发生剂、气体动力切割、烟雾灭虫、汽车安全气囊、笛声和哨声发声药剂等。

起爆药、猛炸药、火药和烟火剂四种药剂都具有爆炸性质，在一定条件下都能发生爆炸甚至爆轰，因此统称为炸药。不过在一般情况下，人们所说的炸药主要指猛炸药，本书研究的对象也主要是猛炸药。

1.4.2 按炸药的组成及分子结构分类

这种分类方法有很多，这里仅介绍一种比较简单的方法，即将炸药分为单质炸药和混合炸药两大类。在单质炸药中，主要按化合物的分子结构分类，而混合炸药主要侧重于对所含的猛炸药分类。

1. 单质炸药

单质炸药又称爆炸化合物，是仅含有一种成分的爆炸物质。这种化合物是相对稳定的化学系统，在一定的外界作用下，能导致分子内键断裂，发生迅速的爆炸变化，生成新的热力学稳定的产物。

这类炸药多数是含氧的有机化合物，能进行分子内化学反应。单质炸药的不稳定性与分子具有特殊爆炸性质的基团有关。具有这种爆炸性质的基团主要有以下几类：

（1）—C≡C—基，存在于乙炔衍生物中，如乙炔银（Ag_2C_2）、乙炔汞（Hg_2C_2）等。

（2）—N≡C 基，存在于雷酸盐及氰化物中，如雷汞 $[Hg(ONC)_2]$、雷银（AgONC）等。

（3）—N≡N—、—N≡N≡N 基，存在于偶氮化合物和叠氮化合物中，如叠氮化铅 $[Pb(N_3)_2]$、叠氮化银（AgN_3）等。

（4）—N—X2 基，存在于氮的卤化物中，如氯化氮（NCl_3）、二碘氢氮（NHI_2）等。

（5）—O—Cl—$O_2(O_3)$ 基，存在于无机氯酸盐或高氯酸盐、有机氯酸酯或高氯酸酯中，如氯酸钾（$KClO_3$）、高氯酸铵（NH_4ClO_4）、高氯酸甲酯（CH_2OClO_3）等。

（6）—O—O 基，存在于过氧化合物和其臭氧化合物中，如过氧化三环酮 $[(CH_3)_2COO]_3$ 等。

（7）—N≡O 基，存在于亚硝基化合物和亚硝酸盐（酯）中，如环三亚甲基三亚硝胺 $[(CH_2NNO)_3]$ 等。

（8）—NO_2 基，存在于硝基化合物和硝酸盐（酯）中，如硝酸铵（NH_4NO_3）、三硝基甲苯 $[C_6H_2(NO_2)_3CH_3]$、硝化甘油 $[C_3H_5(ONO_2)_3]$ 等。

在最常用的单质炸药中，常常将含有—C—NO_2 基团的化合物称硝基化合物，如 TNT、HNS 等；将含有—O—NO_2 基团的化合物称硝酸酯化合物，如 GN、PETN；将含有—N—NO_2 基团的化合物称硝胺化合物，如 RDX、HMX 等。

2. 混合炸药

混合炸药又称爆炸混合物，它是由两种或两种以上化学上独立存在的组分构成的系统，混合炸药在炸药领域中占有极重要的地位，可以说实际使用的炸药绝大部分是混合炸药。混合炸药大多是针对某种用途而设计的，它们的物理、化学和爆炸性能是多种多样的，配方、原料和工艺过程也各不相同，其品种繁多，对其分类很困难。在此仅介绍几种常用的混合炸药。

（1）梯黑炸药。它是由梯恩梯和黑索今以不同比例组成的混合炸药，是当前应用最广泛的一类混合炸药。它通常以熔融态进行铸装，因此也是熔铸炸药的典型代表。

英、美等国家称梯黑炸药为赛克洛托儿（Cyclotol），其中梯恩梯/黑索今/蜡以 40/59/1 组成的梯黑炸药称为 B 炸药。根据性能要求和使用对象的不同，梯黑炸药可组成一族不同配比的混合炸药，梯恩梯与黑索今两组分的配比有 30/70、40/60、45/55、50/50、80/20，等等。

（2）钝化黑索今。它是一种由黑索今与钝感剂组成的粉、粒状混合炸药，常用配方由黑索今/钝感剂（95/5）组成，一般以压装法进行装药。美国称这类炸药为 A 炸药。

（3）含铝混合炸药。它是在配方中加入铝等高能成分，以显著提高炸药的能量或威力的一类混合炸药，因此含铝炸药构成了混合炸药中高威力的一个重要系列。常用的含铝炸药有钝黑铝炸药和梯黑铝炸药等。前者是由 80% 的钝化黑索今和 20% 的铝粉进一步混合制成的；后者是由 60% 的梯恩梯、40% 的黑索今，外加 13% 的粒状铝粉和 3% 的片状铝粉组成的熔铸炸药。

（4）高分子混合炸药。这是从 20 世纪 40 年代开始发展起来的一种新型混合炸药，是炸药应用上的重大发展。利用近代高分子技术，使炸药具有各种物理状态，以扩大炸药的使用范围。高分子炸药通常以高能炸药为主体，配以黏合剂、增塑剂、钝感剂等添加剂构成。按其爆炸性能又可分为高爆速、高威力、低爆速等类型。按物理状态可分为高强度、塑性、挠性、黏性、泡沫态等类型。按成型工艺可分为压装、浇注、碾压、热塑型、热固型等。高分子炸药实际上是指组分中含有高分子材料的一类炸药，典型代表如 PBX 系列、RX 系列等。

（5）液体混合炸药。一般指至少由两种物质组成的具有流动特性的爆炸混合炸药，如四硝基甲烷/苯（86.5/13.5）、硝酸（98%浓度）/硝基苯（72/28），等等。

（6）硝铵炸药。它是以硝酸铵为主要成分的爆炸混合物，是我国工业炸药的主要品种。由于硝酸铵价格低廉、来源广泛，无论在民用还是军用上，硝铵炸药都是重要的爆炸能源。硝铵炸药现在已经发展成为铵梯炸药、铵油炸药、浆状炸药、水胶炸药、乳化炸药、膨化硝铵炸药、粉状乳化炸药等多个品种。

（7）燃料空气炸药。它是一种新的爆炸能源，以挥发性的碳氢化合物（如环氧乙烷，低碳的烷、烯、炔烃及其混合物等）或固体粉质可燃物（如铝粉、镁粉）作为燃料，以空气中的氧气为氧化剂，组成爆炸性气溶胶混合物。因其具有独特的优点，近年来在军事应用上受到各国的重视，已经在此基础上开发出油气弹、云爆弹、温压弹和窒息弹等武器。

1.5 炸药的基本特点

炸药是指能够发生化学爆炸的物质，包括化合物（单体炸药）和混合物。从狭义上看，它是指爆炸做功的主要装药，包括猛炸药和起爆药，主要化学变化形式为爆轰或者说主要利用其爆轰性能。从广义上看，火药、烟火剂也属于炸药的范畴，但主要利用其燃烧性能。炸药主要有以下几个基本特点：

（1）高能量密度，即单位体积内能量高，这从表1.1中可以清楚地看出。

（2）强自行活化物质。

炸药在外部激发能作用下发生爆炸后，在无须外界补充任何条件和没有外来物质参与下，爆炸化学反应便能以极快的速度自持进行，并直至反应完毕。

表1.2所示为几种炸药的爆热、分解活化能及其比值。从数值上权且可以这么说，1 mol TNT的爆热可活化4.6 mol的TNT，因而炸药的爆炸变化可以自行活化，自动传播。

表1.2 炸药爆热、分解活化能及其比值

炸药	爆热 $Q_V/$（kJ · mol^{-1}）	分解活化能 $E/$（kJ · mol^{-1}）	Q_V/E
梯思梯（TNT）	1 093	223.8	4.6
太安（PETN）	1 944	163.2	11.9
黑索今（RDX）	1 404	213.4	6.6
奥克托今（HMX）	1 832	220.5	8.3

（3）亚稳定物质。

炸药是一种危险化学物品，不安全，但具有足够的稳定性；从热分解角度看，除起爆药外，大部分猛炸药的热分解速率低于某些化学肥料和农药，因此在很多情况下，炸药不是一触即发的危险品。要想使炸药发生爆炸，必须给予其一定的外界能量刺激，有实用价值的炸药必须具有足够的稳定性，能够承受相当强烈的外界作用而不发生爆炸。近代战争要求炸药具有较低的敏感性和较高的安全性。常见的炮弹装药直接用雷管起爆不了，需要加装传爆药柱，增强起爆能力。某些工业炸药（爆破剂）的感度很低，不能被一发工程雷管直接引爆，还得借助于猛炸药柱（起爆具），所用起爆药量达到百克量级。某些具有爆炸性、但很不稳定的物质没有应用价值，过于钝感或者过于敏感的物质都不适合作为炸药。

（4）自供氧物质。

炸药的燃烧和爆轰是分子或组成内组分之间的氧化还原化学反应，不需要外界供氧。因此当炸药着火时，隔氧法灭火不仅不起作用，反而可能造成燃烧转爆轰，导致更为严重的后果。

（5）能够较长时间的保持其物理、化学及爆炸性能。

大多数猛炸药经过几十年的储存或埋入地下，仍然具有爆炸特性，这在废旧弹药的处理中应特别注意，易引起事故。在可用的储存年限上，目前的军用炸药比民用炸药具有更长的储存年限。

1.6 炸药的基本要求

（1）有足够的爆炸能量和威力，足以保证一定的抛射作用或破坏效应。
（2）对外界的作用要有一定的感度，一方面能保证使用的安全，另一方面容易引诱爆炸。
（3）能长期保持其物理、化学安定性及爆炸性质。
（4）原材料易于取得，制造简便、安全、经济。
（5）能满足环保要求。

思考题

1. 炸药爆炸的三要素是什么？它们之间有何联系？
2. 简述炸药的基本化学反应形式及它们的联系与区别。
3. 炸药按用途主要分为哪几类？代表性物质是什么？
4. 炸药分子结构的主要特点是什么？它与一般物质有什么不同？

第 2 章
爆 炸 化 学

化学反应的放热性、快速性和生成气态产物是炸药爆炸的三要素，本章将从数量方面研究生成气态产物和放热性的问题。

炸药是一种特种能源，了解炸药的氧平衡，各组分的比例关系对性能的影响，在爆炸化学变化过程中单位炸药所释放的能量、产物的体积和成分及其理论最高温度是有实际意义的，这些知识对于爆轰和燃烧的定量理论研究是不可缺少的。

2.1 炸药的氧平衡和氧系数

2.1.1 炸药的氧平衡

目前，绝大多数炸药由 C、H、O、N 四种元素组成，当然有的还含有 Cl、F、S 以及某些金属元素（如 Al 等）。由 C、H、O、N 四种元素组成的炸药可写成 $C_aH_bO_cN_d$ 的形式。其中 C、H 是可燃元素，O 是氧化元素。爆炸反应的实质是炸药分子破裂，分子中的可燃元素与氧化元素间进行高速度的氧化还原反应，组成新的稳定产物，并放出大量的热能。尽管爆炸反应十分复杂，但爆炸产物主要有 CO_2、H_2O、CO、N_2 以及少量的 O_2、H_2、C、NO、NO_2、CH_4、C_2N_2、NH_3、HCN 等。爆炸产物的种类和数量的影响因素之一与炸药中可燃剂和氧化剂的含量有关。

一般用氧平衡的概念来衡量炸药中所含的氧将可燃元素完全氧化的程度。所谓完全氧化，是指将炸药中的碳和氢全部氧化为二氧化碳和水。由于炸药中氧含量不同，氧平衡通常可分为下列三种情况：

（1）正氧平衡：炸药中的氧能够将可燃元素完全氧化，并尚有若干剩余。

（2）零氧平衡：炸药中的氧正好能完全将可燃元素氧化，不多也不少。

（3）负氧平衡：炸药中的氧不足以将可燃元素完全氧化。

对于分子式为 $C_aH_bO_cN_d$ 的炸药体系来说，可用下述数学式来对应地表达上述三种氧平衡的情况：

（1）正氧平衡炸药：$c-(2a+0.5b)>0$。

（2）零氧平衡炸药：$c-(2a+0.5b)=0$。

（3）负氧平衡炸药：$c-(2a+0.5b)<0$。

式中 a, b, c, d——一个炸药分子中碳、氢、氧、氮的原子个数。

对于 $C_aH_bO_cN_d$ 类炸药：

$$
\text{CHON}
\begin{cases}
\text{C} \xrightarrow{\text{O}} \text{CO} \xrightarrow{\text{O}} \text{CO}_2 \\
\text{H} \xrightarrow{\text{O}} \text{H}_2\text{O} \\
\text{N} \xrightarrow{\text{O}} \text{NO} \xrightarrow{\text{O}} \text{NO}_2 \\
\qquad\qquad\qquad \searrow \text{N}_2
\end{cases}
\quad
\begin{matrix}
\text{CO}_2 & 20 \\
\text{H}_2\text{O} & 0.50 \\
\text{N}_2 &
\end{matrix}
$$

氧平衡的公式为

$$
\text{OB} = \frac{[c-(2a+0.5b)]\times 16}{M_r} \tag{2-1}
$$

式中　OB——炸药的氧平衡，一般用 g/g 表示；

　　　16——氧的相对原子质量，g/mol；

　　　M_r——炸药的相对分子质量，g/mol。

氧平衡也可以用百分数表示，指每 100 g 炸药中所含多余或不足的氧的克数，即

$$
\text{OB} = \frac{[c-(2a+0.5b)]\times 16}{M_r}\times 100
$$

[例 1] 计算硝化甘油的氧平衡。

$$
\text{C}_3\text{H}_5\text{O}_9\text{N}_3：a=3，b=5，c=9，M_r=227
$$

$$
\text{OB} = \frac{[9-(2\times 3+0.5\times 5)]\times 16}{227} = 0.035\,(\text{g/g})
$$

[例 2] 计算硝酸铵的氧平衡。

$$
\text{NH}_4\text{NO}_3：a=0，b=4，c=3，M_r=80
$$

$$
\text{OB} = \frac{[3-0.5\times 4]\times 16}{80} = 0.2\,(\text{g/g})
$$

[例 3] 计算梯恩梯（TNT）的氧平衡。

$$
\text{C}_7\text{H}_5\text{O}_6\text{N}_3：a=7，b=5，c=6，M_r=227
$$

$$
\text{OB} = \frac{[6-(2\times 7+0.5\times 5)]\times 16}{227} = -0.74\,(\text{g/g})
$$

[例 4] 计算铝粉的氧平衡。

铝粉完全氧化的反应式是：$2\text{Al}+1.5\text{O}_2=\text{Al}_2\text{O}_3$，$M_r=27$

$$
\text{OB} = \frac{-1.5\times 16}{27} = -0.889\,(\text{g/g})
$$

对于混合炸药，可将各组分的氧平衡数值乘以该组分的质量分数，各乘积的代数和即它的氧平衡。

[例 5] 2#岩石硝铵炸药，其组成为硝酸铵/梯恩梯/木粉（85/11/4），而这三种组分的氧平衡分别为 0.2 g/g、−0.74 g/g 和 −1.38 g/g，则氧平衡：

$$
\text{OB} = \frac{0.2\times 85-0.74\times 11-1.37\times 4}{100} = 0.033\,8\,(\text{g/g})
$$

熟知常用组分的氧平衡值将使计算混合炸药的氧平衡和混合炸药配方设计变得十分方便。表 2.1 列出了某些单质炸药和有关物质的氧平衡值。

表 2.1 某些单质炸药和有关物质的氧平衡值

名称（代号）	分子式	相对分子质量/ $(g \cdot mol^{-1})$	氧平衡/ $(g \cdot g^{-1})$
梯恩梯（TNT）	$C_7H_5O_6N_3$	227	−0.740
黑索今（RDX）	$C_3H_6O_6N_6$	222	−0.216
奥克托今（HMX）	$C_4H_8O_8N_8$	296	−0.216
特屈儿（Te）	$C_7H_5O_8N_5$	287	−0.474
硝化甘油（NG）	$C_3H_5O_9N_3$	227	0.035
硝化乙二醇（NGC）	$C_2H_4O_6N_3$	152	0
太安（PETN）	$C_5H_8O_{12}N_4$	316	−0.101
二硝基甲苯（DNT）	$C_7H_6O_4N_2$	182	−1.144
硝化棉（含 12.2%N）（NC）	$C_{22.5}H_{28.8}O_{36.1}N_{8.7}$	998.2	−0.369
四硝基甲烷（TNM）	CO_8N_4	196	0.490
硝基胍（NQ）	$CN_4H_4O_2$	104.1	−0.308
硝基甲烷（NM）	CH_3NO_2	61	−0.395
硝酸肼（HM）	$N_2H_5NO_3$	95	0.084
硝酸铵（AN）	NH_4NO_3	80	0.200
硝酸钠	$NaNO_3$	85	0.470
硝酸钾	KNO_3	101	0.396
硝酸钙	$Ca(NO_3)_2$	164	0.488
高氯酸铵	NH_4ClO_4	117.5	0.340
高氯酸钾	$KClO_4$	138.5	0.462
高氯酸钠	$NaClO_4$	122.5	0.523
氯酸钾	$KClO_3$	122.5	0.392
铝粉	Al	27	−0.890
木粉	$C_{15}H_{22}O_{10}$	362	−1.370
石蜡	$C_{18}H_{38}$	254.5	−3.460
矿物油	$C_{12}H_{26}$	170.5	−3.460
轻柴油	$C_{16}H_{32}$	224	−3.420
沥青	$C_{10}H_{18}O$	394	−2.760
木炭	C	12	−2.667

名称（代号）	分子式	相对分子质量/ （g·mol^{-1}）	氧平衡/ （g·g^{-1}）
凡士林	$C_{18}H_{38}$	254	-3.470
亚硝酸钠	$NaNO_2$	69	0.348
田菁胶	$C_{3.32}H_{5.9}O_{3.25}N_{0.084}$	100	-1.014
古尔胶（加拿大）	$C_{3.21}H_{6.2}O_{3.38}N_{0.043}$	99.4	-0.982
硬脂酸	$C_{18}H_{36}O_2$	284.5	-2.925
十二烷基苯磺酸钠	$C_{18}H_{20}O_3SNa$	348	-2.300
六硝基芪（HNS）	$C_{14}H_6O_{12}N_6$	450	-0.676

2.1.2　炸药的氧系数

氧系数，即炸药分子被氧所饱和的程度。对于 $C_aH_bO_cN_d$ 类炸药，氧系数（A）的公式为

$$A = \frac{c}{2a + 0.5b} \times 100\% \qquad (2-2)$$

可见氧系数也是炸药中所含的氧量与完全氧化炸药中所含的碳与氢所需氧量的百分比。它与氧平衡的概念基本一致，都是用来衡量炸药中氧含量与可燃元素含量的相对关系的。

氧系数的计算举例如下：

[**例 6**] 硝化甘油（$C_3H_5O_9N_3$）的氧系数为

$$A = \frac{9}{2 \times 3 + 0.5 \times 5} \times 100\% = 105.9\%$$

[**例 7**] 梯恩梯（$C_7H_5O_6N_3$）的氧系数为

$$A = \frac{6}{2 \times 7 + 0.5 \times 5} \times 100\% = 36.36\%$$

2.1.3　氧平衡在设计炸药配方中的应用

单质炸药和其他物质的氧平衡是由它的分子组成决定的，不能人为地改变它，但是人们可以将几种物质按某种比例混合在一起，调整总的氧平衡，以便充分发挥炸药的能量，避免产生有毒气体，使这个比例或比例范围基本满足总的氧平衡接近于零，这就是配方设计。

1. 两种物质（氧化剂、可燃剂）

如果炸药的组成中只含有氧平衡为 a、b 的两种物质，设它们的组成百分数为 x、y，则有

$$\begin{cases} x + y = 100 \\ ax + by = 0 \end{cases} \qquad (2-3)$$

解方程得

$$x = -\frac{b}{a-b} \times 100, \quad y = \frac{a}{a-b} \times 100$$

2. 三种成分（氧化剂、可燃剂、敏化剂）

如果炸药的组成中只含有氧平衡为 a、b、c 的三种物质，设它们的组成百分数为 x、y、z，则有

$$\begin{cases} x+y+z=100 \\ ax+by+cz=0 \end{cases} \qquad (2-4)$$

解得

$$x=\frac{-100b+z(b-c)}{a-b}, \quad y=\frac{100a-z(a-c)}{a-b}$$

求解时，先假定其中一个数（根据经验），即可求出其他两个未知数。

3. 四种以上成分

根据实践经验，先定出某些较有把握的组分的比例，使配比未定的组分减少为两个或三个，然后再根据上述方法计算。

配方设计的最新理念：在配方设计时考虑氧平衡、性能指标、经济成本等因素，采用优化设计方法，设计炸药各个组分的含量。参考陆明著《工业炸药配方设计》。

2.2 爆炸反应方程式

确定炸药爆炸反应产物的组成，即建立炸药爆炸反应方程式，在理论上和实际工作中都具有重要意义。一方面它是对炸药的爆热、爆温、爆容、爆压和爆速等性能参数进行计算的主要依据；另一方面在爆破工作中，特别是在矿井中和有可燃气体或有矿尘存在的爆破时，要防止产生对人体健康有毒害的气体（如一氧化碳和氮的氧化物等），以及避免井下空气（含沼气）和矿尘产生燃烧或爆炸的危害因素。只有通过了解爆炸产物的具体组成才能更好地调整炸药组分，并改进爆破作业方法以提高炸药的爆炸性能，减少有毒气体的产量和防止二次火焰。

但是，精确地确定爆炸反应方程式是极其困难和复杂的。许多因素都会影响爆炸产物的成分和数量，除炸药的化学组成外，还与炸药的几何尺寸、密度、引爆条件、均匀情况，以及炸药反应的条件（温度和压力）有关。实际上，爆炸变化的参数与反应的热化学参数是交织在一起的，是一种非常复杂的运算过程。近代计算机技术为解决这类复杂问题提供了运算条件。

采用化学分析实验测定产物是可行的，例如气相色谱仪等，但测定的只是冷却后的爆炸产物组成，它与爆炸反应瞬间的组成是不一样的。因为在冷却过程中，产物之间复杂的二次反应平衡随温度和压力的改变而变化着。为了用实验测定的方法确定爆炸产物的近似成分，往往采用爆炸后使产物骤然冷却的办法来"冻结"产物的成分，使之不发生显著的改变。通常在爆热弹实验中测定的冷却后的产物组成大概相应于平衡在 1 800 ℃ 的产物，而要测定爆炸反应瞬间产物的组成，必须使产物极其迅速地"冻结"，这在技术上是十分困难的。

2.2.1 简化的理论计算法

假设和规定：

（1）爆轰过程是一个绝热和等容的过程。

（2）爆炸产物之间能建立化学平衡。

（3）高温高压的爆炸产物近似符合理想气体状态方程，根据炸药的氧平衡情况，分别只考虑几种最主要的反应产物。

根据炸药的氧平衡情况将炸药分为三类，以便考虑每类炸药的主要爆炸产物。

1. 第一类炸药

零氧平衡和正氧平衡的炸药属于这一类，即符合 $2a+0.5b \leqslant c$ 的条件。这类炸药含氧丰富，足以使可燃元素完全氧化，其主要反应产物为 CO_2、H_2O、O_2、N_2、NO 和 CO 等，爆炸反应方程式可用下式表示：

$$C_aH_bO_cN_d = xCO_2 + yCO + mO_2 + uH_2O + vNO + wN_2$$

为了求出反应式右边的未知数 x、y、m、u、v、w，可由质量守恒定律列出：

$$x+y=a$$
$$u=0.5b$$
$$2x+y+2m+u+v=c$$
$$2w+v=d$$

上列四个方程式含有六个未知数，尚需两个方程式才能求解，这两个方程式可由化学平衡常数列出。

根据上列产物，它们之间主要有两个化学平衡：

$$2CO_2 = 2CO + O_2$$
$$N_2 + O_2 = 2NO$$

相应的平衡常数为

$$K_P^{CO_2} = \frac{p_{CO}^2 p_{O_2}}{p_{CO_2}^2} = \frac{P^2\left(\dfrac{y}{n}\right)^2 \times P\left(\dfrac{m}{n}\right)}{P^2\left(\dfrac{x}{n}\right)^2} = \frac{P}{n}\frac{y^2m}{x^2}$$

$$K_P^{N_2,O_2} = \frac{p_{NO}^2}{p_{N_2}p_{O_2}} = \frac{P^2\left(\dfrac{v}{n}\right)^2}{P\left(\dfrac{w}{n}\right) \times P\left(\dfrac{m}{n}\right)} = \frac{v^2}{wm}$$

式中　P——爆炸产物的总压力；

　　　p——各组分的分压；

　　　n——气体总的物质的量。

根据理想气体状态方程式

$$PV = nRT$$

可将上述平衡常数方程改写为如下公式：

$$K_P^{CO_2} = \frac{RT}{V}\frac{y^2m}{x^2}$$

$$K_P^{N_2,O_2} = \frac{v^2}{wm}$$

式中　　V——每摩尔炸药的爆炸产物所占的体积；

　　　　T——爆温。

对于爆炸反应 $A+B+\cdots=G+H+\cdots$，有

$$K_P = \frac{p_G p_H \cdots}{p_A p_B \cdots}$$

一些平衡反应的 $\lg K_P \sim T$ 关系列于表 2.2 中。

这样，有了六个方程式就可解出全部未知数而写出爆炸变化方程式，但为了解题简便，也可将某些浓度极低的次要产物忽略，如忽略 NO，即 $v=0$。这样解方程就容易多了。

由于平衡常数取决于温度，为了确定爆炸产物的组成，必须知道爆温，而爆温又需要根据爆炸产物组成来计算。因此产物组成的计算与爆轰参数交织在一起，一般利用渐近法解题。

先假设一个爆温 T_1，由表 2.2 找出所需要的平衡常数，解联立方程组计算出相应的 x、y、m、u、v、w 值，由解出的爆炸反应方程式便可求出该炸药的爆热、爆温和比容。若计算的爆温 T 与假设的爆温 T_1 近似，则可认为上列求得的爆炸反应方程即所需要的；若计算的 T 与假设的 T_1 相差较大，则可取它们的平均值 $(T_1+T)/2$ 作为新假设的爆温重新计算，直至所得爆温与假设的爆温相近或相符为止。

表 2.2　$\lg K_P \sim T$ 关系

温度/K	（1）	（2）	（3）	（4）	（5）	（6）	（7）	（8）	（9）
300	−20.980	−15.090	−118.630	−24.680	−4.950	−44.740	−23.930	−46.290	−39.790
400	−15.210	−11.156	−87.470	−15.600	−3.170	−32.410	−19.130	−33.910	−29.240
600	−9.550	−7.219	−56.210	−6.296	−1.440	−20.070	−14.340	−21.470	−18.630
800	−6.730	−5.250	−40.520	−1.507	−0.610	−13.900	−11.930	−15.220	−13.290
1 000	−5.040	−1.068	−31.840	1.425	−0.390	−10.190	−10.480	−11.440	−10.060
1 200	−3.920	−3.279	−24.619	3.395	0.154	−7.742	−9.498	−8.922	−7.896
1 400	−3.120	−2.717	−20.262	4.870	0.352	−5.992	−8.790	−7.116	−6.344
1 600	−2.530	−2.294	−16.869	5.873	0.490	−4.684	−8.254	−5.758	−5.175
1 800	−2.070	−1.966	−14.225	6.700	0.591	−3.672	−7.829	−4.700	−4.263
2 000	−1.700	−1.703	−12.106	7.350	0.668	−2.863	−7.486	−3.852	−3.531
2 200		−1.488	−10.370	7.890	0.725	−2.206	−7.201	−3.158	−2.931
2 400		−1.309	−8.922	8.320	0.767	−1.662	−6.961	−2.578	−2.429
2 600		−1.157	−7.694		0.800	−1.203	−6.759	−2.087	−2.003
2 800		−1.028	−6.640		0.831	−0.807	−6.577	−1.670	−1.638
3 000		−0.915	−5.726		0.853	−0.469	−6.418	−1.302	−1.322
3 200		−0.817	−4.925		0.871	−0.175	−6.273	−0.983	−1.046
3 500		−0.692	−3.893		0.894	0.201	−6.094	−0.577	−0.693
4 000		−0.526	−2.514		0.920	0.699	−5.841	−0.035	−0.221

续表

温度/K	（1）	（2）	（3）	（4）	（5）	（6）	（7）	（8）	（9）
4 500		−0.345	−1.437		0.937	1.081		0.392	0.153
5 000		−0.298	−0.570			1.387		0.799	0.450

注：（1）$2C+N_2+H_2=2HCN$；（2）$N_2+O_2=2NO$；（3）$N_2=2N$；（4）$CH_4+H_2O=CO+3H_2$；（5）$CO_2+H_2=CO+H_2O$；（6）$2CO_2=2CO+O_2$；（7）$2CO=2C+O_2$；（8）$2H_2O=2OH+H_2$；（9）$2H_2O=2H_2+O_2$。

2. 第二类炸药

负氧平衡类炸药属于第二类炸药，符合 $2a+0.5b>c\geqslant a+0.5b$，其氧含量不足以完全氧化可燃元素，但能使产物完全汽化，即爆炸产物不含有固体碳。这类炸药爆炸产物组分的理论计算要简单得多，结果也较为可靠，具有较大的实用意义。这类炸药的爆炸产物主要有 CO_2、CO、H_2O、H_2、N_2 等，此外还有少量 O_2、NO、CH_4 和氰化物。若不考虑微量的爆炸产物，则这类炸药的爆炸反应方程可用下式表示：

$$C_aH_bO_cN_d = xCO_2 + yCO + hH_2 + uH_2O + vNO + wN_2$$

由质量守恒定律可以得到下列方程：

$$x+y=a$$
$$2u+2h=b$$
$$2x+y+u=c$$
$$2w=d$$

此外，爆炸产物中 CO_2、CO、H_2O 和 H_2 之间的关系可由水煤气反应确定：

$$CO_2+H_2=CO+H_2O$$

平衡常数为

$$K_P^{CO_2,H_2} = \frac{p_{CO}p_{H_2O}}{p_{CO_2}p_{H_2}} = \frac{P\left(\dfrac{y}{n}\right)\times P\left(\dfrac{u}{n}\right)}{P\left(\dfrac{x}{n}\right)\times P\left(\dfrac{h}{n}\right)} = \frac{yu}{xh}$$

求解此联立方程组与第一类炸药一样，即设 T_1，查平衡常数，解联立方程组，同样采用渐近法，直到假定的爆温与计算的爆温相符为止。

3. 第三类炸药

这是一类严重缺氧的负氧平衡类炸药，即符合 $a+0.5b>c$，产物中有固体碳生成。其爆炸产物主要为 CO_2、CO、H_2O、H_2、N_2 和 C，几乎不含有氧和氧化氮，但氰化物和 NH_3 的含量比在第二类炸药稍有增加，不过计算时仍可以忽略不计。此类炸药的爆炸反应可以用下式表示：

$$C_aH_bO_cN_d = xCO_2 + yCO + hH_2 + uH_2O + wN_2 + zC$$

由质量平衡可得下列各式：

$$x+y+z=a$$
$$2u+2h=b$$
$$2x+y+u=c$$

$$2w=d$$

考虑产物间的两个化学平衡：

$$CO_2+H_2=CO+H_2O$$
$$CO_2+C=2CO$$

相应的平衡常数为

$$K_P^{CO_2,H_2}=\frac{yu}{xh}$$

$$K_P^{CO_2,C}=\left(\frac{P}{n}\right)\left(\frac{y^2}{x}\right)=\left(\frac{RT}{V}\right)\left(\frac{y^2}{x}\right)$$

计算过程与前两类炸药相似。

需要说明的是，对于所有类别的炸药，在假定生成的爆轰产物时，必须能查到相应的平衡常数数值。考虑的产物越多，计算越复杂。

2.2.2　爆炸反应方程式的经验确定法

炸药爆炸反应方程式的精确计算较为烦琐，而且计算结果未必完全符合实际情况。因此，在工程上为了便于对炸药的爆热、爆温和爆容进行估算，一般根据经验方法确定爆炸反应方程式。常用的有吕–查德里（Le–Chatelier）方法和布伦克里–威尔逊（Brinkley–Wilson）方法，他们从爆炸产物的体积、放出的能量等不同的角度提出了确定爆炸反应方程式的不同经验方法。

1. 吕–查德里方法

吕–查德里方法简称 L–C 法，该方法是基于最大爆炸产物体积的原则，并且在体积相同时，偏重于放热多的反应。这个方法对于自由膨胀的爆炸产物计算是比较正确的。

（1）对第一类炸药，将氢完全氧化为 H_2O，碳完全氧化为 CO_2，并生成分子状态的 N_2。正氧平衡时还可以生成分子状态的 O_2。

$$O \rightarrow H \rightarrow H_2O$$
$$O \rightarrow C \rightarrow CO_2$$
$$N \rightarrow\rightarrow N_2$$
$$余\ O \rightarrow O_2$$

因此，产物有 H_2O、CO_2、N_2、O_2 四种，或有 H_2O、CO_2、N_2 三种（零氧平衡）。

例如梯恩梯与硝酸铵按零氧平衡配比的炸药，其爆炸反应式可写为

$$C_7H_5O_6N_3 +10.5NH_4NO_3 \rightarrow 7CO_2 +23.5H_2O +12N_2$$

（2）对于第二类炸药，首先考虑对产生气体产物有利的反应，使 C 首先氧化为 CO，再将剩余的氧平均分配用于氧化 CO 为 CO_2 和氧化 H 为 H_2O。因此，产物中 CO_2 和 H_2O 的量是相同的。

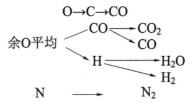

特点：$n_{CO_2} = n_{H_2O}$。

因此，产物有 H_2O、CO_2、CO、H_2、N_2 五种物质。

例如，黑索今的爆炸反应式可写为

$$C_3H_6O_6N_6 \rightarrow 1.5CO_2 + 1.5H_2O + 1.5CO + 3N_2 + 1.5H_2$$

（3）对于第三类炸药，吕–查德里方法已不适用，否则产物可能无 H_2O 生成，这是不合理的。还有改进的方式，即采用先将 3/4 的 H 氧化为 H_2O，剩余的 O 平均分配用于氧化 C 使之生成 CO_2 和 CO。显然产物中 CO 的量应是 CO_2 的 2 倍，并有固体 C 生成。

$$\frac{3}{4}H \xrightarrow{[O]} H_2O$$
$$\frac{1}{4}H \rightarrow H_2$$
$$余O平均 \begin{cases} C \xrightarrow{[O]} CO \\ C \xrightarrow{[O]} CO_2 \end{cases}$$
$$余C \rightarrow C$$
$$N \rightarrow N_2$$

特点：$n_{CO} = 2n_{CO_2}$。

因此，产物有 H_2O、CO_2、CO、H_2、C、N_2 六种物质。

例如，梯恩梯的爆炸反应式可写为

$$C_7H_5O_6N_3 \rightarrow 1.03CO_2 + 1.88H_2O + 2.06CO + 1.5N_2 + 0.62H_2 + 3.91C$$

2. 布伦克里–威尔逊方法

布伦克里–威尔逊方法简称 B–W 法，它从能量上的优先性来考虑最有利的反应，是经常使用的一种确定爆炸反应方程式的经验方法。其原则是首先将 H 氧化为 H_2O，剩余的 O 再氧化 C 为 CO，若还剩余 O，则将其用来把 CO 氧化为 CO_2。而氮以分子状态 N_2 存在（即 H_2O–CO–CO_2 型方法）。

$$\begin{cases} O \rightarrow H \rightarrow H_2O \\ 余O \rightarrow C \rightarrow CO \\ 如还余O \rightarrow CO \rightarrow CO_2 \\ 如还余O \rightarrow O_2 \end{cases}$$
$$N \xrightarrow{\hspace{2cm}} N_2$$

因此，产物中有 H_2O、CO_2、O_2、N_2 四种物质。

（1）对于第一类炸药，其爆炸反应方程式为

$$C_aH_bO_cN_d \rightarrow 0.5bH_2O + aCO_2 + 0.5dN_2 + 0.5(c - 2a - 0.5b)O_2$$

例如，硝化甘油的爆炸化学反应方程式为

$$C_3H_5O_9N_3 \rightarrow 2.5H_2O + 3CO_2 + 0.25O_2 + 1.5N_2$$

（2）对于第二类炸药，其爆炸反应方程式为

$$C_aH_bO_cN_d \rightarrow 0.5bH_2O + (c - a - 0.5b)CO_2 + (2a - c + 0.5b)CO + 0.5dH_2$$

例如，黑索今的爆炸反应式可写为

$$C_3H_6O_6N_6 \rightarrow 3H_2O + 3CO + 3N_2$$

（3）对于第三类炸药，其爆炸反应方程式为

$$C_aH_bO_cN_d \rightarrow 0.5bH_2O + (c-0.5b)CO + (a-c+0.5b)C + 0.5d\,N_2$$

例如，梯恩梯的爆炸反应方程式为

$$C_7H_5O_6N_3 \rightarrow 2.5H_2O + 3.5CO + 1.5N_2 + 3.5C$$

需要指出的是，若按最大放热原则来确定炸药爆轰产物的成分，则对于 $C_aH_bO_cN_d$ 类炸药，其爆轰产物组成与以下两个反应的平衡密切相关：

$$2CO = CO_2 + C$$

$$H_2 + CO = 2H_2O + C$$

在凝聚相炸药爆轰时，爆轰压力极高，因此反应向右移动的趋势很大。如黑索今等属于第二类的炸药，在爆炸最终产物中，炭黑含量可达 3%～8%或以上。炸药初始密度越高，这种倾向越显著。

凝聚相炸药爆轰时，分子中的 H 实际上可完全氧化为 H_2O，而 C 的情况则与装药的初始密度和晶体密度的比值有关，存在两种形式，即 $H_2O–CO–CO_2$ 型和 $H_2O–CO_2$ 型，前一种按上述 B–W 法写出。

$H_2O–CO_2$ 型符合最大放热原则，爆炸反应方程式可按下式写出：

$$C_aH_bO_cN_d \rightarrow 0.5bH_2O + (0.5c-0.25b)CO_2 + 0.5dN_2 + (a+0.25b-0.5c)C$$

此法对任何氧平衡的炸药均适用，但是必须在初始密度较高的情况下，即一般 $\rho_0 \geqslant 1.4\ \text{g/cm}^3$ 时才能给出较好的结果。越接近晶体密度的装药，用此法所得结果越接近爆轰产物的平衡组分。按此法写出的黑索今的爆炸反应方程式为

$$C_3H_6O_6N_6 \rightarrow 3H_2O + 1.5CO_2 + 3N_2 + 1.5C$$

2.2.3　混合炸药确定爆炸反应方程式

需要指出的是，对于含钾、钠、钙、铝等金属元素的混合炸药，确定爆炸反应方程式时，一般先将金属元素完全氧化为金属氧化物，其余的 C、H、O、N 元素再按 B–W 法处理。对于含氯元素的混合炸药，则应先考虑生成金属氯化物或氯化氢。若同时含有前述两类元素，则应先生成金属氧化物和金属氯化物，再按 B–W 法处理余下的 C、H、O、N 元素的反应产物。

（1）对于含钾、钠、钙、铝等金属元素的混合炸药，一般先将金属元素完全氧化为金属氧化物，其余的 C、H、O、N 元素再按 B–W 法处理。

含有一价金属元素的零氧平衡炸药：

$$C_aH_bO_cN_dM_e \rightarrow 0.5eM_2O + 0.5bH_2O + aCO_2 + 0.5d\,N_2$$

含有一价金属元素的负氧平衡炸药：

$$C_aH_bO_cN_dM_e \rightarrow 0.5eM_2O + 0.5bH_2O + 0.5dN_2 + (c-0.5e-0.5b-a)CO_2 + (2a-c+0.5b+0.5e)CO$$

含有二价金属元素的零氧平衡炸药：

$$C_aH_bO_cN_dM_e \rightarrow eMO + 0.5bH_2O + aCO_2 + 0.5d\,N_2$$

含有二价金属元素的负氧平衡炸药：

$$C_aH_bO_cN_dM_e \rightarrow eMO + 0.5bH_2O + 0.5dN_2 + (c-e-0.5b-a)CO_2 +$$
$$(2a-c+0.5b+e)CO$$

含铝零氧平衡炸药：

$$C_aH_bO_cN_dAl_e \rightarrow 0.5eAl_2O_3 + 0.5bH_2O + aCO_2 + 0.5d\,N_2$$

含铝负氧平衡炸药：

$$C_aH_bO_cN_dAl_e \rightarrow 0.5eAl_2O_3 + 0.5bH_2O + 0.5dN_2 + \left(c-\frac{3}{2}e-0.5b-a\right)CO_2 +$$
$$\left(2a-c+0.5b+\frac{3}{2}e\right)CO$$

（2）对于含氯元素和一价金属元素的混合炸药，则应先考虑生成金属氯化物或氯化氢。

$$C_aH_bO_cN_dM_eCl_f \rightarrow eMCl + (f-e)HCl + \frac{b-(f-e)}{2}H_2O + aCO_2 + 0.5d\,N_2$$

（3）若同时含有前述两类元素，则应先生成金属氯化物和金属氧化物，再按 B–W 法处理余下的 C、H、O、N 元素的反应产物。

$$C_aH_bO_cN_dM_eCl_f \rightarrow f\,MCl + \frac{e-f}{2}M_2O + 0.5bH_2O + aCO_2 + 0.5d\,N_2$$

其余类推。

2.3 炸药的爆热

2.3.1 爆热的一般概念

一定量炸药爆炸时放出的热量叫作炸药的爆热，通常以 1 mol 或 1 kg 炸药爆炸所释放的热量表示（kJ/mol 或 kJ/kg）。

爆热与燃烧热不同，燃烧热表示物质中的可燃元素完全氧化时放出的热量，用该物质在纯氧中完全燃烧时放出的热量表示。测量燃烧热时需补加氧，而爆热则不用。因为炸药的爆炸变化极为迅速，可以看作是在定容下进行的，而且定容热效应可以更直接地表示炸药的能量性质，因此炸药的爆热均指定容爆热。

炸药的爆热是一个总的概念，对于爆轰过程来说，按照阿宾的见解还应分为三类，即爆轰热、爆破热和最大爆热。这些能量概念和炸药的其他爆炸性质有密切关系。爆轰热是指爆轰波中 C–J 面上所放出的热量，它完全传递给爆轰波以维持爆轰波的稳定传播，所以这种能量的大小与炸药的爆速密切相关。爆破热则是在爆轰波中一次化学反应的热效应与气体爆炸产物绝热膨胀时所产生的二次平衡反应热效应的总和，它与炸药的做功能力有着密切的关系。最大爆热则可以作为该炸药爆炸变化所放出能量的最大范围，即可用于估计某种炸药放出能量的极限数值。当然，由于实际情况的限制，最大爆热是不可能达到的。三者的数量关系为

爆轰热＜爆破热＜最大爆热

爆轰热是维持爆轰波稳定传播的重要因素，但实验测定十分困难，目前尚无可靠的测定

方法。最大爆热具有理论上的意义，而爆破热不但可以用实验测定，而且可通过实验研究影响它的外部因素，从而在爆破实践中逐步改善和提高炸药爆炸能量的利用率。

2.3.2 爆热的实验测定

炸药的爆热是在爆炸瞬间的高温高压条件下所放出的热量，实验测定是在爆热弹中进行的。目前爆热弹有多种形式和结构，如球形、圆柱形等，弹的最小容积为 0.1 L，最大可达数百升，实验的药量最小只有几克，最大可达数百克，而且可以测量带有原外壳的炸药的爆热，测试精度可达±0.3%。不论爆热弹的形式、尺寸如何变化，其测量原理和一般氧弹式量热计是一致的。我国使用的爆热弹由优质合金钢制成，弹重 137.5 kg，容积为 5.8 L，弹高 270 mm，可爆炸 100 g 炸药。图 2.1 所示为爆热弹示意图。

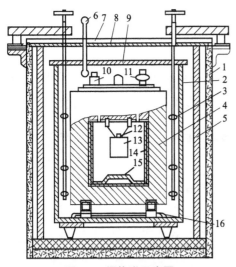

图 2.1 爆热弹示意图

1—木桶；2—量热桶；3—搅拌桨；4—量热弹体；5—保温桶；
6—贝克曼温度计；7，8，9—盖；10—电极接线柱；
11—抽气口；12—电雷管；13—药柱；
14—内衬桶；15—垫块；16—支撑螺栓

实验时，取待测炸药试样 25～30 g，压制成 $\phi 25$～$\phi 30$ mm，留有深 10 mm 雷管孔的药样，精确称量至 0.000 1 g，并计算其密度。根据实验要求，药柱可用裸露的，也可用有外包装的。将装有雷管的炸药试样悬挂在弹盖上，盖好弹盖。由抽气口抽出弹内的空气，再用氮气置换弹内剩余气体，并再次抽空。然后用吊车将弹体放入量热桶中，注入室温下的蒸馏水，直到弹体全部淹没为止。注入的水量要准确称量。在恒温 1 h 左右后，记录桶内的水温 T_0，而后引爆炸药，反应放热使水温不断升高，记录水的最高温度 T，即可用下式计算炸药的爆热实测值。

$$Q_V = \frac{c(m_\mathrm{w} + m_1)(T - T_0) - q}{m_\mathrm{E}} \tag{2-5}$$

式中 c——水的比热容，kJ/（kg·℃）；

　　　　m_w——注入蒸馏水的质量，kg；

　　　　m_1——仪器的水当量，kg；

　　　　q——雷管空白实验的热量，kJ；

　　　　m_E——炸药试样质量，kg；

　　　　T_0——爆炸前桶内的水温，℃；

　　　　T——爆炸后桶内的最高水温，℃。

近年来，随着电子技术的发展，实验的记录系统发生了改变，大多数爆热实验装置的温度记录已取缔了贝克曼温度计，而采用电子温度自动记录仪。

实验测定的几种常用炸药的爆热数据如表 2.3 所示。这是美国的实验数据，相对误差为±0.3%。阿宾等用容积为 4.75 L 的量热弹装置测量的几种炸药的爆热数据如表 2.4 所示。该装置用炸药试样 50 g，装药用重 500 g 的铝质外壳，采用电雷管引爆。表 2.3 和表 2.4 中炸药的爆热都是在特定条件下测得的结果。由于实验条件和测试方法不同，结果也有差异，这说明爆热值受测试条件影响。

表 2.3　几种常用炸药的爆热实验测定值

炸药	装药密度ρ/($g \cdot cm^{-3}$)	装药条件	爆热/($kJ \cdot kg^{-1}$)
梯恩梯	1.53	药量 22 g，直径 d=12.7 mm，厚 b=12.7 mm 的金壳	4 573±29.4
梯恩梯	1.50	无外壳	2 540±16.8
太安	1.73～1.74	药量 22 g，直径 d=12.7 mm，厚 b=12.7 mm 的金壳	6 221±13.2
黑索今	1.69	直径 d=20 mm，厚 b=4.0 mm 的黄铜壳	6 318±50.3
黑索今	1.69	无外壳	5 590
奥克托今	1.89	直径 d=12.7 mm，厚 b=12.7 mm 的金壳	6 188
特屈儿	1.60	厚 b=12.7 mm	4 853
叠氮化铅			1 535
雷汞			1 732

表 2.4　几种炸药的爆热实验值

炸药	装药密度ρ/($g \cdot cm^{-3}$)	爆热/($kJ \cdot kg^{-1}$)
梯恩梯	0.85	3 389.0
梯恩梯	1.50	4 225.8
黑索今	0.95	5 313.7
黑索今	1.50	5 397.4
梯恩梯/黑索今（50/50）	0.90	4 309.5
梯恩梯/黑索今（50/50）	1.68	4 769.8
特屈儿	1.00	3 849.3
特屈儿	1.55	4 560.6
太安	0.85	5 690.2
太安	1.65	5 690.2
硝酸铵/梯恩梯（80/20）	0.90	4 100.3
硝酸铵/梯恩梯（80/20）	1.30	4 142.2
硝酸铵/梯恩梯（40/60）	1.55	4 184.0
硝化甘油	1.60	6 192.3
雷汞	1.25	1 590.0
雷汞	3.77	1 775.4

2.3.3　影响爆热的因素

1. 装药密度的影响

由表 2.4 可以看出，同种炸药，装药密度不同其爆热值也不同。密度对负氧平衡类炸药的影响较为显著，如梯恩梯、特屈儿等。而对于接近零氧和正氧平衡的炸药，装药密度对爆热的影响较小，如黑索今、太安、硝化甘油等。这是因为接近零氧和正氧平衡炸药的爆炸产物解离速度较小，而且爆炸瞬间的二次反应

$$2CO = CO_2 + C + 172.47\ kJ$$

$$2CO + H_2 = H_2O + C + 24.63\ kJ$$

也减少或几乎不存在，因而对爆热影响很小。但是负氧平衡的炸药随着密度增加，爆轰压力增大，这样上述两个二次反应平衡地向着气态产物减少的方向移动，因而使爆热增加。表 2.5 列出了黑索今和梯恩梯的装药密度对爆热实验值的影响。

表 2.5　装药密度对爆热实验值的影响

参数	黑索今						梯恩梯			
装药密度ρ / $(g \cdot cm^{-3})$	0.5	0.95	1.0	1.1	1.5	1.8	0.85	1.0	1.5	1.62
爆热/ $(MJ \cdot kg^{-1})$	5.356	5.314	5.774	5.356	5.397	6.318	3.389	3.598	4.226	4.853

2. 外壳的影响

实验表明，负氧平衡的炸药，在较大密度和坚固外壳中爆轰时，爆热增大很多，这可由表 2.3 所示梯恩梯和黑索今的爆热以及表 2.6 所示外壳对特屈儿的爆热影响看出。

表 2.6　外壳对特屈儿爆热的影响

外壳材料	外壳厚度/mm	爆热/$(MJ \cdot kg^{-1})$
—		3.891
铁	0.4	3.891
软钢	1.6	4.560
软钢	3.2	4.770
软钢	6.4	4.853
软钢	12.7	4.853

从表 2.6 还可以看出，外壳在一定厚度范围内，爆热值随壳厚的增大而增大。但当厚度超过某一值时，爆热就达极限而不再增大了。外壳厚度对负氧平衡炸药爆热产生影响的原因，也可归结为爆炸瞬间产生的压力对产物中前述两个平衡反应进行方向的影响。外壳较薄和无外壳时，爆轰产物膨胀不受限制，因而压力下降较快，前述反应的平衡有向左进行的趋势，从而吸热导致爆热减少。另外，随着爆炸气体产物的迅速膨胀，有一部分未反应的炸药也随

之抛散而造成能量的散失。外壳增厚时，外壳阻碍了气体产物的膨胀，使压力降低延缓，这样前述反应的平衡向右移动，还增加了装药内部的二次反应时间，并限制了外层未反应炸药的飞散，从而使爆热增加。对于负氧不多以及正氧、零氧平衡的炸药，外壳对爆热的影响不太显著。

3. 附加物的影响

在炸药中加入惰性液体可以起到与增大炸药密度同样的作用，使爆热增加。在炸药中加水后的影响如表 2.7 所示。

表 2.7　炸药中含水量对爆热的影响

炸药	含水量/%	氧平衡/%	装药密度ρ/（g·cm^{-3}）	爆热/（kJ·kg^{-1}）干炸药	爆热/（kJ·kg^{-1}）混合物	爆热增加值/%
梯恩梯	0	−74	0.8	3 138	—	
梯恩梯	35.6	−74	1.24	4 226	2 720	34.67
黑索今	0	−22	1.1	5 356	—	
黑索今	24.7	−22	1.46	5 816	4 393	8.59
太安	0	−10	1.0	5 774	—	
太安	29.1	−10	1.41	5 816	4 142	0.72

表 2.7 中的干炸药指不含水的纯炸药，混合物指炸药和水按表中比例配成的混合炸药。由数据可知，在炸药中加入一定量水后，其爆热比不加水时低，但以纯炸药含量计算，爆热有不同程度的增大。含水量对负氧多的炸药影响更显著，这说明水这种惰性附加物起着某种"内壳"的作用，使装药不是处于散装状态，而是充填了药粒的空隙，增大了密度，类似于趋向单晶密度时的爆轰。这种作用对负氧平衡炸药是很重要的。

除水外，其他物质也有类似的作用，如煤油、石蜡、惰性重金属等。而加入氧化剂（如硝酸铵、硝酸钠、高氯酸盐的水溶液）具有重要的实际意义，由于它们的加入，爆热可以成倍增加。

在炸药中加入惰性附加物时，一般情况下爆热降低，爆热降低与惰性附加物的加入量呈线性关系。

2.3.4　炸药爆热的计算

1. 爆热的理论计算

爆热的理论计算方法是建立在热化学的盖斯定律基础上的。盖斯定律指出：反应的热效应与反应进行的途径无关，只与系统的最初状态和最终状态有关。也就是说，如果同一物质经不同途径得到同一最终产物，则在这些途径中的热效应总和是相等的。

利用盖斯定律计算炸药的爆热时，可采用图 2.2 计算爆热的盖斯三角形予以说明。状态 1、2、3 分别代表标准状态下元

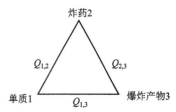

图 2.2　计算爆热的盖斯三角形

素的稳定单质、炸药和爆炸产物。可以设想从状态 1 到状态 3 有两种途径，一种是由单质得到炸药，同时有热效应 $Q_{1,2}$，然后炸药爆炸生成爆炸产物，并放出爆热 $Q_{2,3}$；另一种是由单质直接生成爆炸产物，伴随生成热量 $Q_{1,3}$（爆炸产物的生成热）。这两种途径热效应的代数和是相等的，即

$$Q_{1,2} + Q_{2,3} = Q_{1,3} \tag{2-6}$$

所以炸药的爆热为

$$Q_{2,3} = Q_{1,3} - Q_{1,2} \tag{2-7}$$

式中　$Q_{1,3}$——爆炸产物生成热的总和；

　　　$Q_{1,2}$——炸药的生成热；

　　　$Q_{2,3}$——炸药的爆热。

也就是说，炸药的爆热等于爆炸产物的生成热减去炸药的生成热。因此，只要知道炸药爆炸反应方程式、炸药的生成热以及爆炸产物的生成热数据，就可以计算出炸药爆热。

炸药和爆炸产物的生成热数据通过查阅有关手册获得。表 2.8 只列举了部分物质的生成热，有些炸药的生成热是未知的，这可通过燃烧热的实验或有关计算方法求得，手册上给出的生成热数据一般是定压条件下的，将查得的炸药及爆炸产物的定压生成热代入式（2-7），计算出的是炸药的定压生成热。

表 2.8　某些物质的生成热（定压，291 K 时）

名称（代号）	分子式	相对分子质量	生成热 Q_f	
			kJ·mol⁻¹	kJ·kg⁻¹
梯恩梯（TNT）	$C_7H_5O_6N_3$	227	73.22	322.56
黑索今（RDX）	$C_3H_6O_6N_6$	222	−65.44	−294.76
奥克托今（HMX）	$C_4H_8O_8N_8$	296	−74.89	−253.02
特屈儿（Te）	$C_7H_5O_8N_5$	287	−19.66	−68.52
硝化甘油（NG）	$C_3H_5O_9N_3$	227	370.83	1 633.60
硝化乙二醇（NGC）	$C_2H_4O_6N_2$	152	247.90	1 630.93
太安（PETN）	$C_5H_8O_{12}N_4$	316	541.28	1 712.92
二硝基甲苯（DNT）	$C_7H_6O_4N_2$	182	78.24	429.89
1，5-二硝基萘	$C_{10}H_6O_4N_2$	218	−14.64	−67.17
硝化棉（含 12.2%N）（NC）	$C_{22.5}H_{28.8}O_{36.1}N_{8.7}$	998.2	2 698.00	2 702.88
硝基胍（NQ）	$CN_4H_4O_2$	104.1	94.46	879.40
硝基甲烷（NM）	CH_3NO_2	61	91.42	1 498.70
硝酸肼（HM）	$N_2H_5NO_3$	95	250.20	2 633.83
硝酸铵（NA）	NH_4NO_3	80	365.51	4 568.93
硝酸钠	$NaNO_3$	85	467.44	5 499.25

续表

名称（代号）	分子式	相对分子质量	生成热 Q_f	
			kJ·mol^{-1}	kJ·kg^{-1}
硝酸钾	KNO_3	101	494.09	4 891.97
高氯酸铵	NH_4ClO_4	117.5	293.72	2 499.72
高氯酸钾	$KClO_4$	138.5	437.23	3 156.88
木粉*	$C_{39}H_{70}O_{28}$	986	5 690.24	5 771.03
石蜡*	$C_{18}H_{38}$	254.5	558.56	2 199.07
轻柴油*	$C_{16}H_{32}$	224	661.07	2 951.21
沥青*	$C_{10}H_{18}O$	394	594.13	1 507.94
水（气）	H_2O	18	241.75	13 430.64
水（液）	H_2O	18	286.06	15 892.23
一氧化碳	CO	28	112.47	4 016.64
二氧化碳	CO_2	44	395.43	8 987.04
六硝基芪（HNS）	$C_{14}H_6O_{12}N_6$	450	−78.24	−128.03

注："*"表示定容条件下的生成热。

然而炸药的爆炸过程非常接近于定容过程，因此一般所谓的爆热指的是定容爆热。为了计算，需要将定压爆热转换成定容爆热。由热力学第一定律可以导出定容和定压热效应之间的关系：

$$Q_V = Q_p + P\Delta V \tag{2-8}$$

如果把爆炸产物看作理想气体，而且反应前后的温度和压力均保持不变，根据理想气体状态：

$$PV = nRT$$

得到

$$Q_V = Q_p + (n_2 - n_1)RT = Q_p + \Delta nRT \tag{2-9}$$

式中　Δn ——反应前后气体物质的量的变化；

　　　R——摩尔气体常数，取 8.314 J/（mol·K）。

对于 291 K（18 ℃）时的热效应，则

$$Q_V = Q_p + 2.419\,5\Delta n$$

凝聚相炸药爆炸时，由于最初的体积与爆炸产物的体积相比是很小的，故可忽略不计，因此，式中 $(n_2 - n_1)$ 可用 n_2 代替。

归纳上述过程，计算爆热大致可以分成以下三步：

第一步：写出炸药的爆炸反应方程式；

第二步：按式（2-7）查表计算 Q_p；

第三步：按式（2-9）换算 Q_V。

[例 1] 已知梯恩梯的生成热 $Q_f = 73.22$ kJ/mol，爆炸反应方程式为

$$C_7H_5O_6N_3 \rightarrow 2.5H_2O + 3.5CO + 1.5N_2 + 3.5C$$

求它的爆热 Q_V。

按照盖斯定律，梯恩梯爆热为

$$7C + 2.5H_2 + 3O_2 + 1.5N_2 \xrightarrow{\quad \overset{\displaystyle C_7H_5O_6N_3}{\ulcorner\qquad\qquad\urcorner}\quad} 2.5H_2O + 3.5CO + 3.5C + 1.5N_2$$

由表 2.8 查得生成热分别为

$$Q_{f,H_2O} = 241.75 \text{ kJ/mol}; \quad Q_{f,CO} = 112.47 \text{ kJ/mol}; \quad Q_{f,N_2} = 0; \quad Q_{f,C} = 0$$

故

$$Q_{2,3} = 241.75 \times 2.5 + 112.47 \times 3.5 - 73.22 = 924.8 \text{（kJ/mol）}$$

由于采用的生成热数据均为 291 K 时的定压生成热，而爆热为定容热效应，因此还要按式（2–9）进行校正。

其中 $\Delta n = n = 3.5 + 2.5 + 1.5 = 7.5$，所以梯恩梯的爆热为

$$Q_V = 924.8 + 2.419\,5 \times 7.5 = 942.9 \text{（kJ/mol）}$$

或

$$Q_V = 942.9 \times 1\,000 / 227 = 4\,153.7 \text{（kJ/kg）}$$

[例 2] 计算阿马托 80/20 的爆热。

根据阿马托炸药中硝酸铵与梯恩梯的质量比为 80/20，可以算得其组成为 $11.35NH_4NO_3 + C_7H_5O_6N_3$；其爆炸反应式为

$$11.35NH_4NO_3 + C_7H_5O_6N_3 \rightarrow 25.2H_2O + 7CO_2 + 0.425O_2 + 12.85N_2$$

由表 2.8 查得梯恩梯和硝酸铵的生成热分别为 73.22 kJ/mol 和 365.51 kJ/mol。按盖斯三角形：

$$\begin{aligned} Q_{2,3} &= Q_{1,3} - Q_{1,2} \\ &= 395.43 \times 7 + 241.75 \times 25.2 - (73.22 + 365.51 \times 11.35) \\ &= 4\,638.35 \text{（kJ）} \end{aligned}$$

换算为定容热效应：

$$\begin{aligned} Q_V &= 4\,638.35 + 2.419\,5 \times (7 + 25.2 + 12.85 + 0.425) \\ &= 4\,748.38 \text{（kJ）} \end{aligned}$$

换算为 1 kg 混合物时，其热效应为

$$Q_V = \frac{4\,748.38}{11.35 \times 0.08 + 0.227} = 4\,183.6 \text{（kJ/kg）}$$

2. 混合炸药爆热的经验计算

混合炸药根据氧平衡的不同可分为两类。一类为正氧平衡或零氧平衡炸药，它通常由正氧炸药、氧化剂和负氧炸药、可燃剂混合而成。其配制目的在于获得较大的做功能力和较小的有毒气体生成量，或降低成本等。大部分工业炸药属于此类，这类炸药的爆热可按最大放热原则估算。另一类是负氧平衡炸药，它通常由负氧炸药和附加物组成。其配制目的在于调节爆炸性能，改善加工、使用和安全性能，以满足不同使用对象的需要。它是目前广泛使用的一类混合炸药，大部分军用混合炸药属于此类。其爆热的计算常采用单质炸药爆热的计算方法，认为每一组分对爆热的贡献与它在混合炸药中的质量分数成比例，即混合炸药的爆热为

$$Q_V = \sum m_i Q_{V_i} \tag{2-10}$$

式中　m_i——混合炸药中第 i 组分的质量分数；

　　　Q_{V_i}——第 i 组分的爆热。

[例3] 计算黑索今/梯恩梯（60/40）炸药的爆热。

按单质炸药爆热计算。

黑索今的爆热：

$$Q_V = 5\,179.6\ \text{kJ/kg}$$

梯恩梯的爆热：

$$Q_V = 4\,153.7\ \text{kJ/kg}$$

按式（2-10）可得黑索今/梯恩梯（60/40）的爆热为

$$Q_V = 5\,179.6 \times 60\% + 4\,153.7 \times 40\% = 4\,769.2\ (\text{kJ/kg})$$

为了精确地计算，也可以先算出 1 kg 混合炸药的化学式 $C_aH_bO_cN_d$，然后按理论计算混合炸药的爆热。

2.3.5　提高爆热的途径

提高炸药的爆热对于提高炸药的做功能力具有很重要的意义。一般来说，提高炸药爆热的途径大致有以下几个方面。

（1）改善炸药的氧平衡。

改善炸药的氧平衡就是使炸药中的氧化剂恰好将可燃剂完全氧化，尽量使炸药的分子组成或混合炸药组分的配比设计达到或接近零氧平衡。对于 $C_aH_bO_cN_d$ 类炸药，就是希望氧化剂能完全氧化碳和氢为 CO_2 和 H_2O，从而放出较高的能量。不过，同属于零氧平衡的炸药所放出的能量也不尽相同，一般含氢量高的炸药能量较大，这是由于氢完全氧化为水所放出的热量较高。

另外，在炸药分子中或混合炸药各组分的分子中，若含有 C—O、C＝O、O—H 链等化学结构，其中的氧已是无效或部分无效了，这时虽可组成零氧平衡，但由于氧的"无效"性，这类化合物的生成热较大，部分能量已丧失在分子的形成过程中，因而也就影响了爆炸时的能量释放。

（2）引入高能元素或加入高能量的可燃剂。

由表 2.9 列出的一些氧化产物的热化学数值可大致看出，在炸药中引入含铍、铝等高能可燃剂元素的物质，或引入含氟等高能氧化剂元素的物质，可提高炸药的释放能量，其中含铍化合物的释放能量是最高的。

表 2.9　一些氧化产物的热化学数值

氧化产物	$-\Delta H_f/(\text{kJ} \cdot \text{mol}^{-1})$	M_r	$Q_p/(\text{kJ} \cdot \text{kg}^{-1})$
BeO（固）	598.7	25.0	23 939.2
Al_2O_3（固）	1 675.3	102.0	16 424.3
HF	272.1	20.0	13 556.2

续表

氧化产物	$-\Delta H_f/(\text{kJ} \cdot \text{mol}^{-1})$	M_r	$Q_p/(\text{kJ} \cdot \text{kg}^{-1})$
H_2O	241.8	18	13 434.8
CO_2	393.5	44	8 943.5
CF_4	908.8	88	10 326.9
CO	112.47	28	4 016.6

在单质炸药中引入高能元素可以适量提高其爆热。在混合炸药中加入铝粉、镁粉等是获得高爆热炸药常用的方法。在黑索今中加入适量的铝粉，爆热可提高 50%，这是因为铝粉除了与氧元素氧化反应，生成 Al_2O_3 并放出大量热外，还可以和炸药爆炸产物 CO_2、H_2O 发生二次反应：

$$2Al + 3CO_2 \rightarrow Al_2O_3 + 3CO + 826.3 \text{ kJ}$$

$$2Al + 3H_2O \rightarrow Al_2O_3 + 3H_2 + 949.8 \text{ kJ}$$

也放出大量热，从而使爆热大大增加。金属元素还可以与爆炸产物中的氮气反应生成相应的金属氮化物，如

$$Mg + N_2 \rightarrow MgN_2 + 463.2 \text{ kJ}$$

$$Al + 0.5N_2 \rightarrow AlN + 241.0 \text{ kJ}$$

这些反应都是剧烈的放热反应，从而可以增加爆热。

2.4 炸药的爆温

爆温是炸药的重要示性数之一。所谓爆温，是指炸药爆炸时放出的能量将爆炸产物加热到的最高温度。研究炸药的爆温具有实际意义，一方面它是热化学计算所必需的重要参数；另一方面在实际爆破工作中，对其数值有一定的要求。如对于具有可燃性气体和粉尘的矿山爆破，为了保证安全作业而使用矿用安全炸药，这类炸药的爆温希望控制在较低的范围，为 2 000 ℃～2 500 ℃；而为了完成某些军事目的，有时要求炸药爆温高一些。

在爆炸过程中，温度变化极快、数值极高，可达几千摄氏度，目前用实验的方法测定较为困难。为了得到炸药的爆温数值，一般采用理论计算方法。

2.4.1 爆温的理论计算

为简化爆温的理论计算，有以下三条假定：

（1）爆炸过程近似地视为定容过程；

（2）爆炸过程是绝热的，爆炸反应中放出的能量全部用以加热爆炸产物；

（3）爆炸产物的热容只是温度的函数，而与爆炸时所处的压力等其他条件无关。

1. 由爆炸产物的平均热容计算爆温

根据上述假定，炸药的爆热与爆温的关系可以写为

$$Q_V = \overline{c_V} t \tag{2-11}$$

式中　$\overline{c_V}$——在温度由 0 ℃到 t ℃范围内全部爆炸产物的平均热容，J/（mol·℃）或 J/（kg·℃）；

　　　　t——所求的爆温值，℃。

热容与温度的关系为

$$\overline{c_V} = a_0 + a_1 t + a_2 t^2 + a_3 t^3 + \cdots \tag{2-12}$$

对一般不太复杂的计算，仅取其中第一、二项，即认为热容与温度成直线关系，则

$$\overline{c_V} = a_0 + a_1 t$$

这样　　　　　　　　　　　$Q_V = \overline{c_V} t = (a_0 + a_1 t) t$

于是爆温的计算式为

$$t = \frac{-a_0 + \sqrt{a_0^2 + 4 a_1 Q_V}}{2 a_1} \tag{2-13}$$

利用上式计算爆温时，必须知道爆炸产物的组分、爆炸反应方程式和爆炸产物的热容。常见的爆炸产物的平均摩尔热容一般采用卡斯特平均摩尔热容式：

对于二原子气体，$\overline{c_V} = 20.08 + 18.83 \times 10^{-4} t$　[J/（mol·℃）]；

对于水蒸气，$\overline{c_V} = 16.74 + 89.96 \times 10^{-4} t$　[J/（mol·℃）]；

对于三原子气体，$\overline{c_V} = 37.66 + 24.27 \times 10^{-4} t$　[J/（mol·℃）]；

对于四原子气体，$\overline{c_V} = 41.84 + 18.83 \times 10^{-4} t$　[J/（mol·℃）]；

对于五原子气体，$\overline{c_V} = 50.21 + 18.83 \times 10^{-4} t$　[J/（mol·℃）]；

对于碳，$\overline{c_V} = 25.11$　[J/（mol·℃）]；

对于氯化钠，$\overline{c_V} = 118.41$　[J/（mol·℃）]；

对于氧化铝，$\overline{c_V} = 99.83 + 281.58 \times 10^{-4} t$　[J/（mol·℃）]；

对于固体化合物，可近似为 $\overline{c_V} = 25.10 n$　[J/（mol·℃）]（n 为固态产物中的原子数）。

卡斯特认为这些式子（除氧化铝外）在 4 000 ℃以下是适合的，但其数据的实验温度只为 2 500 ℃～3 000 ℃，故外推温度过高时可能带来偏差，使用时应注意。氧化铝的式子适用温度范围仅为 0 ℃～1 400 ℃，超过此温度范围可用固体化合物近似式估算。

[例1] 计算梯恩梯的爆温。测得其爆炸反应方程式为

$$C_7H_5O_6N_3 \rightarrow 2CO_2 + H_2O + CO + 4C + 1.2H_2 + 1.4N_2 + 0.2NH_3 + 1132.8 \text{ kJ/mol}$$

先计算爆炸产物的热容。

对于二原子气体，$\overline{c_V} = (1 + 1.2 + 1.4)(20.08 + 18.83 \times 10^{-4} t) = 72.29 + 67.79 \times 10^{-4} t$　（J/℃）；

对于 H_2O，$\overline{c_V} = 16.74 + 89.96 \times 10^{-4} t$　（J/℃）；

对于 CO_2，$\overline{c_V} = 2(37.66 + 24.27 \times 10^{-4} t) = 72.32 + 48.54 \times 10^{-4} t$　（J/℃）；

对于 NH_3，$\overline{c_V} = 0.2(41.84 + 18.83 \times 10^{-4} t) = 8.37 + 3.77 \times 10^{-4} t$　（J/℃）；

对于 C，$\overline{c_V} = 4 \times 25.11 = 100.44$ （J/℃）。

故
$$\sum \overline{c_{V_i}} = 273.16 + 210.06 \times 10^{-4}t \quad （J/℃）；$$

代入式（2–13）

$$t = \frac{-273.16 + \sqrt{273.16^2 + 4 \times 0.021 \times 1132.8 \times 1000}}{2 \times 0.021}$$

解得
$$t = 3\,306 \ ℃$$
$$T = 3\,306 + 273 = 3\,579 \ （K）$$

需要说明的是，若爆温超过某些产物的相变温度，在计算时还要考虑它们的相变热。

[例2] 1 kg（由硝酸铵/梯恩梯/铝（75/20/5）组成的）混合炸药的爆炸反应方程式为

$$9.38NH_4NO_3 + 0.88C_7H_5O_6N_3 + 1.85Al = 0.925Al_2O_3 +$$
$$20.96H_2O + 3.525CO_2 + 2.635CO + 10.7N_2$$

它的爆热 $Q_V = 4\,852.52$ kJ/kg，Al_2O_3 的熔化热是 33.47 kJ/mol，计算混合炸药的爆温。

Al_2O_3 的熔化热 $Q_L = 33.47 \times 0.925 = 30.96$ （kJ），用于产物升温的热量，$Q = Q_V - Q_L = 4\,821.56$ kJ/kg。

对于二原子气体，$\overline{c_V} = 13.335(20.08 + 18.83 \times 10^{-4}t) = 267.77 + 251.10 \times 10^{-4}t$ （J/℃）

对于 H_2O，$\overline{c_V} = 20.96 \times (16.74 + 89.96 \times 10^{-4}t) = 350.87 + 1\,885.56 \times 10^{-4}t$ （J/℃）

对于 CO_2，$\overline{c_V} = 3.525 \times (37.66 + 24.27 \times 10^{-4}t) = 132.75 + 85.55 \times 10^{-4}t$ （J/℃）

对于 Al_2O_3，$\overline{c_V} = 25.10 \times 5 \times 0.925 = 116.11$ （J/℃）

故
$$\sum \overline{c_{V_i}} = 867.5 + 2\,222.21 \times 10^{-4}t \quad （J/℃）$$

代入式（2–13）

$$t = \frac{-867.5 + \sqrt{867.5^2 + 4 \times 0.222\,2 \times 4\,821.56 \times 1000}}{2 \times 0.222\,2}$$

解得
$$t = 3\,098.6 \ ℃$$
$$T = 3\,098.6 + 273 \approx 3\,372 \ （K）$$

2. 按爆炸产物的内能值计算爆温

除上述方法外，也可以利用爆炸产物的内能值来计算。常见爆炸产物的内能值随温度变化的数据已较准确地求出，列于表 2.10 中。

已知热力学定律式：

$$-dE = dQ + PdV$$

假设爆炸为定容过程，即 $dV = 0$，放出的热量全部用在转变为爆炸产物的内能上，对上式积分得 $\Delta E = -Q_V$，这样利用表 2.10 中产物的内能数据就可算得爆温。

计算过程是：首先假定一个爆温，按此假定的温度查表 2.10，求出其爆炸产物的全部内能值 ΔE，并与炸药的爆热 Q_V 值对照。如果偏离很大，则再假设一个温度重新计算 ΔE 值，若此 ΔE 值与 Q_V 值很接近，即可认为所假设的温度为爆温。

表 2.10　常见产物的内能变化值

T/K	$\Delta E/(kJ \cdot mol^{-1})$									
	H_2	O_2	N_2	CO	NO	OH	CO_2	H_2O	C（石墨）	Al_2O_3
2 000	38.9	45.2	42.2	42.8	43.9	39.8	77.7	58.3	35.7	210.3
2 200	44.2	51.1	47.7	48.4	49.6	45.1	88.2	66.7		238.4
2 400	49.5	57.2	54.2	54.0	55.3	50.6	98.9	75.4	48.6	376.1
2 600	55.0	63.3	59.0	59.7	61.1	56.1	109.6	84.2		405.3
2 800	60.6	69.5	64.7	65.5	66.9	61.7	120.4	93.2		434.7
3 000	66.2	75.8	70.5	71.2	72.8	67.4	131.3	102.3	61.9	464.0
3 200	72.0	82.1	76.2	77.0	78.7	73.2	142.2	115.5		493.2
3 400	77.8	88.6	82.0	82.9	84.5	79.0	153.3	120.8		522.5
3 600	83.6	93.2	87.8	88.7	90.4	84.9	164.4	130.1		551.8
3 800	89.5	101.7	93.7	94.6	96.4	90.9	175.5	139.7		581.1
4 000	95.5	108.3	99.5	100.4	102.3	96.9	186.7	149.3	89.4	610.4
4 200	101.5	114.9	105.4	106.3	108.3	102.9	197.9	158.8		639.7
4 400	107.6	121.7	111.3	112.2	114.3	109.0	209.1	168.4		669.0
4 600	113.7	128.4	117.2	118.2	120.4	115.2	220.4	178.0		698.3
4 800	119.8	135.2	123.1	124.1	126.4	121.4	231.7	187.6		727.6
5 000	126.0	142.0	129.0	129.6	132.5	127.6	243.2	197.4		756.8

　　［例 3］梯恩梯与硝酸铵混合炸药的爆炸反应方程式如下：

$$11.35NH_4NO_3 + C_7H_5O_6N_3 \rightarrow 25.2H_2O + 7CO_2 + 0.425O_2 + 12.85N_2 + 4\ 748.8\ kJ$$

求该炸药的爆温值。

　　首先假设它的爆温为 3 200 K，查表 2.10 得：

$$\Delta E_{CO_2} = 142.2\ (kJ/mol)$$

$$\Delta E_{H_2O} = 115.5\ (kJ/mol)$$

$$\Delta E_{N_2} = 76.2\ (kJ/mol)$$

$$\Delta E_{O_2} = 82.1\ (kJ/mol)$$

于是，总的内能值为

$$\Delta E = \sum n_i \Delta E_i = 4\ 920.1\ kJ$$

　　此内能值比 4 748.8 kJ 稍大，说明假定的温度高了。故再重新假设爆温为 3 000 K，同样查表 2.10 计算得总的内能值为

$$\Delta E = 4\ 435.2\ kJ$$

　　此值又稍低一些，但可以明确该炸药的爆温介于 3 000～3 200 K 之间。若假定在该温度区间 ΔE 值与温度呈线性关系，则可以得到

$$T = 3\,200 - \frac{4\,920.1 - 4\,748.8}{\dfrac{4\,920.1 - 4\,435.2}{200}} = 3\,129 \text{(K)}$$

$$t = 3\,129 - 273 = 2\,856 \text{（℃）}$$

2.4.2 影响爆温的因素和改变爆温的途径

根据实际需要，往往要改变或调整炸药的爆温，或者升高或者降低。爆温计算如下：

$$t = \frac{Q_V}{\overline{c_V}} = \frac{Q_{f,1} - Q_{f,2}}{\overline{c_V}} \tag{2-14}$$

式中　　$Q_{f,1}$——爆炸产物生成热的总和；

　　　　$Q_{f,2}$——炸药的生成热。

由式（2-14）可知，提高爆温的途径有三个方面：

（1）增加爆炸产物的生成热 $Q_{f,1}$；

（2）减少炸药本身的生成热 $Q_{f,2}$；

（3）减少爆炸产物的热容 $\overline{c_V}$。

第（1）、（2）条的结果都是增加爆热。前述提高爆热的途径，如调整氧平衡使炸药氧化完全，产生大量生成热较大的产物等，或引入某些高能元素，或添加高能金属粉等物质，对提高爆温都有效。

需要指出的是，如果爆热的增加伴随爆炸产物热容的增大，那么前者可使爆温提高，而后者却会导致爆温下降，综合效果如何，要看具体情况。因此调整爆温应全面考虑三个因素的综合作用。加入高能金属粉，如铝、镁等，它们的爆炸产物生成热较大，而产物的热容增加不多，有利于爆温的提高。表2.11列出几种反应产物的热化学性质。

从表2.11中的数据可以看出，当消耗同等氧量时，铝、镁氧化时释放的能量与其氧化物热容的比值，比碳、氢氧化产物的对应比值大得多，因此铝、镁的加入对提高混合炸药的爆温是十分有利的。在许多弹药中，如水雷、鱼雷以及对空导弹中装填含铝炸药，就是基于这个原理。

表2.11　几种反应产物的热化学性质

反　　应	Q_f/kJ	c_p/(J·K^{-1})	Q_f/c_p
$2Al + 1.5O_2 \rightarrow Al_2O_3$	1 675.3	146.4	11.5×10^3
$2Mg + 1.5O_2 \rightarrow 3MgO$	1 803.7	182.0	9.9×10^3
$2H_2 + 1.5O_2 \rightarrow 3H_2O$	725.5	168.0	4.3×10^3
$1.5C + 1.5O_2 \rightarrow 1.5CO_2$	590.3	93.4	6.3×10^3

降低炸药的爆温也是实际应用中经常考虑的问题之一。对于矿用炸药来说，它可以避免在井下爆破时引起瓦斯及矿尘的爆炸；对于火药来说，降低燃烧温度，可以减少对炮膛的烧蚀。降低爆温的途径与提高爆温的途径恰恰相反，即减小爆炸产物的生成热，增大炸药的生

成热和爆炸产物的热容。为了达到降低爆温的目的，一般采用在炸药中加入附加物的办法。这些附加物可以改变氧与可燃元素间的比例，使之产生不完全氧化的产物，从而减少爆炸产物的生成热，有的附加物不参与爆炸反应，只是增加爆炸产物的总热容。

在工业安全炸药中，常加入一些带有结晶水的盐类，或加入一些热分解时能吸热的物质，如硫酸盐、氯化物、重碳酸盐、草酸盐等作为消焰剂。现代工业炸药甚至含有游离状态的水，如水胶炸药、乳化炸药等。煤矿许用工业炸药常加入氯化钠、氯酸钾、碳酸钙等物质。

在火炮装药中，为了减少火药燃烧对炮膛的烧蚀作用，通常在火药药包的外面包裹护膛带（主要成分为 TiO_2）和除铜剂（铅丝）。

2.5　爆炸产物的体积

炸药爆炸产物的体积指气态产物的体积，因为固态产物所占的体积相当小而可以忽略不计。单位质量炸药爆炸时生成的气态产物在标准状态下所占有的体积称为炸药的比容，又称爆容，以 V_0 表示，常用单位是 L/kg。

气态产物是炸药爆炸做功的介质，气态产物越多，爆炸反应热转变为机械功的效率越高，因此它与炸药做功能力有密切关系。爆容也是炸药的重要示性数之一。

爆容通常按阿伏伽德罗（Avogadro）定律，依爆炸反应方程式计算：

$$V_0 = \frac{22.4n}{M} \tag{2-15}$$

式中　n——爆炸反应方程式中各气态产物的物质的量之总和，mol；

　　　M——爆炸反应方程式中炸药的质量。

[例1] 设梯恩梯的爆炸反应方程式为

$$C_7H_5O_6N_3 \rightarrow 2.5H_2O + 3.5CO + 3.5C + 1.5N_2$$

$$n = 2.5 + 3.5 + 1.5 = 7.5; M = 0.227$$

$$V_0 = \frac{22.4 \times 7.5}{0.227} = 740 \text{（L/kg）}$$

[例2] 计算阿马托（80/20）混合炸药的爆容。设爆炸反应方程式为

$$11.35NH_4NO_3 + C_7H_5O_6N_3 \rightarrow 25.2H_2O + 7CO_2 + 0.425O_2 + 12.85N_2$$

$$V_0 = \frac{22.4 \times (25.2 + 7 + 0.425 + 12.85)}{11.35 \times 0.08 + 0.227} = 897.48 \text{（L/kg）}$$

炸药的爆容也可以用实验测定，使用的仪器是毕海尔（Bichel）大型量热弹，直径为 200 mm，壁厚约 120 mm，弹的容积为 20 L，可爆炸 200 g 带外壳的炸药，结构与爆热弹相仿。爆炸产物中有水，水在常温条件下为液态，在不考虑水占有的体积时，其余爆炸产物的体积称为干比容；若考虑水为气态时，产物的体积称为全比容，即爆容。与爆炸反应方程式一样，爆容与装药密度、引爆条件、外壳限制等有关，因此炸药的爆容值是在一定测试条件下的结果。确定爆容时将炸药在弹内爆炸，待产物冷却至室温后，以测得的弹内气体产物的静压力进行换算，计算出干比容，进而测定全比容。也可直接测定爆炸产物的体积。现将几种常用炸药爆炸气体产物的比容实测数据列于表 2.12 中。

表 2.12　常用炸药的爆容实测值

炸药	密度 ρ/(g·cm^{-3})	爆容 V_0/(L·kg^{-1})
梯恩梯	0.85	870
	1.50	750
特屈儿	1.00	840
	1.55	740
黑索今	0.95	950
	1.50	890
太安	0.85	790
	1.65	790
梯恩梯/黑索今（50/50）	0.90	900
	1.68	800
阿马托（80/20）	0.90	880
	1.30	890

2.6　有毒气体产物

炸药除用于军事目的外，还大量应用于矿山、基础建设以及城市控制爆破工程。在炸药爆炸后，有时工作人员需要立即作业，炸药爆炸产生的有毒气体将直接影响操作人员的身体健康，尤其是在一些通风不良的场所，如坑道、矿井等爆炸作业场所，其危害更大。此外，大量的有毒气体散布于空气中，也会造成环境的污染，因此，有毒气体产物的含量已成为炸药特别是工业炸药的一项重要性能指标。

现代工业炸药主要为有机和无机的硝胺化合物、硝基化合物和各种含碳化合物，以及以金属无机盐（如 NaCl）作为消焰剂的化学成分，此外还有氯酸盐炸药和含硫炸药。这些炸药爆炸时产生对人体有毒害作用的气体主要有 CO 和 NO_x（如 NO、NO_2、N_2O_3 等），有时还有少量的 SO_2、H_2S、HCl、Cl_2 等其他有毒气体。一氧化碳（CO）与血红蛋白的结合能力比氧强 250 倍左右，而分离速度比氧与血红蛋白分离速度慢 3 000 多倍，因此人体吸入一氧化碳后，氧气就无法通过呼吸进入机体，从而造成严重缺氧。一氧化碳中毒者会感到头晕眼花、心跳加快、四肢无力、恶心呕吐等，严重时皮肤苍白、唇颊桃红、血压下降，直至窒息死亡。由于一氧化碳无色无味，往往在不知不觉中中毒。氮氧化物中，其中 NO 不溶于水，但可与血液中的红血球结合生成一种血的自然分解物，从而损伤人体吸收氧的能力，产生缺氧的萎黄病。其他的氮氧化物能溶于水，当吸入肺部时，在肺表面黏膜上反应生成 HNO_3，有腐蚀作用，低浓度时引起头痛和胸闷，高浓度时使肺部产生浮肿或水肿而致死。氮氧化物有一定的刺激性，且其作用有潜伏和延迟的特性，开始吸入时除有些刺激外，不会立刻有症候，几小时甚至十几小时后才发觉严重病情，往往因抢救困难而死亡。其中毒症状是：呼吸道受刺激、辣眼睛、咳嗽、胸闷、头痛、呕吐、手指尖及头发发黄等。

有毒气体的计算也依据阿伏伽德罗（Avogadro）定律：

$$V = \frac{22.4 n_{CO}}{M}$$

式中　　n_{CO}——换算成 CO 的摩尔数，mol；

　　　　M——炸药质量，kg。

我国《爆矿安全规程》规定，矿井使用的炸药有毒气体总量不超过 80 L/kg（以 CO 计算），氮的氧化物比 CO 的毒性大得多，计算有毒气体总量时，将 NO_x 折算为 CO 是按每升 NO_x 相当于 6.5 L CO 计算的。

影响炸药有毒气体含量的主要因素有：炸药的氧平衡、爆炸反应的不完全性、爆破介质和装药包装物等。

1. 炸药的氧平衡

有毒气体含量与炸药氧平衡密切相关，负氧平衡的炸药生成 CO 较多，正氧平衡的炸药则容易生成氮的氧化物，零氧平衡的炸药产生有毒气体最少。表 2.13 所示为硝铵类炸药爆炸产物中的有毒气体含量。

表 2.13　硝铵类炸药爆炸产物中的有毒气体含量

序号	炸药组成/%			氧平衡/%	有毒气体总量/（L·kg^{-1}）		
	TNT	NH$_4$NO$_3$	KNO$_3$		CO	NO$_x$	总量
1	37.6	62.4		−15.30	113.1	1.39	122.0
2	21.0	79.0		0.26	45.5	2.54	62.0
3	17.6	82.4		3.50	37.4	8.79	94.5
4	10.0	90.0		10.60	31.0	64.4	449.6
5	17.6	82.4		3.50	29.2	5.01	61.7
6	17.6	62.4	20	7.40	16.6	5.3	51.1

另外，氢和金属与氧的反应比碳的氧化反应快一些，因此在氧平衡相近的负氧平衡炸药中，硫与氢或硫与金属的比值越大，生成的 CO 量也越多。

2. 爆炸反应的不完全性

大部分工业炸药是非理想的混合炸药，许多因素，诸如配方设计、装药设计和加工工艺等方面的原因，往往导致爆炸反应不完全，爆炸产物偏离预期结果，从而产生较多的有毒气体。

爆炸反应的完全性可间接地根据炸药的爆轰参数（如爆速、猛度等）的测量值予以估计。如某种含铝硝铵炸药，由于加工质量不同，猛度测定值也不同。猛度值大者说明其爆炸反应比较完全，有毒气体总量有些降低，如表 2.14 所示。

表 2.14　含铝硝铵炸药有毒气体含量与猛度值

猛度值/ （铅柱压缩值，mm）	有毒气体含量/（L·kg⁻¹）		有毒气体总量/ （L·kg⁻¹）
	CO	NO₂	
12.4	42.2	2.8	60.4
15	38.4	2.5	54.7
17	30.1	3.4	52.2

混合炸药组分的颗粒越小，工艺上就越容易混合均匀，其爆炸反应越趋于完全，从而减少了有毒气体产物。如表 2.13 中序号 3 和 5 的炸药组成相同，但序号 5 中各组分颗粒度均分布于 40～60 目之间，而序号 3 分布于 20～40 目之间，粉碎和混合得较好的混合炸药，爆炸生成的有毒气体量会少得多。

在工业炸药中，加入一些具有高活性的组分，如硝化甘油、黑索今和梯恩梯等猛炸药，在爆炸时可使爆炸反应完全。在炸药中加入某些具有催化活性的物质，如碱金属硝酸盐（硝酸钾等），也可显著降低硝铵类炸药爆炸产物中氮氧化物的含量（见表 2.13 中序号 3 和 6 的对比数据）。这是因为硝酸钾的存在，既可使硝酸铵在爆轰波中以下式进行反应，又可加速氮的氧化物与可燃气体相互作用的二次反应。

$$NH_4NO_3 \rightarrow N_2 + 2H_2O + 0.5O_2$$

一些研究者还指出：当炸药的装填密度较大时，生成的 NO_2 气体较少；当装药直径较大时，生成的 CO、NO 气体量下降；装药密封良好，约束强度增大，可抑制有毒气体生成。以上条件有益于炸药爆炸反应的完全。

3. 爆破介质和装药包装物

实验表明，在试验钢筒内充以氮气或抽空时进行爆炸，炸药生成的有毒气体量波动不大；若填以石英砂，则爆炸产生的有毒气体量增多。某些矿石可与产物发生二次反应，使有毒气体量增加。例如，煤可以使 CO_2 还原为 CO，同种炸药在煤矿炮孔中爆破生成的 CO 和 NO 的量要比铜、铁矿石中多 2～3 倍。

装药的可燃性包装物，如纸、防潮物、可燃性塑料等在爆炸时有一部分与爆炸产物作用生成 CO，这实质上起到了改变炸药氧平衡的作用。若包装物参与爆炸反应的量较大，则在确定混合炸药组分时，应将该因素考虑进去。实验表明，外壳材料参与化学反应与炸药的氧平衡、爆炸产物的温度和爆炸条件等因素有关。为了避免由包装材料所导致的 CO 含量的增多，国外曾规定每 100 g 炸药限定包装纸为 2 g 以下，防潮层为 2.5 g 以下。

为了防止工业炸药有毒气体的大量产生，应该从混合炸药配比、氧平衡的选择、加工过程以及爆破作业等方面予以综合考虑。

思考题

1. 什么是炸药的氧平衡？研究氧平衡的意义是什么？
2. 建立炸药爆炸反应方程有哪几种方法？各自的出发点是什么？
3. 简述炸药爆热的定义及提高炸药爆热的途径。

4. 简述炸药爆温的定义及改变炸药爆温的意义与途径。

5. 简述炸药爆容的定义。研究爆容有什么意义？

6. 炸药爆炸后的有毒气体产物有哪些？主要的有毒气体产物毒性之间的关系是什么？

7. 计算太安（$C_5H_8O_{12}N_{14}$）的氧平衡，写出爆炸反应方程式（可用 L–C，B–W 等经验计算法），并计算爆热、爆温、爆容和有毒气体含量。

8. 一种钝黑铝炸药的组成为 95%黑索今，5%石蜡，外加 20%铝粉，计算它的氧平衡，写出爆炸反应方程式，计算爆热、爆容和有毒气体含量。

9. 计算梯恩梯（$C_7H_5O_6N_3$）的氧平衡，写出爆炸反应方程式，计算爆热、爆温、爆容和有毒气体含量。

10. 试设计含黑索今、高氯酸钾的混合炸药配方，并写出化学反应方程式，计算爆热、爆温和爆容。

第3章
炸药的热分解

3.1 概述

在热的作用下，物质（包括炸药）分子发生分裂，形成相对分子质量小于原来物质的众多分解产物的现象，叫作物质的热分解。可用下列示意式表示，即

A（原物质）→B（分解产物）+C（气体分解产物）

└──→（相对分子质量更小的气体产物）

热分解是众多物质（包括有机物、无机物）具有的现象，当温度高于 0 ℃时，多数物质就以或快或慢的速率进行热分解。农药、化肥（如碳酸氢铵）的热分解速率比炸药快，炸药的热分解速率相对要慢得多。近几十年来，物质的热分解问题引起了人们的高度重视，主要是因为物质热分解的性质决定着它们的储存寿命，生产、加工、运输时是否出现热爆炸等问题，是安全生产的关键，合理解决物质的热分解问题具有重大的经济效益和社会效益。

早期人们很注意火药、推进剂的热分解和储存性质，因为火药在储存过程中逐渐分解，不但使火药改变了原有的物质特性，无法满足使用的需要，而且还会由于分解的放热而导致燃烧爆炸危险。随着军事技术的发展，核武器的发明，大口径火炮、远程导弹的出现，炸药制品的尺寸（直径、体积）日益加大，在相同温度下，尺寸不同的同一种炸药就具有不同程度的热爆炸危险。这样，人们的注意力就又转移到炸药的热分解动力学规律上，研究热分解的方法也日趋深入。在民用爆破器材上，如油气井地下开采用器材，就要求耐一定的温度，在数小时内不发生热爆炸。航天火工器材绝大多数需要具有耐热性能。

早期的研究工作多半是从动力学角度研究炸药热分解的速率、动力学参量（如活化能（E）和指前因子（A））。这种研究是很必要的，它可以提供定量数据评价炸药的储存及热安定性。但是随着仪器制造业的发展，人们已将近代分析仪器引入炸药热分解的研究，如利用傅里叶红外光谱仪研究黑索今等的热分解产物，用加速反应量热计（ARC）研究炸药热分解的绝热加速，用气相色谱、气相色谱–质谱联用技术、光电子能谱和飞行质谱研究炸药的热分解过程，这些研究工作从多方面丰富了人们对于炸药分解性质的认识，为更好地使用、储存炸药提供了更为可靠的数据。目前在基础研究领域，炸药的热分解特性及影响规律的研究已成为炸药工作者的一个非常热门的研究内容。

3.2　炸药热分解的一般规律

炸药的热分解，是指在炸药的发火温度以下，由于热作用，其分子发生分解的现象和过程。研究炸药的热分解机理对研究炸药的化学安定性、热爆炸等具有重要意义。炸药的热分解是一种缓慢的化学变化，在分解时会出现释放热量、放出气体和本身失重等现象。这样，可以测量炸药试样的温度、质量、分解气体产物体积（或压力）与时间的变化关系。这些关系曲线称为炸药热分解的形式动力学曲线，它表示了炸药热分解的过程，为评定炸药的化学安定性提供依据。图 3.1 所示为不同相态炸药热分解的典型动力学曲线，曲线上各点的斜率表示热分解的速度。

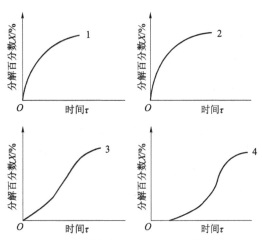

图 3.1　炸药热分解形式动力学曲线
1—气相；2，3—液相；4—固相

尽管各相态炸药的热分解动力学曲线有差异，但就凝聚态炸药而言，通常把炸药的热分解分为三个阶段。炸药分解初期，热分解很慢，几乎觉察不出反应的存在，生成的气态产物也很少，这个阶段叫热分解延滞期或感应期。延滞期结束后，分解速度逐渐加快，在某一时刻速度可达到极大值，这个阶段叫热分解的加速期。当炸药量较少时，反应速度达到最大值后急剧下降，直到分解结束，这个阶段叫分解降速期。但是当炸药量较多时，反应速度也可能一直增长直至爆炸。

在室温条件下，炸药分子处在相对稳定的状态，活化分子的数目相对较少。当温度升高时，活化分子的数目增多，分解现象明显，分解速度也随之增大。炸药分子分解时，并不是立即形成最终产物，而是分步分段进行。当完整的炸药分子受热后，首先在分子最薄弱的键处断裂而形成分子碎片。

以黑索今为例，分解可由下列示意式表示：

这是炸药热分解的最初阶段，称作热分解的初始反应，又叫分解的第一反应。初始反应形成的分子碎片是很不安全的，它能很快地再分解，从而发生连续分解过程，发生的下一步变化可能是：

此外，由于初始反应形成的 NO_2 反应活性很强，它可以与上述各过程形成的产物发生化学反应，进一步形成最终分解产物（如 H_2O、CO_2、CO、NO 等）。上述综合过程统称为热分解的第二反应。有时候，第二反应中的 NO_2 与其他中间产物的化学反应可用某些综合性的示意通式表示。例如，对黑索今可写出如下示意通式：

$$5CH_2O+7NO_2 \rightarrow 5H_2O+2CO_2+3CO+7NO$$

在一般化学反应过程中，随着原始物质浓度下降，反应速度呈下降趋势，但是炸药热分解是个放热过程，尽管原始物质不断减少，反应速度仍然随分解温度的升高而增大。

实验结果表明，大多数炸药热分解的初始反应速度常数只受温度影响，它与温度的关系可用阿伦尼乌斯（Arrhenius）方程表示：

$$k = Ae^{-E/(RT)} \tag{3-1}$$

式中　　k——某温度下，初始反应速度常数；

　　　　A——指前因子；

　　　　T——温度；

　　　　R——通用气体常数；

　　　　E——分解反应活化能。

对式（3-1）微分，得

$$\frac{\mathrm{d}\ln k}{\mathrm{d}T} = \frac{E}{RT^2} \tag{3-2}$$

由式（3-2）可见，$\ln k$ 随温度的变化率与 E 值成正比。

活化能值表示炸药热分解的难易程度，单质炸药的 E 值一般为 125～230 kJ/mol，比普通非炸药物质反应的活化能大几倍。炸药热分解的活化能数值高，表示热分解反应速度的温度系数大。可见炸药这类物质，在低温时热分解速度不一定大，但当温度升高时，分解反应却能迅速加快。表 3.1 列出了几种常见凝聚态炸药的初始反应动力学数据，即活化能 E、指前因子 A。

表 3.1　常见炸药的初始反应动力学数据

炸　药	温度 $t/℃$	活化能 $E/(kJ \cdot mol^{-1})$	$\lg A$
黑索今	150～197	213.4	18.6
太安	75～95	152.3	15.3
奥克托今	176～230	152.7	10.7
梯恩梯	220～270	223.8	19.0
特屈儿	211～260	160.7	15.4

炸药的热分解过程常以两种基本形式进行。一种是初始分解反应。单质炸药热分解的初始反应速度只随炸药本身性质（如化学结构、相态、晶型及其颗粒、杂质等）和环境温度而改变。在一定温度下，炸药热分解的初始反应速度决定其最大可能的热安定性，而且在一般的储存和加工温度条件下，分解反应速度很小。另一种是热分解的第二反应，即自行加速反应。它的反应速度与外界条件有很大关系，而且所达到的反应速度比初始反应大得多。对于一般炸药，其化学安定性并不取决于炸药的初始分解速度，而是取决于其自行加速分解反应的发生和发展。因为自行加速反应的速度与外界条件有关，所以在一定范围或条件下可以人为地控制，设法延缓自行加速的到来和抑制它的发展，从而提高炸药的安定性。

3.3　炸药热分解的自行加速化学反应

自行加速化学反应的历程有三种类型，即热积累自行加速、自催化加速和自由基链锁自行加速。

1. 热积累自行加速

它是指由于热分解反应本身放出的热使反应物温度升高，导致反应加速。如果热分解反应释放的热量来不及传导给外界，则导致反应物升温，使反应加速；反应的加速又增加了释放热量，增大了体系的温度，加速分解反应。这样循环累进的自行加速过程，最终导致爆炸，即热爆炸，这部分内容详见炸药的热感度章节。

2. 自催化加速

它是指由于反应产物有催化作用，随着反应产物的不断积累而使分解反应加速。这种反应称为自催化反应。自催化反应的加速往往在分解反应经过一段时间之后才发生，因为所需的催化剂要经过一个产生和积累的过程，当具有催化作用的产物不断积累时，分解反应则自行加速。当反应释放的热量同时出现热积累时，伴随热积累的自催化加速反应而发生爆炸。

实验表明，硝化甘油在装填密度较大的条件下，100 ℃时，经过 9～10 h 可出现热分解的剧烈加速现象；80 ℃时要经过 73～93 h；60 ℃时则需经过 550 h 才开始加速。根据这些数据分别计算在 30 ℃和 20 ℃时自行加速分解出现的时间分别为 3.2 年和 17 年。梯恩梯在 200 ℃以下时分解速度很小；在 0 ℃～270 ℃时，随着温度的升高，其热分解速度的极大值相应增大，极大值到来的时间也相应提前。这从图 3.2 所示的温度对梯恩梯热分解过程的影响可以清楚地看出。

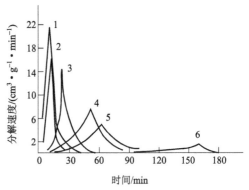

图 3.2　温度对梯恩梯热分解过程的影响
1—271 ℃；2—266 ℃；3—257 ℃；4—247 ℃；
5—240 ℃；6—220 ℃

研究表明，许多物质能加快梯恩梯的热分解，例如 MnO_2、CuO、Cr_2O_3 和 Ag_2O 等，在高温下，这些物质均能明显缩短梯恩梯的热爆炸延滞期，在 300 ℃时，会使梯恩梯瞬间爆炸，而没有延滞期。

3. 自由基链锁自行加速

能使活化质点再生的反应称为链锁反应。一旦反应开始，反应便可自动地继续下去，如

$$Br_2 \rightarrow Br+Br$$
$$Br+H_2 \rightarrow Br+H$$
$$H+Br \rightarrow HBr+Br$$
$$Br+H_2 \rightarrow HBr+H$$

一个活化质点作用时生成两个或多个活化质点，则反应速度可以很快增加，这种情况称为链锁的分枝。相反，当活化质点互相碰撞或与容器碰撞而消失时，称为链锁的中断。中断使反应速度降低，甚至使反应中止。

当链锁的分枝大于中断时，反应速度增加，发生链锁自行加速。在许多情况下，同时发生热积累，这时热自行加速和链锁自行加速相结合成为链锁–热自行加速，两种效果综合最终导致爆炸。

以液体硝基甲烷在低压下的热分解为例，首先是 C—N 键断裂，生成甲基自由基和 NO_2 气体；随后甲基自由基与硝基甲烷或 NO_2 继续发生自由基反应，反应历程如下：

第一反应：

$$CH_2NO_3 \rightarrow \cdot NO_3+NO_2$$

第二反应：

$$\cdot CH_3+CH_3NO_2 \rightarrow CH_4+CH_2NO_2$$
$$\cdot CH_3+NO_2 \rightarrow \cdot CH_3O+NO_2$$
$$\cdot CH_2NO_2+NO_2 \rightarrow CH_2O+NO+NO_2$$
$$CH_2O+NO_2 \rightarrow CO+NO+H_2O$$
$$\cdot CH_3+NO \rightarrow CH_3NO \rightarrow CH_2=NOH \rightarrow H_2O+HCN$$

另外还可发生：

$$NO+CH_2NO_2 \rightarrow HNO+ \cdot CH_2NO_2$$
$$2HNO \rightarrow H_2O+N_2O$$

对于某种炸药来说，在一定条件下发生分解的机理可能是以上三种基本类型中的一种或几种机理的综合作用，对具体对象需要具体分析研究。

3.4 研究炸药热分解的方法

研究炸药热分解的实验方法有测量气体产物、测热、测失重和热分析等。

3.4.1 量气法

该法利用测压仪器测量炸药分解反应产生的气体产物，以一定温度和时间内放出的气体产物总量或者气体产物的压力随时间变化的情况表示。量气法应保持反应器空间全部恒温，这样系统内不会有温差出现，因而也不会出现物质的升华、挥发、冷凝等现象。根据气体产物的体积或压力与时间的关系，可以研究炸药热分解的过程。量气法主要通过以下两种试验进行。

1. 真空热安定性试验

这是一种广泛用于炸药、起爆药、火药的安全性和相容性测定的方法。本方法以一定量的药量（如猛炸药为 5 g），在恒温（100 ℃、120 ℃或 150 ℃）和真空条件下热分解；经过一定时间（40 h 或 48 h）后，测量其分解气体的压力；再换算成标准状态下的气体体积来度量。试验装置主要由恒温浴、抽真空系统和玻璃仪器（试样管、毛细管）三部分组成，毛细管内径为 1.5～2.0 mm，外径为 6.0～6.5 mm，如图 3.3 所示。

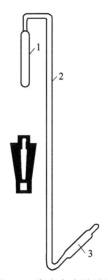

图 3.3　真空安定性试验
用玻璃仪器

1—反应试管；2—测量支管；
3—水银储槽

将称量的试样放入反应试管内，与抽真空系统连接，抽至系统压力约 665 Pa（约 5 mmHg 柱），在恒温浴加热分解。加热完毕，再将仪器冷却至室温，测量毛细支管中水银柱的高度，然后按式（3-3）计算在该试验条件下炸药热分解的体积。

$$V = [A + C(B - H_2)]\frac{273(P_2 - H_2)}{760(273 + T_2)} - A + C(B - H_1)\frac{273(P_1 - H_1)}{760(273 + T_1)}$$

$$(3-3)$$

式中　V——热分解气体产物的体积，mL；

　　　A, B, C——仪器相关参数；

　　　H_1, H_2——试验前后测量的水银柱高度；

　　　p_1, p_2——试验前后的大气压；

　　　T_1, T_2——试验前后的室温。

应该指出，用本法评价炸药的安全性，由于试验条件不完全相同，评价的准则也不同。对于大多数军用炸药和工业炸药的安定性评价，有以下几种：

（1）在 100 ℃下加热分解，以每克试样 48 h 放出的气体量表示安定性。做 3 次平行试验，以不大于 2.0 mL/g 为合格。

（2）在 100 ℃下加热分解，先恒温 1 h，去掉第 1 h 分解气体量（排除少量空气或气体），再恒温 48 h，以 48 h 放气量不大于 2.0 mL/g 为合格。

（3）在 100 ℃或 120 ℃下加热分解，以每克试样 40 h 的放气量表示安定性。

表 3.2 所示为某些炸药真空热安定性的试验数据。

表 3.2　某些炸药真空热安定性试验数据

炸　药	100 ℃，40 h 放气量/mL	120 ℃，40 h 放气量/mL
黑索今	0.7	0.9
太安	0.5	1.1
奥克托今	0.37	0.45
梯恩梯	0.1	0.23
特屈儿	0.3	1.0
硝基胍	0.37	0.44

2. 布氏计试验

这是一种适用于研究炸药热分解过程的方法。其核心仪器是布氏计，如图 3.4 所示。

布氏计有不同的结构，主要是玻璃薄腔压力计，它有两个互相隔绝的空间，即由反应器与弯月形薄腔组成的反应空间和补偿空间。布氏计实际上是作为零位计使用的，通过向补偿空间小心地送入少量气体，以消除两个空间的压差，使指针回到零点位置，由补偿空间连接的压力计间接读出反应空间的压力。布氏计灵敏度较高，可分辨 60 Pa 的压力值。

利用布氏计法可以获得炸药热分解的形式动力学数据，研究各种条件（如装填密度、各种添加物）对热分解的影响。但该法玻璃薄腔压力计容易损坏，操作烦琐，不能自动记录。

3.4.2 失重法

由于炸药热分解时形成气体产物，本身质量减少，因此测量炸药试样失重的多少可以了解热分解的状况。此法可分等温和不等温两种热失重情况。

1. 等温热失重

等温热失重是最常用的方法之一，如 100 ℃热安定性试验，使用的仪器有恒温箱、平底称量瓶、干燥器和普通精密天平。将盛放炸药试样的平底称量瓶置于恒温箱中，并定期取出称重。表 3.3 所示为一些炸药 100 ℃热安定性的试验结果。

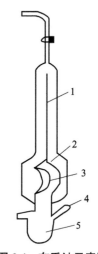

图 3.4　布氏计示意图
1—指针；2—补偿空间；3—弯月形薄腔；
4—反应器；5—连接管

表 3.3　一些炸药 100 ℃热安定性的试验结果

炸　　药	第一个 48 h 失重量/%	第二个 48 h 失重量/%
黑索今	0.04	0
太安	0.10	0
奥克托今	0.05	0.03
梯恩梯	0.20	0.20
特屈儿	0.10	0.10
硝基胍	0.18	0.09

2. 热重分析（TG）法

不等温热失重是近十年来许多研究人员利用近代热天平仪器研究炸药热分解的方法，称为热重分析（TG）法。其特点是反应环境的温度是变化的，并以一定的速度上升，炸药试样的质量变化可通过信号传输和转化，并自动记录。对记录下的炸药质量随温度变化的函数关系曲线（热重曲线）可进行动力学分析，以了解炸药的热分解特性。TG 试验的实例如图 3.5 和图 3.6 所示。

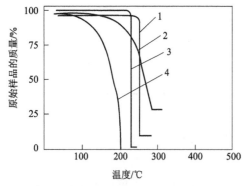

图 3.5　几种炸药的 TG 曲线之一
1—奥克托今；2—梯恩梯，3—黑索今；4—太安

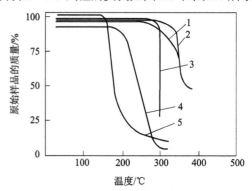

图 3.6　几种炸药的 TG 曲线之二
1—高氯酸铵；2—六硝基芪；3—斯蒂芬酸铅；
4—硝酸铵；5—特屈儿

3.4.3　测热法

炸药的热分解是一个放热过程，测热法的基本原理是测定炸药在分解过程中的热效应。

温度控制程序一般采用线性关系，也可以是温度的对数或倒数。测热法主要有差热分析（DTA）法和差示扫描量热（DSC）法两种。

1. 差热分析（DTA）法

该法在程序控温条件下，测量试样与参比物质之间的温度差对温度或时间的函数关系。物质在某一温度下发生相变或热分解时，就必然会产生吸热或放热现象。将试样和在试验温度范围内不会发生热变化的参比物质置于相同的容器中，容器中装有两组相同的热电偶传感器，将它们反向串联并分别插入试样和参比物内部，如图 3.7 所示。

试验时，试样和参比物以同样的加热速度升温，当试样没有热效应时，两个传感器之间无温差；当试样发生热变化时，试样与参比物之间出现温差。若试样的温度为 T_S，参比物的温度为 T_R，将两者的温差对温度或时间函数记录下来，便得到差热分析曲线。分析曲线上出现的一系列吸热峰和放热峰，可以解释相变、熔点、分解动力学参数及安定性等。

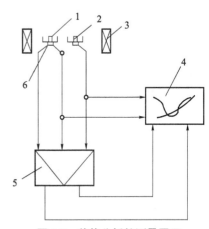

图 3.7　差热分析的测量原理
1—参比物；2—试样；3—加热炉；4—记录仪；
5—电气设备；6—热电偶

硝酸铵和奥克托今的差热分析曲线如图 3.8 和图 3.9 所示。

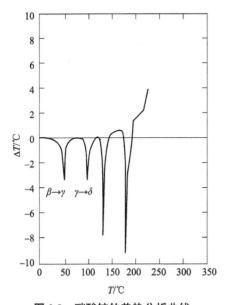

图 3.8　硝酸铵的差热分析曲线

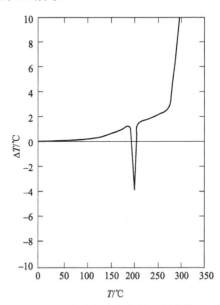

图 3.9　奥克托今的差热分析曲线

采用差热分析法评价炸药安定性时，通常在相同条件下试验各种炸药，用初始分解温度值或最大放热峰温度可相对比较它们的热安定性。

2. 差示扫描量热（DSC）法

该法是在程序控温条件下，测量试验物质与参比物质的能量差与温度之间的函数关系，试验得到差示扫描量热曲线。该曲线看起来与差热分析曲线相似，实际上横坐标表示温度，而纵坐标表示能量变化率。两者在定性方面的效果相近，但在定量方面，差示扫描量热法可以测得焓变，因此差示扫描量热法比差热分析法能得到更准确的结果。由于炸药热分解速度能直接用放热量表示，因此差示扫描量热技术用于炸药的热分解动力学分析，在理论上比差热分析法更有根据。

评价炸药的安定性，通常采用在相同条件下试验各种炸药，用等温差示扫描量热和非等温差示扫描量热曲线图中的初始分解温度值或最大放热峰温度相对比较它们的热安定性，也有从等温差示扫描量热曲线求得反应速度常数、表观活化能、指前因子等来表征炸药的热安定性的。表 3.4 列出了由差示扫描量热试验得到的几种炸药的热动力学数据。

表 3.4　由差示扫描量热试验得到的几种炸药的热动力学数据

炸　药	密度/ $(g \cdot cm^{-3})$	分解热/ $(kJ \cdot g^{-1})$	A/ s^{-1}	活化能/ $(kJ \cdot mol^{-1})$
黑索今	1.72	2.09	2.02×10^{18}	196.9
太安	1.74	1.26	6.3×10^{19}	196.6
奥克托今	1.81	2.09	5×10^{19}	220.5
梯恩梯	1.57	1.26	2.51×10^{11}	143.8
六硝基芪	1.65	2.09	1.53×10^{9}	126.8
硝基胍	1.74	2.09	2.84×10^{7}	126.7

DTA 和 DSC 法取用样品量少，适用于单质炸药。对于混合炸药，特别是混合均匀程度不能满足取样要求的炸药，这两种方法一般不适用。

由于炸药总的分解速度与温度的关系很复杂，通常试验温度高于实际储存使用的温度。分解时间曲线也有多种情况，而多数试验方法只是测定反应初始阶段的分解情况。所以，对炸药进行安定性评价不能只用一种试验方法的结果，而应多做几种试验后再下结论。

3.5　炸药的安定性与相容性

3.5.1　炸药的安定性

炸药的安定性是指在一定条件下，炸药保持其物理、化学、爆炸性质不发生可觉察的变化或者发生在允许范围内变化的能力。这种能力对于炸药的储存和使用都有非常重要的意义。因为炸药特别是军用炸药，通常要进行长期储存，一般军用炸药要求储存十年以上，如果炸药安定性不好，则在储存期间炸药的性质会发生变化，使其不能使用，甚至导致发生爆炸，造成事故。同时，炸药在制造以及装填弹丸的过程中往往需要加热，在此过程中也要求炸药的性质实际上不发生变化。对于火工品，也要求能够长期储存，组分之间、组分与壳体之间不发生化学作用。炸药的安定性是由炸药的物理、化学以及爆炸性质随时间变化的速度所决定的。这种变化的速度越小，炸药的安定性就越高。反过来，这种变化的速度越大，则炸药的安定性就越低。

一般来说，硝酸酯类炸药的安定性较差，硝基化合物类炸药的安定性最好，而硝胺炸药则居中。

测定炸药安定性的方法有很多，以真空安定性测定法最为常用。

在热作用下（热源温度比该炸药的五秒爆发点低），炸药能发生一定速度的热分解。单体炸药的热分解初始反应速度只随炸药本身的性质（化学结构、相态、晶型及其颗粒大小、杂质多少、纯度高低）和环境温度而变化。在固定温度下，一般来说，炸药的热分解初始反应速度决定其最大可能的热安定性，这是单分子反应，可进行如下计算。

初始分解反应是单分子反应，即一级反应，有

$$\frac{-\mathrm{d}c_\mathrm{A}}{\mathrm{d}t} = kc_\mathrm{A}$$

$$\frac{\mathrm{d}c_\mathrm{A}}{c_\mathrm{A}} = -k\mathrm{d}t$$

式中 k——反应速度常数，$k = A\mathrm{e}^{-E/(RT)}$；

c_A——反应物浓度

$$\int_{c_{\mathrm{A}0}}^{c_\mathrm{A}} \frac{-\mathrm{d}c_\mathrm{A}}{c_\mathrm{A}} = -k\int_0^t \mathrm{d}t$$

$c_{\mathrm{A}0}$——反应物初始浓度，积分得

$$\ln\frac{c_\mathrm{A}}{c_{\mathrm{A}0}} = -kt$$

所以

$$t = \frac{1}{k}\ln\frac{c_{\mathrm{A}0}}{c_\mathrm{A}}$$

半分解期 $t_{1/2}$，即原始物质分解一半所需的时间，将其代入上式中，即有

$$t_{1/2} = \frac{1}{k}\ln 2$$

硝化甘油在 $A=10^{18.84}$，$E=182.84$ kJ/mol 下，其分解数据如表 3.5 所示。

表 3.5 硝化甘油在不同温度下的反应速度常数和半分解期

温度/℃	速度常数/s⁻¹	$t_{1/2}$/年
0	10.00～16.34	4.5×10⁸
20	10.00～13.95	2×10⁶
40	10.00～10.93	1 870
60	9.20～10.00	35

多组分混合炸药的热分解过程很复杂，可能出现下列几种反应现象：

（1）炸药分子自身的热分解；

（2）不同炸药分子间的相互作用；

（3）炸药分子或热分解产物与混合炸药的其他组分（如高分子黏合剂）之间发生的化学

反应；

（4）炸药之间或是炸药与混合炸药其他组分间形成共熔点混合物。

当（2）、（3）、（4）现象出现后，总结果是使混合炸药热分解过程比单质炸药热分解速度快得多。因此，研究混合炸药热安定性时，除了应该研究其各个组分自身的热分解特性外，还应该研究配成混合炸药后的热分解特性。

3.5.2 炸药的相容性

随着混合炸药的品种日益增多，品种中的组分数也有增多趋势。例如，常见的塑料黏结类炸药就包含了主体炸药（占 95%～99%）、高分子材料（占 1%～3%）、钝感剂（占 1%～2%）以及其他组分。这种多元混合体系的热分解速度通常都比主体炸药本身的热分解速度快。以 1，3，3，5，7，7-六硝基-二氮杂环辛烷（HDX）为例，可以说明这一点，其数据列于表 3.6 中。又如，在 160 ℃时，硝化甘油和过氯酸铵分别都能平稳地分解，当二者以 1:1 质量比混合在一起时，则猛烈爆燃。这说明混合体系的反应速度要比各个组分单独热分解时的速度大。即各种组分混合后，混合体系的总反应能力有增大的趋势。

表 3.6　六硝基–二氮杂环辛烷与高分子材料混合物的热分解（224 ℃）

高分子材料	$\tau_{80}/\min$[1]
六硝基–二氮杂环辛烷	57.6
聚缩丁醛[2]	3.3
羧甲基纤维素	5.6
聚醋酸乙烯酯	11.3
有机玻璃	19.3
低压聚乙烯	24.3
聚丙烯	38.6

注：① 取分解放气量是 80 cm³/g 时所需的时间；
　　② 炸药与高分子的质量比为 1:1。

军用炸药通常装填在各种炮弹、水雷、鱼雷、导弹的战斗部内。因此，作为炸药柱整体要和金属、油漆以及其他材料相接触，在炸药柱、材料的表面上发生一定的化学作用，其表现为金属腐蚀、材料变色、老化等。因此，也应该考虑炸药和这些材料接触时可能发生的各种反应。

在讨论炸药相容性时，要区分下列两种现象。凡是研究主体炸药与其他材料混合后反应速度变化情况的现象属于组分相容性。这是从混合炸药的角度来研究混合炸药中的各个组分是否适宜于应用。常把这种相容性问题叫作内相容性。另一种则是把混合炸药作为整体，研究炸药与其他材料（包括金属、非金属材料）接触后可能发生的反应情况，这属于接触相容性的问题，称作外相容性。

相容性又可分为物理相容性、化学相容性两类。凡是炸药与材料混合或接触后，体系的物理性质变化（如相变、物理力学性质变化等）的程度属于物理相容性的研究范围，而关于体系化学性质变化情况的研究则是化学相容性的研究范围。实际上，这两种现象是有联系的。

物理性质变化可能促进化学性质的变化；反之，化学性质变化也能加快物理变化的过程。表 3.7 中列出了黑索今与某些高分子材料混合的活化能数值。

表 3.7　黑索今与高分子材料混合的活化能与放热峰温度

高分子化合物	放热峰温度/℃	活化能/(kJ·mol⁻¹)	相容性
聚乙烯	237	338.6	相容
$E_{pon}828$ [①]	220	447.3	不相容
聚苯乙烯	241	351.1	相容
有机玻璃	239	275.6	基本相容
聚甲基丙烯酸乙酯	238	144.6	基本相容

注：① 用酸酐熟化的 $E_{pon}828$。

由表 3.7 可知，当不相容时，例如，黑索今与 $E_{pon}828$（用酸酐熟化）混合，则活化能值增大 108 kJ/mol，同时放热峰温度降低 17 ℃。

混合炸药组分与主体炸药间的反应也可能是催化性质的，例如，许多金属能催化炸药的热分解，如锌催化硝酸铵、伍德合金催化硝胺类炸药等。

测定炸药与其他材料相容性的程度，就是测定混合体系反应与炸药、各组分单独热分解时反应速度之间的差别。因此，凡是测定炸药热分解的方法都可用于炸药相容性的测定。

3.6　典型炸药的热分解特性

3.6.1　硝酸酯类炸药的热分解特性

硝酸酯是最早作为火药、推进剂成分的炸药，这类化合物的热分解特性早就引起了研究人员的注意。典型的硝酸酯类炸药就是硝化甘油。在常温下，硝化甘油是液体，具有强烈的挥发性。在密闭的反应器内，低装填密度的硝化甘油受热分解后基本上全部汽化，在气态下进行热分解。热分解的唯象动力学规律是一级反应，反应速率在开始时最大，而后则逐步下降，直到反应结束。这时硝化甘油的热分解可用下列反应式表示：

$$
\begin{array}{l}
CH_2—ONO_2 \qquad CH_2—O\cdot \\
| \qquad\qquad\qquad\quad | \\
CH—ONO_2 \longrightarrow CH—ONO_2 \quad +NO_2 \\
| \qquad\qquad\qquad\quad | \\
CH_2—ONO_2 \qquad CH_2—ONO_2 \\
\qquad\qquad\qquad\qquad\qquad CH—O\cdot \\
\qquad\qquad\qquad\qquad\qquad | \\
\qquad\qquad\longrightarrow CH—O\cdot \quad +NO_2 \\
\qquad\qquad\qquad\qquad\qquad | \\
\qquad\qquad\qquad\qquad\qquad CH_2—ONO_2 \\
\qquad\qquad\qquad\qquad\longrightarrow \cdots\cdots
\end{array}
$$

热分解的初始气相产物 NO_2 是活泼的化合物，可以氧化初始分解形成的自由基，使它进一步反应成为其他产物。

在气态时，硝化甘油的热分解呈一级反应规律，140 ℃时，大约经过 400 min 就可全部分解。

液态硝化甘油热分解在开始阶段有加速趋势，但不久即降速，如图 3.10 所示。但是，当反应室内气相产物进一步积累，气相产物压力到达某个临界值时，则会出现热分解的强烈加速。在图 3.11 中表现出了这种性质。在压力增长速率 $\frac{\Delta p}{\Delta \tau}$ 和压力对数 $\lg p$ 之间具有图示的规律，可以看出依温度的升高，使热分解速率急剧增长的临界压力值也随之升高。

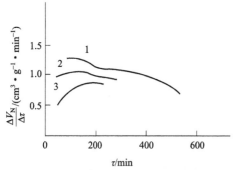

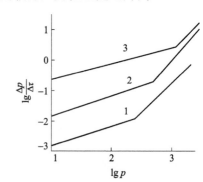

图 3.10　液态硝化甘油的热分解（140 ℃）　　　图 3.11　硝化甘油的热分解速率与压力的关系

1—装填比 6.1×10⁴；2—装填比 12×10⁴；3—装填比 29×10⁴　　　1—80 ℃；2—100 ℃；3—120 ℃

硝化甘油热分解的自加速趋势受温度的影响较大。在反应器内硝化甘油量较大（高的装填密度），100 ℃时经过 9～10 h 即出现热分解的剧烈加速；80 ℃时则经过 73～93 h 才出现加速；而在 60 ℃时则要经过 550 h 才出现加速。根据上述数据计算的 30 ℃和 20 ℃出现热分解加速的时间列于表 3.8 中。

表 3.8　不同温度下硝化甘油出现热分解加速的时间

$t/℃$	τ_{ac}/h
100	9～10
80	73～93
60	550
30	28 030（约 3.2 年）
20	1.48×10⁵（约 17 年）

上述数据表明，尽管硝化甘油热分解的速率较大，但是，在常温下出现强烈加速的时间仍相当长。然而，由于硝化甘油热分解时生成水和硝酸，而工业硝化甘油中又含有少量的水，水和硝酸的存在将加速硝化甘油的分解。

在实际生产中，水可以溶于硝化甘油中，只是溶解度不大，但少量的水即可加快硝化甘油的热分解；水量加大，影响程度则随之增大。硝酸对硝化甘油的分解影响较小，在 100 ℃时，含水硝化甘油出现分解加速的时间只是含硝酸硝化甘油的 1/6 左右。在图 3.12 中表示了水、硝酸对于硝化甘油热分解加速的影响。曲线表明，纯的硝化甘油分解最慢，含有 0.2% 硝酸的硝化甘油则分解快些，含水 0.2% 的硝化甘油分解最快。如果硝化甘油中含有少量的碳酸钠，则由于热分解生成的 NO$_2$（也即硝酸）会被碳酸钠中和，可抑制硝化甘油分解的加速。

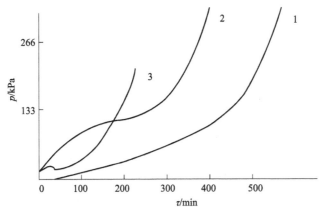

图 3.12　水、硝酸对于硝化甘油热分解的影响（100 ℃）
1—纯硝化甘油；2—含硝酸硝化甘油；3—含水硝化甘油

如果反应环境内水蒸气、一氧化氮、二氧化氮以一定比例共存，硝化甘油将呈现剧烈加速的热分解，例如在 80 ℃时，水蒸气压力为 200 Pa 时，经过 2 000 min 才出现加速热分解，但是当还有一氧化氮、二氧化氮时，则只经过 50 min 就出现加速热分解。即加速出现时间只有前者的 1/40，因此，在生产、加工、储存硝化甘油的过程中应避免这种情况，以免发生危险。

3.6.2　硝基化合物类炸药的热分解特性

在炸药类别中，芳香族多硝基化合物具有重大的实用价值。因此，对这类化合物的热分解研究很多。当硝基烃在气相状态分解时，动力学规律最简单，各自的化学结构对热分解特性的影响也最为显著。以硝基苯为例，在图 3.13 中列出了三硝基苯三种异构物的热分解曲线。

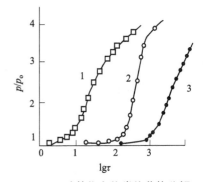

图 3.13　硝基化合物类炸药热分解
（300 ℃，初始蒸气压为 2 kPa）

1—1，2，3-三硝基苯；2—1，2，4-三硝基苯；
3—1，3，5-三硝基苯

由图 3.13 看出，1，2，3-三硝基苯的不对称性最强，分解速率最快，对称的 1，3，5-三硝基苯的分解速率最慢。通过对一系列对称三硝基苯衍生物的气相热分解研究，分析了各种取代基对于三硝基苯化合物热分解的作用。表 3.9 列出了相应化合物的唯象动力学特征。

表 3.9　三硝基苯及其衍生物的动力学参量

样品	$t/℃$	$E/$（kJ·mol^{-1}）	lg A/s^{-1}	（$k_{330℃} \times 10^5$）/s^{-1}
1，2，3-TNB	250～300	97.9	4.8	20
1，2，4-TNB	300～340	193.3	12.3	3.5
1，3，5-TNB	270～355	217.1	13.6	0.63
TNA	301～343	161.1	8.8	0.68

样品	$t/℃$	$E/(kJ \cdot mol^{-1})$	$\lg A/s^{-1}$	$(k_{330\,℃} \times 10^5)/s^{-1}$
TNP	290			3.2（290 ℃）
TNT	280～320	144.4	8.45	8.5
TNFB	350			5.0（350 ℃）
TNCB	290～330	154.8	8.45	1.1
TNDCB	330			1.1
TNTCB	330			1.1
TNBB	330			4.5（300 ℃）

注：① t 为研究温度。
② TNB—三硝基苯；TNA—三硝基苯胺；TNP—三硝基苯酚；TNT—三硝基甲苯；TNFB—三硝基氟代苯；TNCB—三硝基氯代苯；TNDCB—三硝基二氯代苯；TNTCB—三硝基三氯代苯；TNBB—三硝基溴代苯。

研究表明，取代基的电负性加强，其衍生物的分解速率下降。在苯环上引入烃取代基也能改变衍生物的热分解速率，如表 3.10 所示。研究表明，侧链取代基的易氧化程度决定着其热分解速率。

表 3.10　烷烃取代基对三硝基苯热分解的影响

样　　品	气态	溶液（TNB 为溶剂）	
	$E/(kJ \cdot mol^{-1})$	$E/(kJ \cdot mol^{-1})$	$\lg A/s^{-1}$
1，3，5-三硝基苯	217.1	217.2	13.6
三硝基甲苯	144.4	143.3	9.3
三硝基乙苯	146.4	83.7	3.2
三硝基丙苯	167.4	130.1	8.1
三硝基叔丁苯	251.0	166.1	10.4

3.6.3　硝胺类炸药的热分解特性

硝胺类炸药是应用很广的一类炸药，在 20 世纪 70—80 年代，这类炸药的热分解研究工作相当多。黑索今和奥克托今是硝胺类代表化合物，下面介绍黑索今的热分解。

黑索今是氮杂环的多硝基化合物，熔点是 204 ℃～206 ℃，所以在 200 ℃以下黑索今热分解处于固相，又由于高温时蒸气压较高，相当一部分热分解在气相中进行，这就造成了研究黑索今热分解的困难。关于黑索今热分解研究的报道很多，从唯象动力学和微观动力学等方面均能对黑索今的热分解进行研究。

早在 20 世纪 40 年代，Robertson 研究了在 213 ℃～299 ℃时黑索今的热分解，在这种条件下，黑索今完全处于气相状态。МаксимовЮ 研究了气相黑索今的热分解。黑索今经过多次纯制，在 175 ℃～210 ℃内研究其热分解，由于装填密度很小，黑索今处于气态。气相黑索今按一级反应规律进行热分解，最后产物压力是初始蒸气压的 6 倍；反应在气相内进行，不受反应器表面的影响，活化能值为 169.0 kJ/mol，指前因子（A）的对指数为 16.0±2.0。研究固态黑索今的热分解规律对炸药的储存、使用具有更大的意义。

在图 3.14 中表示了 190 ℃（低于黑索今的熔点）时，不同装填密度的黑索今热分解曲线。

由图 3.14 可知，对于装填密度值小的分解曲线来说，曲线展示了分解的全过程，由反应开始，经过反应加速，直到反应结束。整个曲线外形类似于 S 状态，这表明热分解具有典型的固相反应性质。热分解过程可分为延滞期、反应加速期（加速期）、反应降速期（降速期）几个阶段。在延滞期内，热分解的速率很小，曲线上升的趋势很平缓，几乎与横轴平行（参见图 3.15 中的曲线 9）。在加速期内，分解速率持续加大，直到出现极大的速率为止。当反应速率达到极大值后，有时还维持一段时间，而后速率明显下降，直到反应结束。反应器内装填密度（装填密度指单位体积内黑索今的量）的改变影响着反应速率。图 3.14 中的曲线表明，凡是高装填密度的曲线都位于图的下方，这表示其反应速率低，即装填密度增大，热分解速率下降，表明反应的气体产物对于黑索今的热分解有抑制作用。

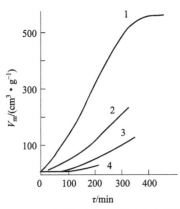

图 3.14　黑索今在不同装填密度下的热分解曲线

1—3.6×10⁻⁴；2—11×10⁻⁴；3—101×10⁻⁴；4—540×10⁻⁴

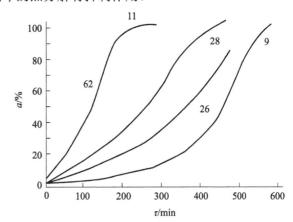

图 3.15　黑索今的堆积特性与热分解的关系曲线（对应表 3.11）

黑索今热分解延滞期的长短与样品堆积状况有关，如图 3.15 所示。在表 3.11 中列出了黑索今样品的实验条件和动力学参量的关系。

表 3.11　黑索今样品的堆积特性和热分解速率关系（196.5 ℃，0.2 g 试样）

实验号	v_{ind}[①]		v_{ac}[①]		v_{max}[①]	实验条件
	$10^{-3}\times\frac{1}{\tau}$	$\frac{7}{t_7}$[②]	$\frac{10}{t_{20}^{②}-t_{10}}$	$\frac{20}{t_{40}^{②}-t_{20}}$		
9	2.62	0.029 2	0.125 0	0.263 0	0.62	样品堆积
19	3.17	0.031 8	0.135 0	0.385 0	0.60	
26	4.24	0.066 6	0.116 0	0.016 7	0.35	样品较分散
28	8.33	0.110 0	0.173 0	0.233 0	0.35	
11	58.80	0.304 0	0.418 0	0.540 0	0.55	样品呈薄层状
12	40.00	0.280 0	0.418 0	0.500 0	0.55	层状分散
62	25.60	0.233 0	0.371 0	0.527 0	0.60	最好

注：① v_{ind}，v_{ac}，v_{max} 分别为热分解延滞期内、加速期内速率，极大速率。

② t_7，t_{20}，t_{40} 表示达到相应分解分数时的时间；7，20，40 表示分解百分比。

由图 3.15 和表 3.11 的数据看出，当样品堆积程度较高时，分解速率下降，延滞期变长（实验 9）；当样品散开成薄层状时，则延滞期缩短，速率加快。样品的堆积性质也能影响加速趋势，当样品处于集中堆积状态时，热分解分解分数为 20% 的速率是分解分数为 7% 的 9 倍，极大速率值则是 $\alpha = 7\%$ 时（α 表示分解分数）的 21 倍；当样品呈薄层状分散时，则 $\alpha = 20\%$ 时的速率只是 $\alpha = 7\%$ 时的 1.8 倍。这说明，在热分解加速期内很可能有催化热分解的气相产物。当样品堆积时，气相产物不易冲出黑索今表面排出，有利于加快反应；反之，薄层样品不易滞留这些气体，所以加速趋势下降。

3.7　影响炸药热分解的主要因素

炸药热分解的历程是比较复杂的，首先应该考虑化学结构对热分解的影响。由于化学结构不同，所产生的热分解历程极不相同。同一种炸药，当其物理、化学性质变化（如晶型、相态内变化等）时，会影响热分解过程。试验条件不同，如温度、密度、外来添加物等也会影响分解的规律和分解产物的组成。炸药热分解的特点可以归纳为以下几点。

1. 温度升高时炸药的化学反应加快

炸药的热分解首先从初始反应开始，初始反应速度与炸药的种类和反应温度有关，研究温度对初始阶段反应速度的影响可确定炸药分解反应的动力学常数，即活化能、指前因子以及分解延滞期。炸药热分解速度的温度系数很大，温度每升高 10 ℃时，许多炸药的分解速度大约可增加 4 倍。这是因为炸药热分解反应的活化能比一般物质反应的活化能大几倍，而炸药热分解速度常数的对数（$\ln k$）随温度的变化率与活化能（E）值成正比。炸药热分解反应的活化能值较大，说明了两个问题：

（1）炸药分子在常温下有相当好的热安定性；

（2）炸药热分解反应速度对温度的变化率较大。

但是这并不是炸药的主要特点，也不是它区别于其他物质的根本标志。炸药热分解的主要特点在它的第二阶段，即自行加速反应。自行加速反应的特征随炸药的结构和外界条件的不同而不同，并且随着分解产物的积累而发展。自行加速反应所达到的分解速度比初始分解反应大许多倍，因此，自行加速反应是研究炸药化学安定性的主要问题。当分解产物或少量杂质能大大增加分解速度时，在炸药中加入能够与这些分解产物或少量杂质作用的物质，就可以显著提高炸药的化学安定性，所加入的物质称为安定剂。例如，在无烟药中加入少量二苯胺作为安定剂就可以大大提高无烟药的安定性。因为二苯胺能与作为催化剂的 NO_2 和残酸迅速反应，这样，在二苯胺耗尽之前，反应的自行加速阶段不会到来。

2. 炸药的热分解及其自行加速的特征

不同化学结构的炸药的特征彼此间差异较大，例如，硝基和硝胺类炸药（如梯恩梯、特屈儿、黑索今等）的分解速度较小，而且其反应的速度常数也不大，所以它们有足够的安定性。而硝酸酯类炸药（如硝化甘油、硝化棉、太安等），当反应的气态产物积聚在炸药中时，分解的加速度很大，而且其反应速度也比硝基和硝胺类炸药大得多，因此化学安定性较差。在固体状态下能分解的某些炸药，其分解的加速度也很大。

一般来说，硝酸酯类炸药的热安定性较差，硝基化合物类炸药的热安定性最好，而硝胺类炸药居中。

3. 相态、晶型对炸药热分解的影响

炸药晶型转变、相态变化等都影响热分解的过程。如高氯酸铵在 240 ℃时晶型发生转变，由斜方形向立方形转变，出现分解速度下降。又如特屈儿的热分解，由固态变为液态时分解速度可提高 50～100 倍。相态的这种影响具有普遍性，黑索今、太安等也观察到类似的影响。因此在比较不同炸药的安定性时，选择的温度要使被比较的炸药处于相同的相态，否则难以得到正确的结论。

4. 试验条件与添加物对热分解的影响

它们都影响炸药热分解的规律和产物组成。如硝酸铵在 100 ℃时的分解产物主要是 NH_3 和 HNO_3，在 200 ℃时的分解产物主要是 N_2O 和 H_2O，而温度更高时分解产物主要是 NO_2、N_2 和 H_2O。硝化甘油中含有水或酸时，其分解速度比纯硝化甘油大很多，这是因为有水存在时硝化甘油发生水解，水解生成的酸或原含有的酸均具有催化作用和氧化作用，以致达到自行加速。

思考题

1. 简述炸药热分解特征。
2. 炸药的自行加速反应有哪几种类型？
3. 测定炸药热分解的实验方法主要有哪几种？
4. 简述炸药的安定性和相容性的定义及研究方法。
5. 简述炸药的半衰期理论计算方法。
6. 如何利用热分析方法判定炸药的热分解特性及炸药的安定性和相容性？
7. 影响炸药热分解的主要因素有哪些？

第 4 章

炸药的燃烧

4.1 概述

炸药的燃烧是炸药化学变化的又一种典型形式。对于火药和烟火剂来说，燃烧是其化学反应的基本形式；某些起爆药和猛炸药在爆炸的初期通常也表现为燃烧，然后再由燃烧转变成爆轰。因此，研究炸药燃烧的基本规律以及从燃烧转变为爆轰的基本条件，对于炸药的设计、研究、使用和安全生产都具有重要的理论和实际意义。

4.1.1 炸药燃烧的特点

炸药的燃烧与一般燃料的燃烧有着本质的区别：燃料的燃烧，外界必须供给氧气或其他助燃气体，燃烧的速度缓慢，决定燃烧速度的主要因素之一是供氧情况；而炸药的燃烧则是一种可以自行传播的剧烈化学反应，由于炸药自身含有氧，因此不需要外界供给助燃气体，它可在隔绝空气的情况下燃烧，燃烧的速度很快，有的还非常迅速，并可以转变为爆燃或爆轰。

在一定的条件下，绝大多数炸药都可以稳定地燃烧。炸药燃烧的基本特点如下：

（1）炸药燃烧时反应区的能量是通过热传导、气体产物的扩散和热辐射而传入原始炸药的。

（2）由于传热和扩散是一个缓慢的过程，因此炸药燃烧的速度比声速要低得多，为每秒几厘米到每秒几米。

（3）在最初的瞬间，火焰波后的燃烧产物是向后运动的，因此在火焰区域内燃烧产物的压力较低。

（4）在炸药燃烧的条件下，化学反应的速度与性质主要取决于外界压力，在外界压力很小的条件下（接近点火极限），许多混合气体的燃烧是按链式反应机理进行的，而在压力相当大的条件下则按热机理进行。

（5）炸药燃烧的着火方式有自动着火与强制着火两种。

（6）炸药燃烧有预混燃烧和扩散燃烧两大类。预混燃烧是物性较为一致的氧化剂与还原剂预先已得到充分混合后进行的燃烧方式，因而这种燃烧没有物料之间的输运影响燃烧速度的问题，而扩散燃烧氧化剂与还原剂的混合化学反应是随着化学反应的进行逐步进行的，也就是边燃烧边混合的过程，燃烧的速度受混合的均匀性及快慢程度的影响较大。

4.1.2　燃烧速度的表示方法

表示燃烧过程特征最重要的参数是燃烧速度，它有两种表达方式，即火焰阵面沿炸药传播的线速度和质量燃烧速度。

炸药燃烧传播的线速度通常用火焰阵面在单位时间内单位面积上已反应炸药的体积来表示，即火焰阵面沿炸药法线方向传播的速度，用 u_n 表示。

$$u_n = \frac{V}{S} \tag{4-1}$$

式中　u_n——炸药燃烧传播的线速度，cm/s；

　　　V——单位时间内燃烧的炸药，cm^3/s；

　　　S——火焰阵面的总面积，cm^2。

质量燃烧速度是火焰阵面上单位面积、单位时间反应的炸药量，用 u_m 表示。

$$u_m = \rho \cdot u_n \tag{4-2}$$

式中　u_m——质量燃烧速度，g/（$cm^2 \cdot s$）；

　　　ρ——炸药的密度，g/cm^3。

按照炸药燃烧速度的变化情况，燃烧可分为稳定燃烧和不稳定燃烧两类。在一定条件下，炸药以恒定速度燃烧的称为稳定燃烧；反之，炸药以变速燃烧的称为不稳定燃烧。不稳定燃烧的结果是出现两种极端情况：燃速不断增大会导致燃烧转为爆轰，燃速不断减小会导致燃烧熄灭。按照装药的结构与形状设计，炸药的燃烧又分为减面燃烧、等面燃烧和增面燃烧。

4.2　可燃性混合气体的燃烧

4.2.1　稳定燃烧的物理图像及基本假设

早在 19 世纪后期，米海尔逊、马凉尔、吕-查德里等在对混合气体进行燃烧研究时就提出了火焰传播理论，但是由于当时他们只考虑了火焰对反应的热传导作用，脱离了化学动力学，因而得到了某些不正确的燃烧理论。后来，柔格等利用化学动力学方程和热传导方程导出了火焰正常传播的速度公式。最后，捷尔道维奇、弗朗克·卡敏斯基、托捷斯等全面考虑了热传导、化学反应速度和扩散速度，建立了火焰稳定传播的近代理论。

为了便于研究，假定稳定燃烧是在单位面积的水平管中进行的，且火焰阵面为垂直于水平管轴线的平面，火焰结构、温度、反应物浓度的分布如图 4.1 所示。

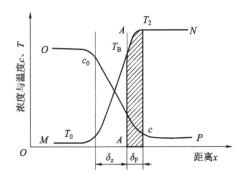

图 4.1　火焰结构、温度、反应物浓度的分布

假设在燃烧过程中，火焰阵面 A—A 固定不动，可燃性混合气体以 u_n 的速度沿横坐标向 A—A 面移动。一方面未反应的气体向火焰阵面后流动和扩散，并成为燃烧产物；另一方面燃烧产物的分子向未反应的混合物扩散，因此，未反应的气体在接近火焰阵面的过程中被逐渐加热并渗入燃烧产物中，当温度升到 T_B 时，反应就剧烈发生并进行燃烧，反应结束时燃烧产物被加热到 T_2 温度。

由于火焰是稳定传播的，燃烧物系温度和浓度的分布是一定的，用 MN 表示温度分布曲线，T_0 表示混合气体的初温，T_2 表示燃烧结束时产物的温度；OP 表示浓度分布曲线，c_0 表示初始浓度，c 表示燃烧产物中原始物质的浓度。按照图 4.1 所示，只有当温度 T_B 接近混合气体的燃烧温度 T_2 时，快速的化学反应（燃烧区）才能开始。而温度在 T_B 和 T_0（预热区）区域内，反应是很缓慢的，因此，该区域内反应所释放出来的能量可以忽略不计。

由于燃烧稳定，温度和浓度的分布是恒定的，故有

$$\frac{dT}{dt} = 0, \qquad \frac{dc}{dt} = 0$$

设导热系数和扩散系数不随温度变化，周围的介质无热辐射损失，且与内能相比，气体的动能可忽略。

4.2.2 基本方程式的建立与稳定燃烧速度公式

热传导方程为

$$\lambda \frac{d^2T}{dx^2} - \frac{d}{dx}(\overline{c_p}, \rho, T, u_n) + qW = 0 \qquad (4-3)$$

式中 $\lambda \dfrac{d^2T}{dx^2}$——由于热传导，单位时间、单位容积内热量的变化；

$\dfrac{d}{dx}(\overline{c_p}, \rho, T, u_n)$——由于火焰传播，单位时间、单位容积内热量的变化；

qW——由于化学反应而引起的热量变化；

q——混合气体的燃烧热；

W——化学反应速度；

λ——混合气体的导热系数；

$\overline{c_p}$——混合气体的平均定压热容；

ρ——混合气体的密度；

T——混合气体的温度；

u_n——燃烧的线速度。

扩散方程为

$$D \frac{d^2c}{dx^2} - \frac{d}{dx}(c, u_n) - W(c, T) = 0 \qquad (4-4)$$

式中 $D \dfrac{d^2c}{dx^2}$——由于扩散引起的气体混合物浓度的变化；

$\dfrac{d}{dx}(c, u_n)$——由于燃烧传播引起的气体混合物浓度的变化；

$W(c, T)$——由于化学反应引起的气体混合物浓度的变化；

D——扩散系数。

若用相对浓度 N 来代替浓度 c，且引入质量燃烧速度 u_m，则

$$N = \frac{\mu}{\rho} c \tag{4-5}$$

$$u_m = u_n \rho_0 = u\rho \tag{4-6}$$

式中　N——相对浓度；

　　　c——浓度；

　　　u_m——质量燃烧速度；

　　　μ——混合气体黏度；

　　　ρ——混合气体密度。

将式（4-5）和式（4-6）分别代入式（4-3）和式（4-4）得

$$\begin{cases} \dfrac{d}{dx}\left(\lambda\dfrac{dT}{dx}\right) - \overline{c_p} \cdot u_m \dfrac{dT}{dx} + qW(N,T) = 0 & (4-7) \\[4mm] \dfrac{d}{dx}\left(\dfrac{D\rho}{\mu} \cdot \dfrac{dN}{dx}\right) - \dfrac{u_m}{\mu} \cdot \dfrac{dN}{dx} - W(N,T) = 0 & (4-8) \end{cases}$$

边界条件为

$$\begin{array}{lll} x = -\infty & T = T_0 & N = N_0 \\[2mm] x = +\infty & \dfrac{dT}{dx} = 0 & \dfrac{dN}{dx} = 0 \\[2mm] & T = T_2 & N = 0 \end{array}$$

将式（4-7）和式（4-8）相加，并消去非微分项得

$$\frac{d}{dx}\left[\left(\lambda\frac{dT}{dx}\right) + \left(\frac{D\rho}{\mu} \cdot \frac{dN}{dx}\right)\right] - u_m\frac{d}{dx} \cdot \left(\overline{c_p}T + \frac{q}{\mu} \cdot N\right) = 0 \tag{4-9}$$

将式（4-9）积分得

$$\lambda\frac{dT}{dx} + \frac{D\rho}{\mu} \cdot \frac{dN}{dx} - u_m\left(\overline{c_p}T + \frac{q}{\mu} \cdot N\right) = A \tag{4-10}$$

由气体动力学原理可知，当反应物和反应产物的分子质量接近时，导温系数 α 和扩散系数 D 的数值也接近，即

$$D = \alpha = \frac{\lambda}{\rho \cdot \overline{c_p}} \tag{4-11}$$

将式（4-11）代入式（4-10）中，整理得

$$\frac{\lambda}{\overline{c_p}} \cdot \frac{d}{dx}\left(T + \frac{q}{\mu \cdot \overline{c_p}} \cdot N\right) - u_m\left(T + \frac{q}{\mu\overline{c_p}} \cdot N\right) = \frac{A}{\overline{c_p}} \tag{4-12}$$

令 $y = T + \dfrac{q}{\mu \cdot \overline{c_p}} \cdot N$，则式（4-12）可写成

$$\frac{\mathrm{d}y}{\mathrm{d}x} - \frac{u_{\mathrm{m}}\overline{c_p}}{\lambda} \cdot y = \frac{A}{\lambda} \tag{4-13}$$

再令 $y' = y + \dfrac{A}{u_{\mathrm{m}}\overline{c_p}}$，则式（4-13）可写成

$$\frac{\mathrm{d}y'}{\mathrm{d}x} = \frac{u_{\mathrm{m}}\overline{c_p}}{\lambda} \cdot y' \tag{4-14}$$

整理式（4-14）得

$$\frac{\mathrm{d}y'}{y'} = \frac{u_{\mathrm{m}}\overline{c_p}}{\lambda}\mathrm{d}x$$

积分得

$$\ln y' = \frac{u_{\mathrm{m}}\overline{c_p}}{\lambda}x + \ln B$$

因此

$$y' = B \cdot \mathrm{e}^{\frac{u_{\mathrm{m}}\overline{c_p}}{\lambda}x}$$

$$y = B \cdot \mathrm{e}^{\frac{u_{\mathrm{m}}\overline{c_p}}{\lambda}x} - \frac{A}{u_{\mathrm{m}}\overline{c_p}} = B \cdot \mathrm{e}^{\frac{u_{\mathrm{m}}\overline{c_p}}{\lambda}x} + B_1 \tag{4-15}$$

式中　A，B，B_1——常数。

常数 A、B 和 B_1 可由式（4-7）和式（4-8）的边界条件求出。

当 $x \to -\infty$ 时，$T = T_0$，$N = N_0$，则

$$B_1 = T_0 + \frac{q}{\mu\overline{c_p}} \cdot N_0 \tag{4-16}$$

当 $x \to +\infty$ 时，$T = T_2$，$N = 0$，在满足边界条件时，其简单的解为

$$T + \frac{q}{\mu\overline{c_p}} \cdot N = T_0 + \frac{q}{\mu\overline{c_p}} \cdot N_0$$

整理得

$$T - T_0 = \frac{q}{\mu\overline{c_p}} \cdot (N_0 - N) \tag{4-17}$$

当 $N = 0$，$T = T_2$ 时，有

$$T_2 - T_0 = \frac{q}{\mu\overline{c_p}} \cdot N_0 \tag{4-18}$$

同理因

$$T + \frac{q}{\mu\overline{c_p}} \cdot N = B_1$$

当 $T = T_2$，$N = 0$ 时，$B_1 = T_2$，则

$$T_2 - T = \frac{q}{\mu\overline{c_p}} \cdot N \tag{4-19}$$

由式（4-18）和式（4-19）相除得

$$\frac{N}{N_0} = \frac{T_2 - T}{T_2 - T_0} \quad (4-20)$$

式（4-20）是火焰正常传播时，火焰温度与混合物气体浓度的关系式，该式表明：N 和 T 是密切相关的。由于 N 和 c 是线性关系，因此，在研究混合气体燃烧时，知道了温度分布曲线就可以确定出浓度的分布曲线，然后对式（4-7）和式（4-8）两个微分方程式中的一个求解就可以了。

现在主要对热传导微分方程进行研究。

$$\lambda \frac{d^2 T}{dx^2} - u_m \overline{c_p} \frac{dT}{dx} + q W(c, T) = 0$$

由于反应主要是从 T_B 开始，而在预热区（δ_z 的区域内）不发生化学反应，则在 δ_z 区域内：

$$W(c, T) = 0$$

因此，上式即

$$\frac{d^2 T}{dx^2} - \frac{u_m \overline{c_p}}{\lambda} \cdot \frac{dT}{dx} = 0 \quad (4-21)$$

积分得

$$\left(\frac{dT}{dx}\right)_{\delta_z} = \frac{u_m \overline{c_p}}{\lambda}(T_B - T_0) \quad (4-22)$$

在反应区（δ_F 的区域内），由于反应热很大，对流引起的热量改变可以忽略，则

$$\frac{d^2 T}{dx^2} + \frac{q W(c, T)}{\lambda} = 0 \quad (4-23)$$

积分得

$$\frac{1}{2}\left(\frac{dT}{dx}\right)^2 + \frac{q}{\lambda}\int W(c, T)dT = 0 \quad (4-24)$$

在 δ_F 区域内，温度的上、下界分别是 T_2 和 T_B，则

$$\left(\frac{dT}{dx}\right)_{\delta_F} = \sqrt{\frac{2q}{\lambda}\int_{T_B}^{T_2} W(c, T)dT} \quad (4-25)$$

由于是正常的稳定传播过程，则在 δ_n 和 δ_p 分界面（火焰阵面）上的热流是平衡的，即

$$\left(\frac{dT}{dx}\right)_{\delta_z} = \left(\frac{dT}{dx}\right)_{\delta_F} \quad (4-26)$$

则

$$\frac{u_m \overline{c_p}}{\lambda}(T_B - T_0) = \sqrt{\frac{2q}{\lambda}\int_{T_B}^{T_2} W(c, T)dT}$$

即

$$u_m = \sqrt{\frac{2\lambda q}{\overline{c_p}^2} \cdot \frac{\int_{T_B}^{T_2} W(c, T)dT}{(T_B - T_0)^2}} \quad (4-27)$$

由于在实际过程中，火焰阵面的温度 T_B 是很难测定的，且 T_B 与燃烧温度 T_2 很接近，因此，可取 $T_B \approx T_2$，则

$$T_B - T_0 \approx T_2 - T_0 = \frac{qN_0}{\mu \overline{c_p}} = \frac{qC_0}{\mu \overline{c_p}}$$

此外，在正常的传播过程中，特别是在很窄的区域内，其积分温度的上、下界线可取 T_2 和 T_0，而不影响该结果的正确性。因此，

$$u_m = \sqrt{\frac{2\lambda \rho_0}{q c_0{}^2} \int_{T_0}^{T_2} W(c, T) \mathrm{d}T} \qquad (4-28)$$

相应的线速度为

$$u_n = \frac{1}{\rho_0} \sqrt{\frac{2\lambda \rho_0{}^2}{q c_0{}^2} \int_{T_0}^{T_2} W(c, T) \mathrm{d}T} \qquad (4-29)$$

式（4-29）是计算火焰稳定传播的近似速度公式，它表明了燃烧速度与混合气体的物理性质及各反应参数之间的关系。

设某混合气体中含有 A、B、C…若干成分，它们的反应方程式如下：

$$A+B+C+\cdots \longrightarrow 产物$$

由于化学反应而引起的混合气体浓度变化的反应速率公式为

$$W(c, T) = k_0 \cdot a \cdot b \cdot c \cdot \cdots \cdot \mathrm{e}^{\frac{E}{RT}} \qquad (4-30)$$

式中　　k_0——反应速率常数；

　　　　E——反应活化能；

　　　　R——气体常数；

　　　　T——温度；

　　　　a，b，$c\cdots$——反应物 A、B、C…的摩尔浓度。

将式（4-30）经过一系列的公式推导，得到

$$\int_{T_0}^{T_2} W(c, T) \mathrm{d}T = k' n! c_0^n \cdot \left(\frac{RT_2^2}{E}\right)^{n+1} \cdot \frac{1}{(T_2 - T_0)^n} \cdot \mathrm{e}^{-\frac{E}{RT_2}} \qquad (4-31)$$

式中　　n——反应级数；

　　　　c_0——反应物的初始浓度；

$$k' \approx k_0 \cdot \left(\frac{T_2}{T_0}\right)^n$$

故燃烧的质量速度公式为

$$u_m = \sqrt{\frac{2\lambda k' n! \rho_0{}^2 c_0^{n-2}}{q} \left(\frac{RT_2^2}{E}\right)^{n+1} \cdot \frac{1}{(T_2 - T_0)^n} \cdot \mathrm{e}^{-\frac{E}{RT_2}}} \qquad (4-32)$$

火焰稳定传播的线速度为

$$u_n = \sqrt{\frac{2\lambda k' n! c_0^{n-2}}{q} \left(\frac{RT_2^2}{E}\right)^{n+1} \cdot \frac{1}{(T_2 - T_0)^n} \cdot \mathrm{e}^{-\frac{E}{RT_2}}} \qquad (4-33)$$

在研究混合气体燃烧速度的影响因素时,发现压力和温度可以影响它的燃速,从式(4-33)中也反映了燃速与压力和温度之间的关系。

首先讨论压力的影响,由于 λ、B、T_0、T_2 均与压力无关,因此可将式(4-33)改写成

$$u_n = B\sqrt{c_0^{n-2}}$$

式中

$$B = \sqrt{\frac{2\lambda k'n!}{q}\left(\frac{RT_2^2}{E}\right)^{n+1} \cdot \frac{1}{(T_2-T_0)^n} \cdot e^{-\frac{E}{RT_2}}}$$

对于气体来说,其浓度与压力是成正比关系的,因此

$$u_n = B\sqrt{c_0^{n-2}} \propto p^{(n-2)/2} \qquad (4-34)$$

从式(4-34)中可以清楚地看出,燃烧线速度与气体的压力有关。但在二级反应中,由于 $\frac{n-2}{2} = \frac{2-2}{2} = 0$,故气体燃烧线速度与压力无关。对于一级反应,则 $\frac{n-2}{2} = \frac{1-2}{2} = -0.5$,其燃烧线速度与压力有关。

在实际情况下,由于绝大多数混合气体的燃烧反应同时存在着一级反应和二级反应,只有极少数混合气体燃烧时存在着单级反应,因此燃烧线速度与压力之间关系可以简写为

$$u_n = \alpha p^v \qquad (4-35)$$

式中,v 为 $-0.5\sim0$,即表示存在着一级反应和二级反应。

再讨论温度的影响,将式(4-33)变换一下形式,得

$$u_n = B\sqrt{\frac{2\lambda k'n!c_0^{n-2}}{q} \cdot \frac{R^{n+1}}{E^{n+1}}} \cdot \sqrt{\frac{T_2^{2n+2}}{(T_2-T_0)^n} \cdot e^{-\frac{E}{RT_2}}}$$

由于 n 表示反应级数,数值较小,由数学知识可知,当 T_2 发生变化时,$\frac{T_2^{2n+2}}{(T_2-T_0)^n}$ 值的变化幅度远小于 $e^{-\frac{E}{RT_2}}$ 值的变化幅度,因此,影响 u_n 值变化的主要因素是 $e^{-\frac{E}{RT_2}}$ 值的变化,即

$$u_n \propto e^{-\frac{E}{RT_2}} \qquad (4-36)$$

从式(4-36)可以看出,燃烧线速度随燃烧温度 T_2 的升高而增大。从前面的知识可知,T_0 升高,T_2 必然也升高,因此,混合气体燃烧的初温升高,其燃速也增大。

应该指出,到目前为止,由于对燃烧的化学动力学还未能有更深刻的了解,所以对影响燃烧速度的各种因素还只能作定性的研究,在推导公式的过程中虽进行了若干的假设,推导出的正常燃烧速度公式还是具有一定的局限性,因此在工程计算上还不能直接予以应用。

4.2.3 混合气体燃烧的着火极限

可燃性混合气体的燃烧是有一定条件的,只有当氧化剂和可燃剂在一定的比例范围内才能进行,而一旦越过了这个范围,燃烧的火焰就不能正常传播,通常称这个范围为极限区域。对于可燃性混合气体来说,这个极限区域既可以是压力区域,也可以是浓度区域。

1. 可燃性混合气体燃烧的压力极限

混合气体间的化学反应一般是链式反应,即活化中间产物再生的反应。在这个反应过程中,每一个活化分子消失的同时便引起另一反应链的产生。

在研究压力对混合气体燃烧影响的过程中，发现在某一温度下，当压力低于某个值或压力高于某个值时，燃烧均不能正常传播，压力的这两个值分别称为压力下限和压力上限。研究的手段是通过点火极限实验进行的，具体方法如下：

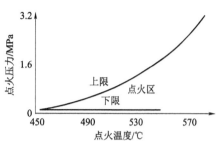

图 4.2　氢氧混合气体的点火限压条件

将容器内的混合气体加热到一定的温度，同时使混合气体的压力超过该温度下相应的上限压力 p_2，此时，反应就会缓慢地进行。再逐渐将混合气体抽出，以降低容器内的压力，当压力达到一定数值时，原先缓慢的反应就会发生爆炸，并出现明亮的闪光。在达到某上限压力 p_1 前，反应一直保持着燃烧的性质，当达到 p_1 后，混合气体点火停止。此外，实验还发现，随着温度的下降，上、下限将逐渐靠近，最后将重合在一起。氢氧混合气体的点火限压条件如图 4.2 所示。

氢氧混合气体存在压力极限的原因在于反应的活化中心在器壁上"死亡"。在压力低于某值时，由于器壁上链中断的效应增加很快，以致压力进一步降低时反应就变得缓慢，不会发生爆炸，直至中止，这一压力值称为压力下限；当压力超过某一值后，由于链反应的不均匀性也使反应变得缓慢，只有当压力降低到某个临界值时，链的分支反应才能均匀，反应速度加快，并发生燃烧，出现闪光，这一压力值称为压力上限。

2. 可燃性混合气体燃烧的浓度极限

对于可燃性混合气体来说，如果改变了混合气体的配比，就会产生某些界限，如果在这些界限以外，即使用很强烈的火花也不能使燃烧火焰稳定传播，这些界限称为浓度极限。

可燃性混合气体的浓度极限也分为上限和下限，上限与氧含量不足或与可燃性气体过量有关，而下限则与可燃性气体不足有关。此外，上、下限还与实验条件有关，如果提高混合气体的初始温度、压力等实验条件，则浓度极限将会扩大。

研究可燃性混合气体的浓度极限与初始温度的关系时发现，当混合气体的初始温度降低时，上、下限将逐渐接近，当降低到某一温度时，两者便会相互重合，这就是混合气体在该条件下最容易点火的配比。一氧化碳和空气（图 4.3 中的曲线 I）、氢气和氧气（图 4.3 中的曲线 II）的混合气体的浓度极限与初始温度之间的关系如图 4.3 所示。

研究混合气体的浓度极限与压力关系时发现，当压力降低时，上、下限逐渐收缩变小，当压力达到某一临界值 p_0 时，混合气体就不具有燃烧能力，此时压力 p_0 所对应的混合气体成分即引起爆炸的最合适的成分。浓度极限随压力的变化如图 4.4 所示。

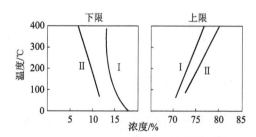

图 4.3　浓度极限随温度的变化曲线

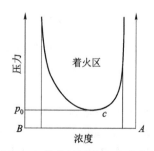

图 4.4　浓度极限随压力的变化

在室温和 1.01×10^5 Pa 的压力下，火焰沿直径为 10 cm 的管子进行传播时，某些可燃性气体与空气组成混合物的浓度极限如表 4.1 所示。

表 4.1　某些可燃烧性气体与空气组成混合物的浓度极限

气体名称	分子式	浓度极限/%	
		下限	上限
氢气	H_2	4.00	74.20
一氧化碳	CO	12.50	74.20
二硫化碳	CS_2	1.25	50.00
硫化氢	H_2S	4.30	45.50
氨	NH_3	15.50	27.00
甲烷	CH_4	5.00	15.00
乙烷	C_2H_6	3.22	12.45
乙烯	C_2H_4	2.75	28.60
乙炔	C_2H_2	2.50	80.00
甲醇	CH_3OH	6.72	36.50
乙醇	C_2H_5OH	3.28	18.95
乙醚	$C_2H_5OC_2H_5$	1.85	36.50
丙酮	C_3H_6O	2.55	12.80
苯	C_6H_6	1.41	6.75
甲苯	$C_6H_5CH_3$	1.27	6.75
二甲苯	$C_6H_4,(CH_3)_2$	1.00	7.00
二氯乙烷	$C_2H_4Cl_2$	6.20	15.90

4.2.4　气体燃烧浓度极限的计算

影响气体燃烧浓度极限的因素较多，因此气体燃烧浓度极限从理论上确定比较困难，主要通过经验法估算。

（1）按完全燃烧反应所需的氧气的摩尔数估算：

$$L_{\min} = \frac{100}{4.76(2n_0 - 1) + 1}\% \qquad (4\text{--}37)$$

$$L_{\max} = \frac{400}{9.52n_0 + 4}\% \qquad (4\text{--}38)$$

式中　L_{min}——可燃混合气体的爆炸下限；

　　　L_{max}——可燃混合气体的爆炸上限。

（2）按化学计量度估计。可燃混合物中的可燃物与氧或空气中的氧燃烧时达到完全氧化反应的浓度称为化学计量度。当可燃气体浓度低于化学计量度时，尽管燃烧反应产物相同，但是由于过量氧消耗一部分反应热，因此燃烧速度变慢。当可燃气体浓度高于化学计量度时，由于氧不足，碳不能完全氧化为 CO_2，放出反应热少，导致燃烧速度放慢。所以化学计量度是一个重要参考点。

设可燃气体的分子式为 $C_aH_bO_c$，完全燃烧 1 mol 可燃气体所需的氧气的摩尔数为 n_0，则完全燃烧反应式可写成

$$C_aH_bO_c + n_0O_2 \longrightarrow aCO_2 + \frac{b}{2}H_2O$$

式中

$$n_0 = a + \frac{b}{4} - \frac{c}{2} \tag{4-39}$$

对于烷烃，其通式为 C_aH_{2a+2}，即

$$b = 2a + 2 \quad c = 0$$

则

$$n_0 = \frac{3}{2}a + \frac{1}{2} \tag{4-40}$$

从式（4-39）和式（4-40）可分别算出有机气体和烷烃完全燃烧所需氧的摩尔数。

如果把空气中氧气的浓度取为 20.9%，则可燃气体在完全燃烧的情况下，空气的化学计量度的计算式如下：

$$L_0 = \frac{20.9}{0.209 + n_0}\% \tag{4-41}$$

在氧气中，则为

$$L_0 = \frac{100}{1 + n_0}\% \tag{4-42}$$

于是，爆炸浓度极限可估算如下：

爆炸浓度下限：

$$L_{min} = 0.55L_0 \tag{4-43}$$

爆炸浓度上限：

$$L_{max} = 4.8\sqrt{L_0} \tag{4-44}$$

式（4-43）和式（4-44）可用来估算烷烃以及其他有机可燃气体的爆炸浓度极限，但不适用于乙炔以及氢、硫、氯等无机气体。

（3）北川法计算爆炸浓度上限。此法是由日本北川彻三提出来的。他认为，在各种有机同系物中，可燃气分子中的碳原子数 a 与可燃气达到爆炸上限所必需的氧摩尔数 n_0 之间存在着直线关系。如果是烷烃，其关系为

$$n_0 = 0.25a + 1 \qquad a = 1, 2$$
$$n_0 = 0.25a + 1.25 \qquad a \geqslant 3 \tag{4-45}$$

据此，爆炸浓度上限的计算公式为

$$L_{\max} = \frac{20.9}{0.209 + n_0}\% \tag{4-46}$$

烷烃的实测与计算的上限和下限对照数据列于表 4.2 中。

表 4.2　烷烃爆炸上限和下限的计算值和实测值

可燃气体	a	化学计算浓度		下限		上限	
		$2n_0$	L_0 计算/%	$L_{\min}$ 实测/%	$L_{\max}$ 计算/%	$L_{\min}$ 实测/%	$L_{\max}$ 计算/%
甲烷	1	4	9.5	5.0	5.2	14.0	14.3
乙烷	2	7	5.6	3.0	3.1	12.5	12.2
丙烷	3	10	4.0	2.1	2.2	9.5	9.5
丁烷	4	13	3.1	1.8	1.7	8.5	8.5
异丁烷	4	13	3.1	—	1.7	8.4	8.5
戊烷	5	16	2.5	1.4	1.4	7.8	7.7
异戊烷	5	16	2.5	—	1.4	7.6	7.7
己烷	6	19	2.2	1.2	1.2	7.5	7.1
庚烷	7	22	1.9	1.05	1.0	6.7	6.5
辛烷	8	25	1.6	0.95	0.9	6.0	6.1
异辛烷	8	25	1.6	—	0.9	6.0	6.1
壬烷	9	28	1.5	0.85	0.8	5.6	5.6
癸烷	10	31	1.3	0.75	0.7	5.4	5.3

（4）多组分可燃气体混合物的爆炸浓度极限。当多组分可燃气体反应特征性接近或为同系物时，它们与空气构成的爆炸性混合物的爆炸浓度极限可以根据吕–查德里法则计算，即

$$L_{\mathrm{mix}} = \frac{100}{\dfrac{V_1}{L_1} + \dfrac{V_2}{L_2} + \dfrac{V_3}{L_3} + \cdots + \dfrac{V_n}{L_n}} \tag{4-47}$$

式中　V_1, V_2, V_3, $\cdots$, V_n——每种组分在可燃混合物中的爆炸浓度；

　　　L_1, L_2, L_3, $\cdots$, L_n——各个组分的爆炸极限（上限或下限）。

　　式（4-47）需满足下列条件：

①　$V_1 + V_2 + V_3 + \cdots + V_n = 100$；

②　各个组分间不发生化学反应且燃烧时不发生催化作用；

③　给定各组分的爆炸浓度极限（上限或下限）值。

上述法则引入了算术平均的概念，它的物理意义是各种可燃气体同时着火，达到爆炸浓度下限所必需的最低发热量由各组分可燃气共同提供。根据公式计算出的爆炸下限和实验测出的数据是相近的，但上限的计算值和实测值有些差别。

[例] 某天然气含甲烷 80%，乙烷 15%，丙烷 4%，丁烷 1%，求天然气的爆炸浓度极限。设 A、B、C、D 分别表示甲烷、乙烷、丙烷、丁烷。

已知：

$$L_{A\,min} = 5.0\% \qquad L_{A\,max} = 15.0\%$$
$$L_{B\,min} = 3.0\% \qquad L_{B\,max} = 12.5\%$$
$$L_{C\,min} = 2.1\% \qquad L_{C\,max} = 9.5\%$$
$$L_{D\,min} = 1.5\% \qquad L_{D\,max} = 8.5\%$$

由式（4-47）知：

爆炸下限：

$$L_{mix1} = \frac{1}{\dfrac{0.80}{0.05} + \dfrac{0.15}{0.03} + \dfrac{0.04}{0.021} + \dfrac{0.01}{0.015}} \times 100\% = 4.2\%$$

爆炸上限：

$$L_{mix2} = \frac{1}{\dfrac{0.80}{0.15} + \dfrac{0.15}{0.125} + \dfrac{0.04}{0.095} + \dfrac{0.01}{0.085}} \times 100\% = 14.1\%$$

4.3 凝聚相炸药的燃烧

当猛炸药或起爆药受到外界能量激发时，在形成爆轰波之前总是存在一段加速燃烧的过程，凝聚相炸药的燃烧比可燃性混合气体的燃烧要复杂得多，它要经历一系列物理和化学的转变过程，此外，凝聚相炸药由于化学反应的相态不同，其燃烧的历程也不相同。对易挥发性炸药来说，燃烧的化学反应是在其蒸气相中进行的；对速燃炸药来说，燃烧的化学反应主要是在固相中进行的；而对难挥发性炸药来说，则既有气相反应又有固相反应。

4.3.1 易挥发性炸药的燃烧

易挥发性炸药是指炸药的沸点或升华温度低于凝聚相中快速化学反应温度的一类炸药。这类炸药受热后较容易蒸发成蒸气状态，这样，火焰区的热量将通过加热未起反应的炸药层而进入凝聚相，使凝聚相不断被蒸发成蒸气状态，燃烧化学反应便在蒸气相中不断进行。

最早提出易挥发炸药燃烧理论的是别梁也夫，他认为，对于易挥发性炸药来说，传向炸药的能量主要消耗在炸药的蒸发上，由于炸药的蒸发速度大于其反应速度，因此凝聚相蒸发为蒸气后才进行燃烧的化学反应。例如，常压下，硝化乙二醇在 200 ℃的温度下，汽化潜热为 60.6 kJ/mol，而反应活化能为 146.6 kJ/mol，因此，通过计算可以得出它在此温度下的蒸发速度和反应速度之比：

$$\frac{e^{-\frac{\lambda}{RT}}}{e^{-\frac{E}{RT}}} = e^{\frac{1-E}{RT}} = e^{\frac{-60.6\times10^3 + 146.6\times10^3}{8.31\times473}} \approx 2.87\times10^9$$

显然，硝化乙二醇的蒸发速度远大于其反应速度。

易挥发性炸药在气相中发生燃烧时所放出的热量使凝聚相中未蒸发的物质蒸发，蒸发时物质既吸收了外部传给的热量，也吸收了反应时所放出的热量，并使炸药蒸气不断加热，从而增大了燃烧速度，使供给凝聚相的能量增加，其结果必然导致蒸发速度的自动增大。由于炸药在蒸发时吸收能量，因此它会妨碍化学反应向凝聚相内层渗透，只有在压力超过某个临界压力的条件下，反应才有可能渗透到凝聚相的内层里。

易挥发性凝聚相炸药燃烧的一般情况如图 4.5 所示。

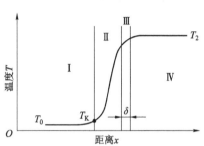

图 4.5　易挥发性凝聚相炸药燃烧示意图
I—凝聚相炸药；II—炸药蒸气加热区；
III—燃烧反应区；IV—燃烧产物区；
T_0-T_K-T_2—温度分布曲线；
T_0—炸药的初始温度；T_2—燃烧温度；
T_K—炸药沸点

在研究易挥发性炸药稳定燃烧时认为，燃烧的化学反应主要是在蒸气相中进行的，而在凝聚相中基本上不发生化学反应，仅仅是使炸药由初始温度 T_0 加热到炸药的沸点 T_K 的过程。即：原始炸药在 I 区内被加热，达到沸点后，炸药表面被汽化，同时进入 II 区，此时的温度为 T_K，在 II 区，炸药的蒸气被进一步加热，当温度达到一定值后，炸药的蒸气便开始燃烧（III 区），燃烧后的产物在 IV 区，温度达到 T_2。

在稳定燃烧过程中，各个区域移动的速度是相同的，燃烧的速度是指炸药汽化区和燃烧反应区沿炸药移动的速度。

通过分析已经知道，易挥发性凝聚相炸药的燃烧首先是由凝聚相炸药吸收热量而蒸发成蒸气，然后燃烧在蒸气相中进行，气相随着燃烧的进行因凝聚相蒸发而不断得到补充，因此，凝聚相炸药的燃烧与可燃性混合气体稳定燃烧的情况是相似的，所不同的只是可燃性气体燃烧时，混合物中的各种成分始终是处于气相状态。

在推导易挥发性凝聚相炸药的燃烧公式时，只要考虑了凝聚相蒸发时所消耗的热量，就可以将混合气体的燃烧转变成炸药蒸气的燃烧。根据捷尔道维奇等的理论，可以得到炸药燃烧传播的质量公式如下：

$$u_m = \rho u_n = \sqrt{\frac{2\lambda}{Q_2}\left(\frac{RT_2^2}{E}\right)^{n+1}(T_2-T_0)^{-n}(n+1)!W(T_2)} \tag{4-48}$$

式中　λ——温度为 T_2 时蒸气的导热系数；

　　　Q_2——扣除蒸发热量后的反应热量；

　　　T_2——燃烧温度；

　　　E——活化能；

　　　n——反应级数；

　　　$W(T_2)$——温度为 T_2 时的化学反应速度；

　　　ρ——凝聚相炸药的密度；

　　　u_n——蒸发的线速度。

对于一级反应，式（4-48）可写成

$$\rho u_{\mathrm{n}} = \frac{2RT_2^2}{E}\sqrt{\frac{\lambda}{Q_2(T_2-T_0)}\rho_2 A \mathrm{e}^{-\frac{E}{RT_2}}} \tag{4-49}$$

式中　ρ_2——温度为 T_2 时的蒸气密度；

　　　A——指前因子。

对于多级反应，式（4-48）可写成

$$\rho u_{\mathrm{n}} = \sqrt{\frac{2\lambda}{Q_2}\left(\frac{RT_2^2}{E}\right)^{n+1}(T_2-T_0)^{-n}(n+1)!Dp^n\mathrm{e}^{-\frac{E}{RT_2}}} \tag{4-50}$$

式中　$Dp^n\mathrm{e}^{-\frac{E}{RT_2}}$——多级反应速度；

　　　D——比例系数；

　　　n——反应级数。

由于 λ、Q_2、T_2、E、T_0、n 与压力无关，因此式（4-50）中的关系式可用 B 表示，这样得到的燃烧质量速度与压力的关系式和燃烧线速度与压力的关系式如下：

$$\rho u_{\mathrm{n}} = B\sqrt{p^n} = Bp^{\frac{n}{2}} \tag{4-51}$$

$$u_{\mathrm{n}} = \frac{B}{\rho}\sqrt{p^n} = bp^{\frac{n}{2}} \tag{4-52}$$

式中

$$B = \sqrt{\frac{2\lambda}{Q_2}\left(\frac{RT_2^2}{E}\right)^{n+1}(T_2-T_0)^{-n}(n+1)!D\mathrm{e}^{-\frac{E}{RT_2}}}$$

$$b = \frac{B}{\rho}$$

4.3.2　难挥发性炸药的燃烧

难挥发性炸药是指在受热时不能汽化，当温度升至炸药沸点之前其自身便发生分解的炸药。由于大多数凝聚相炸药是难挥发的，因此，研究难挥发性炸药的燃烧理论具有十分重要的意义。

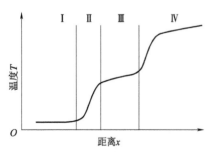

图 4.6　难挥发性炸药的燃烧模型

Ⅰ—未燃烧的凝聚相炸药；Ⅱ—凝聚相反应区；
Ⅲ—无焰反应区；Ⅳ—火焰反应区

由于这类炸药不易挥发，因此在燃烧过程中燃烧波前面的凝聚相炸药受热，其热量主要是用来提高凝聚相炸药自身的温度。随着温度的升高，必然会引起凝聚相炸药反应速度的提高，反应放出的热量也增加，从而使反应速度又进一步增加。总之，难挥发性炸药的燃烧反应是在凝聚相内进行的。

难挥发性炸药的燃烧过程可分为三个阶段，其模型如图 4.6 所示。

第一阶段为凝聚相的放热反应，它是燃烧波前面未燃炸药受热发生微弱的分解反应，并形成不稳定的中间产物，其反应是在表面或表面附近发生的。第一阶段的反应主要是在凝聚相中进行的，因此，影响反应的主要因素是温度，而压力对反应的影响不大，如图 4.6 中的Ⅱ区。

第二阶段为无焰反应区，主要是第一阶段的分解产物与气相可燃物和固相可燃物发生放热反应。反应放出的热量传给凝聚相，使其温度上升，反应速度加快，如图 4.6 中的Ⅲ区。

第三阶段为火焰反应区，在该反应区内将发生剧烈的化学反应，并放出大量的热，同时产生火焰，如图 4.6 中的Ⅳ区。

通过上面的分析可以看出，在难挥发性炸药的燃烧过程中，第一阶段是凝聚相炸药的分解阶段，它基本上不受压力的影响，只取决于温度；第二阶段和第三阶段由于存在气相，因而受压力影响。

对于大多数硝基类炸药、硝胺类炸药、硝化棉火药以及以硝酸铵为主要原料的粉状工业炸药，其燃烧过程主要属于难挥发性炸药燃烧的范畴。

对于难挥发性炸药来说，若在低压下，燃烧反应主要是在凝聚相内进行；若在高压下，燃烧反应主要是在火焰区内进行；若在中等压力下，则同时在上述两个反应区内进行燃烧反应。因此，在稳定燃烧过程中，燃速与压力之间的关系为

$$u_n = a + bp^v \tag{4-53}$$

式中　u_n——燃烧线速度；

a——常数，取决于凝聚相中的化学反应和传热条件；

b——常数，取决于气相中的化学反应条件；

v——指数，取决于气相中主导反应的级数。

在对难挥发性炸药燃烧情况分析后知道，在稳定的燃烧条件下，难挥性炸药与易挥发性炸药两者没有严格的区别。捷尔道维奇也认为，它们的区别是相对的，难挥发性炸药的燃烧在其凝聚相的汽化反应是吸热的，或者放出的热量较少（只为燃烧反应所放出热量的一小部分），且绝大部分热量是在后一阶段的气相反应中放出的，这样难挥发性炸药的燃烧可以近似地看作易挥发性炸药的燃烧，因而可以应用易挥发性炸药的有关公式进行计算；如果炸药凝聚相的汽化反应所放出的热量很大，且又是燃烧过程中的主导反应，此时，难挥发性炸药的燃烧类似于高压下挥发性炸药的燃烧，随着压力的升高，挥发性炸药的沸点也随之增加并超过了炸药自身的点火温度，以致使凝聚相中的放热速度等于或大于气相反应放热速度。

在加热温度接近 T_K 时，忽略分子作用浓度变化条件下，捷尔道维奇提出了高压下挥发性炸药燃烧的传播速度公式：

$$u_n = \frac{1}{\rho c_p (T_K - T_0)} \sqrt{\frac{2\lambda q B R T_K^2}{E} \cdot e^{-\frac{E}{RT_K}}} \tag{4-54}$$

式中　ρ——炸药的密度；

c_p——炸药的热容；

λ——炸药的导热系数；

T_K——沸点；

q——凝聚相炸药的反应热；

B——指前因子；

E——活化能。

对于固体易熔化炸药的燃烧速度，可改写成

$$u_n = \sqrt{\frac{2\lambda\rho Be^{-\frac{E}{RT_K}}}{c_p(T_K-T_0)L} \cdot \frac{RT_K^2}{E}} \qquad (4-55)$$

式中 ρ——液相的密度；

L——炸药汽化潜热。

对于固体不熔化炸药的燃烧速度，可写成

$$u_n = \frac{1}{\rho c_p(T_n-T_0)}\sqrt{\frac{2\lambda q\rho BRT_n^2}{E}e^{-\frac{E}{RT_n}}} \qquad (4-56)$$

式中 ρ——固体的密度；

T_n——凝聚相反应为主导反应时，在相应的条件下，凝聚相反应区被加热达到的某个极限温度（相当于挥发性炸药的沸点）。

以上计算难挥发性炸药燃烧速度的三个公式（式（4-54）、式（4-55）和式（4-56）），经后人对实验测得的数据和理论计算得出的数据相比较后发现很接近，因而可以判定上面的三个公式是正确的。

4.3.3 速燃炸药的燃烧

与难挥发性炸药相比，速燃炸药的挥发性更小，燃烧时，凝聚相中进行反应的比例更大。其燃烧特点是：当速燃炸药燃烧时，在凝聚相中的反应速度很快，同时放出大量的气体产物和热量，从而使凝聚相的表面发生强烈的迸裂，大量的气体产物夹带着尚未反应的炸药粒子进入气相，而后在气相中进行反应，在距表面较远处结束反应。凡在高压下、燃速快、燃点高的炸药都属于这类炸药。雷汞的燃烧就属于速燃炸药的燃烧。

速燃炸药的燃烧，其凝聚相表面的迸裂和汽化是同时进行的，这必将使燃烧的比表面和速度增大，由于物质的表面发生强烈的分散，并以粉尘的形式由气流带离凝聚相表面继续进行反应，因此，这种分散的程度比难挥发性炸药要大得多。

速燃炸药的分散作用是与其燃烧时所发生化学变化的三个特点相联系的：

（1）燃烧时，由于凝聚相炸药转变成气体，故其密度大大低于原凝聚相的密度。

（2）燃烧时所进行的化学反应不仅发生在凝聚相的表面，还明显地渗入凝聚相的内部。

（3）凝聚相的化学反应具有空间的不均匀性。

在一定的条件下，易挥发性炸药燃烧时主要具备前两个特点。

速燃炸药在高压下其燃速随着压力的升高而增大，但在低压下（压力低于 3.92 MPa），由于反应主要发生在凝聚相内，燃速受凝聚相的反应条件控制，因而受压力影响较小。这类炸药的燃速与压力的关系可用下式表示：

$$u = a + bp^v \qquad (4-57)$$

指数 v 通常为 0.5。

4.4　燃烧转爆轰

燃烧和爆轰是有着本质区别的两个不同过程。燃烧过程的传播是以热传导和热辐射以及燃烧气体产物的扩散方式来实现的，而爆轰过程的传播是借助于沿装药传播的爆轰波对未爆炸药的冲击压缩作用来实现的。但是燃烧和爆轰又是相互联系的，当炸药燃烧的稳定性受到破坏后，就有可能转变为爆轰。燃烧转爆轰的基本条件是要形成冲击波，因此研究燃烧转爆轰的理论对炸药的燃烧以及火工品的设计都具有理论和实际意义。

4.4.1　燃烧转爆轰的现象

1. 可燃性混合气体的燃烧转爆轰

研究可燃性混合气体的燃烧，可以掌握火焰在混合气体中非稳定的传播过程，进而确定燃烧转爆轰的条件。

当在一端开口的管子中点燃可燃性混合气体并使其燃烧时，燃烧的产物可以快速地通过开口端向外流出，火焰将等速均匀地传播，这时燃烧是稳定的，不会转变成爆轰。如果在封闭的管中使可燃性混合气体发生燃烧，由于燃烧产生的高温、高压产物无法向外排出，必然会膨胀并压缩火焰阵面前面的气体，使压力升高，而压力的升高会引起燃烧过程自行加速，火焰将以不断增长的速度进行传播，同时又加快了燃烧反应，反过来又加速了气体的压缩。

由于压力不断升高，以后每一气相中的反应变得更快，当火焰阵面前受压缩的气体随火焰阵面运动时，由于附着在管壁上的气相火焰受到阻尼的影响，造成管子中心的气体运动速度较快，气体便会发生湍流，截面上的速度分布出现不均匀性，从而使火焰阵面出现变形，这样便增大了燃烧面积，导致单位时间内燃烧气体量增大，如图 4.7 所示。气体量的增大反过来又加大了气体的运动速度，加快了燃速，并加速了压力的升高和气体的燃烧。火焰的这种作用如同活塞作用一样，将推动它前面的气体运动并在火焰阵面前产生若干个压缩波，压缩波在不断被压缩的介质中传播时，由于受火焰阵面的不断加速作用，将不断地产生新的更强的压缩波，后产生的压缩波不断追赶在它之前产生的压缩波，这些单波叠加的结果便形成了冲击波。同样，由于受火焰阵面不断加速的作用，所形成的冲击波也在不断地被加强，当冲击波增强到某一强度后，就会引起气体混合物的爆轰。因此，可燃性混合气体转爆轰的机理为燃烧导致气体运动加速并在火焰阵面前形成冲击波，如图 4.8 所示。

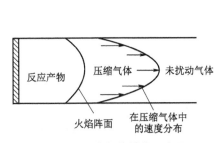

图 4.7　可燃性混合气体燃烧示意图

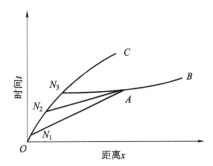

图 4.8　气体混合物加速燃烧转爆轰示意图

图 4.8 中 OC 是火焰的加速曲线，火焰在加速过程中不断压缩火焰阵面前面的气体并产生若干压缩波，如 OC 曲线上的 N_1、N_2、N_3 处，这些波在 A 点相互叠加，从而形成了冲击波 AB 线。可燃性混合气体稳定燃烧的速度越大，压力越高且管径越小，由燃烧转爆轰所需要的距离就越短。

2. 凝聚相炸药的燃烧转爆轰

从燃烧转爆轰的机理可知，凝聚相炸药和可燃性混合气体在原则上是没有什么区别的，它们都是由于燃烧的产物来不及扩散，而使反应区的压力不断增加，燃速也相应地增大。当燃速增大到某个临界值后，原来稳定均匀的燃烧受到破坏，并突跃地转变成爆轰。但从转变的条件上看，两者却有着根本的区别：混合气体由于燃烧的加速，在火焰阵面前产生压缩波，通过压缩波的叠加产生冲击波；凝聚相炸药燃烧时，在火焰阵面前不产生冲击波和炸药的运动，而是在火焰阵面后未反应完全的热气体产物中形成冲击波。凝聚相炸药燃烧反应的特点是，炸药燃烧的气体产物使得火焰区的体积发生急剧膨胀，如果不及时将这些气体排除掉，后面燃烧的气体必然会不断地挤压先前产生的气体，并形成冲击波。此外，悬浮于反应气体产物中的一些难挥发性炸药颗粒发生热爆炸后也产生冲击波，当这些冲击波的强度增大并达到某一临界值后，这些气体首先发生爆轰，同时冲击着凝聚相炸药使其也发生爆轰。

实验得到，凝聚相炸药燃烧转爆轰的全过程可以分为四个阶段，即稳定的顺层燃烧、对流燃烧、低速爆轰、正常的稳定爆轰。这四个阶段中能量传递的方式是不相同的。稳定的顺层燃烧，传热途径是热传导。对流燃烧，传热途径是强制对流，即通过燃烧的气体产物渗入炸药的孔隙内，并点燃内层的炸药颗粒，从而扩大燃烧面积，使燃速加快，进而破坏原先燃烧的稳定性。低速爆轰是由弱冲击波引起的，而稳定爆轰是由强冲击波引起的。虽然以上四个阶段存在的时间取决于炸药自身的物理/化学性质、药柱的结构以及实验条件，但是，它的总过程却是加速的，在一定的条件下，有的炸药燃烧时可以从对流阶段越过低速爆轰阶段而直接转变为稳定爆轰，有的却能保持稳定的低速爆轰阶段而不转变为稳定爆轰。

通过对大量凝聚相炸药燃烧转变为爆轰的实验研究，可以得出以下结论：

（1）气体平衡的破坏是燃烧转爆轰的主要原因。如果燃烧速度超过了某一临界值，就会使气体平衡受到破坏。

（2）对大多数可以燃烧的炸药来说，某些参数（如燃速和加速度）将大大小于其临界值。

（3）由于燃烧向炸药内部的渗透和火焰阵面的波动，往往会增大燃烧面积并使火焰阵面弯曲，从而破坏燃烧的稳定性。

（4）如果不能快速地使燃烧产物排出，火焰面的压力就会增大，并在火焰面后面形成冲击波。

（5）炸药若装入壳体内将有助于燃烧转变为爆轰。

4.4.2　燃烧转爆轰的条件

1. 凝聚相炸药稳定燃烧的条件

从凝聚相炸药的燃烧过程来看，不论是固体炸药或液体炸药，加速的不稳定燃烧是由燃烧转变为爆轰的重要原因，而这主要是由燃烧时气体的平衡决定的。在燃烧时，只有当气体增量（由反应而得）与气体减量（离去燃烧阵面的量）保持平衡时，燃烧才可能是稳定的。若气体增多的速度超过气体减少的速度，则燃烧过程将逐渐自行加速。因此，气体平衡的破

坏是燃烧转爆轰的重要原因。稳定燃烧的临界速度可以用气体增减的平衡式来求得，即

$$m_1 = m_2 \qquad\qquad (4\text{--}58)$$

式中　m_1——气体增加的速度，等于燃烧的质量速度；

　　　　m_2——气体减少的速度。

根据别梁也夫的近似计算，在一个大气压下普通炸药的临界燃速等于 $7\sim8$ g/$(\text{cm}^2 \cdot \text{s})$，也就是说，在一个大气压下，只有当燃速小于 $7\sim8$ g/$(\text{cm}^2 \cdot \text{s})$ 时，燃烧才可能以等速进行。否则在同样压力下，燃烧都是不稳的和加速的。大多数能进行燃烧的炸药，其燃速都大大小于上述这个临界速度。但是在一定的条件下，由于火焰阵面的变形和燃烧炸药量增多，这些炸药的燃烧稳定性仍可能被破坏。

可以以圆柱形装药的燃烧为例来研究上述条件。装药放在一个坚固的管子（横截面面积为 1 cm²）里，如图 4.9 所示。燃烧从外压为 p_0 的开口端开始，燃烧生成物向火焰传播的相反方向流动，其流速和气体生成的速度有关。气体增量和减量的关系如图 4.10 所示。横坐标表示燃烧阵面上的压力 p，纵坐标表示在一定压力下，燃烧表面为 1 cm² 时在单位时间内所生成的气体量 m_1（燃烧的质量速度），和在管内压力为 p、外压为 p_0 时单位时间内从每平方厘米截面所流出的气体减量 m_2（气体减量）。

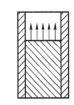

图 4.9　燃烧气体流出的示意图

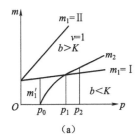 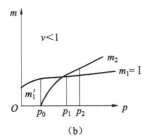 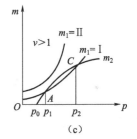

图 4.10　气体增量和减量的关系

根据气体动力学原理，气体流量和压力的关系有以下形式：当 $p=p_0$ 时，即燃烧阵面上的压力等于外压时，气体的流量等于零。气体的流量随压力的变化开始是按曲线增大，当内压等于 2 倍外压时，气体流量 m_2 将按直线与压力成正比增大，即

$$m_2 = Kp \qquad\qquad (4\text{--}59)$$

式中　K——与气体的温度、密度和热容有关的常数。

气体增量为 $m_1 = Su_1$，如燃烧表面积 S 为 1，则 $m_1 = u_1$。根据实验 $u_1 = a + bp^\nu$，则图 4.10（a）中，$\nu=1$，m_1 有两条直线，为 Ⅰ 及 Ⅱ，它们相当于 $b<K$ 及 $b>K$ 的情况。先看 Ⅰ 线，$b<K$。若炸药在压力 p_0 下燃烧，则在此压力下气体减量为零。如增大压力，则由于气体增量大于减量的关系，燃烧阵面上的压力将继续增大，直到压力为 p_1 为止，这时气体减量等于气体增量。因为在较大的压力下，气体的减量将大于气体的增量（p_2 的情况就是如此）。所以在 $b<K$ 的情况下，燃烧就是稳定的，不可能转为爆轰。

用类似的方法也不难证明，当 $b>K$ 时，管内压力将不断增大，在一定的条件下就可能引起爆轰。

图 4.10（b），（c）分别表示 $v<1$ 及 $v>1$ 的情况。在前一种情况下，当压力为 p_1 时，燃烧也是稳定的。在后一种情况下，气体的增量曲线 Ⅱ 因完全位于气体减量曲线之上，所以总是不稳定的。对于曲线 Ⅰ，压力在一定范围内（即 $p=p_2$ 之前），燃烧是可以稳定的。

必须指出，气体减量和增量相等还不意味着燃烧的稳定，这点从图 4.10（c）上的 C 点可以看得很清楚。

从上述讨论可以得出，燃烧稳定性与 K 和 $b=\dfrac{\mathrm{d}u_1}{\mathrm{d}p}$ 值间的关系。K 为气体流量直线倾角的正切，它是气体流量与压力之间的比例常数，b 为燃烧气体生成速度对压力的导数。因为有些参数（如压力、温度、装药密度）对 b 和 K 有影响，所以它们对燃烧稳定性也有影响。

根据上述关于燃烧稳定条件的讨论，现在可以来研究适用于具体炸药和具体燃烧条件的现有数据。

先求 K 值。它可由一般喷管公式求得：

$$K=S\sqrt{\frac{\gamma}{\gamma+1}\left(\frac{2}{\gamma+1}\right)^{\frac{2}{\gamma}-1}}\sqrt{\frac{2T_0M}{p_0V_0T_1}}=S\sqrt{\frac{\gamma}{\gamma+1}\left(\frac{2}{\gamma+1}\right)^{\frac{2}{\gamma}-1}}\sqrt{\frac{2\times273M}{1.013\times10^6\times22\,410T}} \qquad (4-60)$$

式中　S——气体流出的横截面面积；

　　　γ——c_p/c_V；

　　　M——气体的相对分子质量；

　　　p_0——大气压力；

　　　V_0——气体的比容；

　　　T_0——273 K；

　　　T_1——气体温度。

对于双原子气体来说，

$$\sqrt{\frac{\gamma}{\gamma+1}\left(\frac{2}{\gamma+1}\right)^{\frac{2}{\gamma}-1}}=0.485$$

故　　　　　　　　　　　$$K=S\times0.485\times0.000\,155\sqrt{\frac{M}{T_1}}$$

取 $S=1$，$K=0.000\,075\,26\sqrt{\dfrac{M}{T_1}}$。

从式中可以看出 K 不是常量，随气体生成物温度及其相对分子质量的不同而改变。但对于某种炸药来说，可近似地作为常数来处理。为了对理论值与实际值进行比较，必须算出 K 值。若取 $S=1$，并取 CO 及氮表示燃烧产物，当时的燃烧温度为 2 730 K，平均相对分子质量为 28，这样，算出 K 值约为 7.4。

评定燃烧的稳定性，除根据爆温及燃烧生成物的平均分子质量算出 K 值外，还应把 K 值与 $\dfrac{\mathrm{d}u_1}{\mathrm{d}p}$ 值比较。在一定的燃烧条件下，$\dfrac{\mathrm{d}u_1}{\mathrm{d}p}$ 为一常量，通常用 b 来表示。现将各种不同炸药燃烧公式为 $u_1=a+bp$ 时的系数 b 列于表 4.3 中。

表 4.3　燃烧公式为 $u_1 = a + bp$ 时各种炸药的系数 b

炸药	b	炸药	b
火胶棉	0.016 2	特屈儿	0.051 3
太安	0.018 0	液体的甲基硝酸酯	0.133 0
胶化的硝化乙二醇	0.029 0	胶化的硝化甘油	0.146 0
液体硝化乙二醇	0.039 0	雷汞	4.180 0
一号硝化棉	0.040 5	三硝基三叠氮苯	0.850 0
黑索今	0.050 5		

从表 4.3 可以看出，所有已研究过的猛炸药的 b 值都比可能稳定燃烧的 K 值（7～8）小得多。因此从理论上说，猛炸药燃烧是稳定的。对于起爆药来说，它们的 b 值远大于或接近于其 K 值，所以容易转变为爆轰。

2. 液体炸药燃烧的稳定性

根据兰道的液体燃烧加速机理，液体炸药燃烧稳定性被破坏是由液体中产生的涡流使火焰阵面发生变形的扰动（变曲）而造成的。这种变形、扰动随时间的延长而增大，并使燃速不断加大，终至产生爆轰。他认为只有当燃烧质量速度不超过一定极限时，稳定燃烧才是可能的。

妨碍火焰阵面变曲的因素是重力、表面张力和液体黏度。通过计算重力和表面张力对稳定性的影响，得出保证正常燃烧临界速度的公式如下：

$$u_m = (4\alpha_k g \rho_2 \rho_1)^{1/4} \tag{4-61}$$

式中　u_m——燃烧的质量速度，$g/(cm^2 \cdot s)$；

　　　α_k——沸点时，液体与它的饱和蒸气间的表面张力，达因[①]/厘米；

　　　ρ_2——燃烧气体生成物的密度，g/cm^3；

　　　ρ_1——流体的密度，g/cm^3；

　　　g——应力加速度。

根据试验测定的 α_k、ρ_2、ρ_1 值，在一个大气压下计算得到甲基硝酸酯、硝化乙二醇和硝化甘油的 u_m 值分别为 $0.25\,g/(cm^2 \cdot s)$，$0.26\,g/(cm^2 \cdot s)$ 和 $0.25\,g/(cm^2 \cdot s)$。因此可以得出结论，等式右边实际上可以看作是近似的常数，在一个大气压下为 $0.25\,g/(cm^2 \cdot s)$，当燃速超过 $0.25\,g/(cm^2 \cdot s)$ 时，可能发生爆轰。

包括黏度影响的液体正常燃烧极限速度关系式为

$$u_m = (3\sqrt{3}g\mu\rho_2^{3/2}\rho_1^{1/2})^{1/3} \tag{4-62}$$

式中　u_m——包括黏度影响的质量速度，$g/(cm^2 \cdot s)$；

　　　μ——黏度，$Pa \cdot s$；

　　　ρ_2——燃烧气体生成物的密度，g/cm^3；

　　　ρ_1——液体密度，g/cm^3。

---

① 1 达因=10^{-5} 牛。

详细研究液体硝酸酯的燃烧，可以说明黏度的影响。硝化甘油的黏度为 $0.36\ Pa \cdot s$，当 $\rho_2=1.72\times10^{-4}\ g/cm^3$，$\rho_1=1.6\ g/cm^3$ 时，计算得到的临界速度为 $0.17\ g/(cm^2 \cdot s)$，而实际速度为 $0.28\ g/(cm^2 \cdot s)$。因此硝化甘油的黏度不足以保证它稳定的燃烧。例如，ρ_2 及 ρ_1 值如上所述，则黏度等于或超过 $1\ Pa \cdot s$ 时，才能保证稳定燃烧。胶化硝化甘油之所以能够稳定燃烧，是因为黏度的提高。试验证明，硝化甘油和火胶棉的混合物（99:1）如在火胶棉尚未胶化之前（黏度实际上仍等于硝化甘油的黏度），则其燃烧仍旧是不稳定的；当火胶棉胶化后，黏度增大到 $3.5\ Pa \cdot s$，根据这时的黏度计算，其临界燃速为 $0.37\ g/(cm^2 \cdot s)$，那么胶体就能以 $0.24\ g/(cm^2 \cdot s)$ 的速度稳定燃烧。

增大压力，对保证液体炸药稳定燃烧所需的黏度影响很大。在一个大气压时，保证稳定燃烧的黏度约为 $1\ Pa \cdot s$。当压力增大时，保证稳定燃烧所需的黏度将增大很多。例如当压力为 $9.8\ MPa$ 时，所需的黏度要比一个大气压时大 $1\ 000$ 倍。

3. 粉状炸药燃烧的稳定性

试验证明，粉状炸药仅在一定压力下才能稳定燃烧，超过某一压力即转变为爆轰。这一压力叫作临界压力，它的大小不仅取决于炸药的性质，且与装药条件有关。

如密实的炸药药柱，在压力高达 $392\ MPa$ 时，甚至还能稳定燃烧，而粉状或多孔的炸药却在压力远小于 $392\ MPa$ 的情况下就已不能稳定燃烧，因此研究固体炸药的不稳定燃烧主要是研究粉状多孔药柱燃烧的稳定性。

多孔药柱稳定燃烧时，凝聚相中的反应区是稳定的，但是从微观上分析，其与密实药柱的燃烧仍然不同。首先，多孔体系的不均匀性（即药柱间的微小空间）会对燃烧的均匀性质有影响，药柱中的孔隙能使燃烧表面歪曲，破坏燃烧的平面性，使化学反应区中的物质和热交换条件发生变化。其次，对于孔隙相通的药柱，部分燃烧产物会以不同的机理向靠近炸药表面层的药柱强行渗入，促使稳定过程变得不稳定。这就是多孔药柱燃烧的特性。

气体燃烧产物之所以能够渗入药柱的孔隙中，是因为燃烧表面与孔隙内的气体有压差，即有压差

$$\Delta p = p_{表面} - p_{空隙} \qquad (4-63)$$

式中 $p_{表面}$，$p_{空隙}$——药柱燃烧表面和药柱孔隙中气体的压力。

造成上述压差的原因有两种：燃烧面上气体压力的动力升高和射流机理。

（1）压力的动力升高。

当炸药柱燃烧时，火焰阵面上气体产物的压力总是较高，这是气体产物自表面向四周扩散的结果。因此，靠近火焰阵面的气体处于受压缩的状态。没有靠近火焰阵面处气体的压力、密度、速度、温度分别为 p'、ρ'、u'、T'，而距离表面较远处产物的压力、密度、速度、温度分别为 p_1、ρ_1、u_1 和 T_1。

根据质量和动量守恒定律，对在火焰阵面和孔隙内的气体有

$$\rho u = \rho' u' = \rho_1 u_1$$

$$p' + \rho u u' = p_1 + \rho u u_1$$

式中 ρu——燃烧的质量速度；

ρ——药柱密度；

u——线燃速。

由上可知动力压差为

$$\Delta p = p' - p_1 = \rho u u_1 - \rho u u' = \rho u(u_1 - u') = (\rho u)^2 \left(\frac{1}{\rho_1} - \frac{1}{\rho'} \right)$$

若 $\Delta p \ll p_1$，那么根据理想气体方程可得

$$p = \frac{(\rho u)^2 R}{p_1} \left(\frac{T_1}{M_1} - \frac{T'}{M'} \right) \tag{4-64}$$

式中 M'，M_1——相应截面上气流的分子量。

由式（4-53）可知，如果燃速大、$\left(\dfrac{T_1}{M_1} - \dfrac{T'}{M'} \right)$ 值大，Δp 才有可能较大，因此这只对速燃炸药的情况适用。

试验测定的一些炸药和起爆药的压力动力升高的值列于表 4.4 中。从表 4.4 中可以看出，对于这些炸药，除雷汞外，压力的动力升高值都不是很大。

表 4.4 某些速燃炸药和起爆药的质量燃速和压力动力升高值

炸药	质量燃速/(g·cm⁻²·s⁻¹)	压力动力升高值/133.32 Pa
三硝基三叠氮苯	1.1	4
苦味酸钾	2.74	—
苦味酸钾	1.3（有外壳）	5
雷汞	5.9	10～15
斯蒂酚酸铅	100	—

（2）射流机理。

由于多孔药柱燃烧表面凹凸不平，而个别正在燃烧的炸药粉尘会形成方向不同的射流，如图 4.11 所示，射流互相碰撞，形成了新的加强射流，其中，有一部分就直射入孔隙。在射流的互相撞处能看到局部的压力升高。实验证明了射流的存在，对于低密度药柱、外界压力恒定时的不稳定燃烧来说，这个机理是主要的。

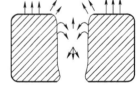

图 4.11 燃烧表面上空隙入口处射流示意图

燃烧气体向多孔药柱孔隙内的渗入是产生不稳定燃烧的条件，但产生不稳定燃烧的充分条件是渗入的灼热气体能够点燃孔隙内的炸药。实验发现，要使孔隙内的炸药被点燃，必须满足下面两个条件：

$$l / l_0 \geq 1$$
$$\theta_0 = \tau_0 / \tau_1 \geq 1 \tag{4-65}$$

式中 l_0——稳定燃烧时，固相中加热层的厚度；
l——气体渗入造成的加热层厚度；

τ_0——气体产物高温加热的时间；

τ_1——孔隙壁达到引燃温度的时间。

上述两式表明，当渗入气体对被加热的炸药层作用时间大于正常加热层高温气体存在的时间，也超过孔隙壁达到引燃温度的时间时，才能引起孔隙深处炸药的点燃。

当炸药的稳定燃烧被破坏后，就产生对流燃烧。对流燃烧时渗入孔隙的燃烧产物点燃孔隙内的炸药，明显扩大燃烧表面，使燃速超过稳定燃烧时的几十倍到上百倍，从而使燃烧远远超过了稳定的界限。

对流燃烧的表面不平整，故发生强烈的扭曲，使实际的燃烧表面比原有药柱的截面大许多倍。另外，对流燃烧的燃速也不是固定的。对同一药柱，有时剧烈地上升，有时又突然下降。对流燃烧时的另一个重要现象是药柱迸裂。孔隙内燃烧时形成的剩余压力是造成药柱迸裂的原因。药柱迸裂后形成大量的小炸药块，使燃烧表面更为不规则。当药柱在较短的外壳中燃烧时，迸裂使孔隙中的压力降低，而迸裂形成的可燃性雾状悬浮物又因外壳短而能快速扩散、燃尽。这样总结果是使燃速不会急剧增加，对流燃烧不会进一步强化，因而这时的迸裂起着稳定的作用。但如果在较长的外壳或密闭空间发生迸裂现象，迸裂生成的可燃性雾状悬浮物只能在表面附近继续燃烧，加快了燃速，加强了灼热气体向孔隙中的渗入，这时对流燃烧会进一步强化，会加快不稳定化的结果。

4. 凝聚相炸药稳定燃烧的顺序

在相同的条件下，测定炸药燃烧的稳定性，其结果如表 4.5 所示。由表可见，猛炸药燃烧的稳定性最高，而起爆药最低，易熔炸药（熔点较低的）又比难熔炸药的稳定性高。这是因为在燃烧时，易熔猛炸药在反应区传来的热量作用下能熔化，形成薄层熔体，加上凝聚相的反应速度又较小，所以在药柱表面能形成密实的熔化层。在稳定燃烧时，这个熔化层起着阻碍气体渗入的隔断作用。因此，只要该层密实，燃烧始终就是稳定的。熔化层密实与否与药柱的多孔性有关，只要该层厚度比最大孔隙直径大，燃烧就是稳定的。例如实验曾测出在 9.8 MPa 的大气压下，梯恩梯、苦味酸、太安、黑索今的熔化层分别是 50 μm、35 μm、13 μm、5 μm。在 29.4 MPa 时，该层厚度分别减小到 18 μm、12 μm、3 μm、2 μm。所以，在孔隙直径一定时，高压下燃烧就变得不稳定。熔化层厚度的排列顺序与燃烧稳定性的排列顺序相同。

表 4.5 炸药稳定燃烧的临界破坏压力

炸药	$p_{临}$/MPa	炸药	$p_{临}$/MPa
梯恩梯	196.0	硝化棉	19.6
苦味酸	78.4	过氯酸铵	9.8~17.2
太安	53.9	雷汞	9.8
黑索今	24.5	叠氮化铅+石蜡	①
注：① 任何压力下都爆轰。			

至于难熔炸药，在燃烧时，不会生成熔化层，而凝聚相中的反应速度又相当大，气体产

物容易渗入药柱。固相反应也促进了表面层中物质的进裂，使燃烧的比表面加大。这些都促使燃烧趋向不稳定。

4.5　影响炸药燃烧速度的因素

炸药的燃烧过程是以燃烧反应波的形式传播的，而燃烧反应波在传播中，反应区的能量是通过热传导、热辐射及燃烧气体产物的扩散作用传给下层未反应炸药的。因此，燃烧过程的稳定性以及传播的速度与燃烧时反应区中的放热速度、向下层炸药和周围介质的传热速度紧密相关，即燃烧传播速度与炸药的性质、压力和初始温度、装药直径和密度以及有无外壳、催化剂等因素有关。

1. 炸药性质的影响

炸药的燃烧过程及燃烧反应波的传播速度首先取决于其自身的性质，其次还取决于它的化学反应以及从反应区向原始炸药层传热的速度。一般情况下，如果反应区中的化学反应速度很大，而相应的热传导速度很小，则炸药的燃烧速度也很大，且加速很快，这样通过热传导就难以将燃烧反应放出的热量传走，因此，热量的积累就可能导致瞬间转变成爆轰。例如，起爆药在任何条件下燃烧都会立即转变成爆轰；反之，如果化学反应速度很小，而热传导速度很大，则反应所放出的热量来不及补偿由于热传导而造成的热量损失，热量就更难以传入更深层未反应的炸药中，这样燃烧速度就会逐渐变小，直到熄灭。

此外，凝聚相炸药挥发性的难易程度对燃烧过程也有很大的影响。易挥发性炸药，由于沸点或升华点较低，因而其燃烧反应主要是在气相中进行的，这样，凝聚相的汽化和蒸气中的化学反应情况就决定着燃烧的性质；难挥发性炸药导热系数的大小影响着燃烧过程，导热系数大，则大量的热量传入原始炸药中以增大加热层的厚度或被传送给周围介质，使得反应区的温度和化学反应速度降低，最终导致熄灭。

2. 压力的影响

压力是影响炸药燃烧速度的主要因素之一。一般情况下，提高压力，则燃烧速度加快，若在很高的压力下，燃烧可能变成非稳定燃烧并转变成爆轰。

在稳定燃烧过程中，压力与炸药燃速的关系式如下：

$$u = A + Bp^a \qquad (4-66)$$

式中，如果是易挥发性炸药，则 A 趋于零；如果是难挥发性炸药，则 A 值与 B 值为同一数量级。

（1）起爆药的燃烧。

大多数起爆药在高于 1.0×10^5 Pa 的压力下是不会稳定燃烧的，一般的情况是燃烧极易转变为爆轰。在压力低于 1.0×10^5 Pa 时，起爆药的燃速与压力的关系为

$$u = A + Bp \qquad (4-67)$$

呈线性关系。如雷汞在燃烧时，燃速与压力关系的经验公式为

$$u = 0.402 + 1.1p$$

因此，一般情况下起爆药（叠氮化铅除外）在压力低于 1.0×10^5 Pa 时是可以稳定燃烧的，而高于 1.0×10^5 Pa 时是不稳定燃烧并能很快转变为爆轰。

（2）火药的燃烧。

火药的燃速与压力的关系符合通式

$$u = A + Bp^a \tag{4-68}$$

即使是在压力范围较大的情况下，A、B 的值也几乎不变化，a 值变化也很小。对于结构密实且是胶质状态的无烟火药，则在 10^2 MPa 数量级的压力下是可以稳定燃烧的，其燃速与压力的关系式为

$$u = A + Bp \tag{4-69}$$

当压力增大时，易挥发性炸药的 A 值很小，且接近于零，$B>A$，如硝化乙二醇的燃速与压力的关系式为 $u=0.008+0.102p$。而难挥发性炸药由于燃烧时起主导作用的是凝聚相反应，因此 $A>B$，如硝化棉的燃速与压力的关系式为 $u=0.146+0.065p$。

研究发现，起爆药的 A、B 值都大大超过猛炸药的 A、B 值，这主要是由于凝聚相炸药中起爆药的反应速度大于猛炸药的反应速度，因此，在相同的条件下，起爆药的燃速要大大超过猛炸药的燃速，而且它的燃速随压力的增加比猛炸药的要大很多，以致在大于 1.0×10^5 Pa 的压力时起爆药不能稳定燃烧而猛炸药却能进行稳定燃烧。

（3）无气体药剂的燃烧。

由氧化剂和可燃物组成的无气体药柱，由于在燃烧过程中几乎不产生或极少产生气体，其反应的最终产物为液态或固态物质，这种药剂的燃烧速度与压力无关，甚至可以在真空条件下稳定燃烧。

这种无气体药剂燃速的特点是：u 等于常数。严格地说，这种无气体药剂不属于炸药的范畴。

对大多数炸药来说，它们在稳定燃烧条件下都具有压力界限，压力界限又分为压力上限和压力下限。稳定燃烧的压力上限是指能保持炸药稳定燃烧而不转变为爆轰时的最高压力。如果超过了压力上限，炸药就不能稳定燃烧，燃速就会加快并从燃烧转变成爆轰。对于不同状态下的炸药，其稳定燃烧的压力上限差异很大。一般情况下，低密度的压装或粉状炸药以及液态炸药稳定燃烧的压力上限较低，高密度的压装或注装以及胶质炸药的压力上限较高，这是由于高压下燃烧的粉状炸药，其高温的燃烧产物很容易扩散到炸药颗粒之间的空隙中，并引起内部颗粒着火，从而使燃烧表面和燃速急剧增大，使原先稳定燃烧的过程变成了不稳定燃烧的过程。当密度很高的炸药燃烧时，由于炸药颗粒之间很密实，燃烧后所生成的气体产物就难以扩散到炸药的内部，原先的稳定也难以维持，只有增大压力，才有助于气体产物向炸药内部扩散，因此，它的压力上限必然会很高。例如粉状太安和黑索今在稳定燃烧时的压力上限为 2.45 MPa；密度为 1.65 g/cm³ 的太安稳定燃烧的压力上限大于 20.58 MPa。

稳定燃烧的压力下限是指能保持炸药稳定燃烧而不熄灭的最低压力，决定凝聚相炸药压力下限的是气相反应，这是因为随着压力的下降，气相中的放热速度和反应均相应地降低。但由于凝聚相热传导的速度是保持不变的，因此，原先的热平衡就被打破，炸药的燃烧过程逐渐减弱，以致熄灭。一般情况下，炸药在燃烧过程中，凝聚相反应的作用越大，则该炸药在低压下稳定的能力也越大。

3. 初始温度的影响

炸药的燃速随温度的升高而增大，一般情况下，初始温度每升高 100 ℃，则炸药的燃速

将增大 1.3～2.0 倍。例如初温由 0 ℃升高至 100 ℃，特屈儿（ρ=0.9 g/cm³）的燃速增大 1.8 倍，黑索今增大 1.46 倍。

初始温度对炸药燃速的影响可用下列经验公式表示：

$$u = \frac{1}{A' - B'T_0} \tag{4-70}$$

式中　u——燃速；

$\quad\quad A'，B'$——与炸药性质有关的常数，黑索今的 A'=43.92，B'=0.070 9；

$\quad\quad T_0$——炸药的初始温度。

初始温度对燃速的影响对火药来说特别重要，因为燃速的变化将影响弹道性能，点火药也是同样的。

4. 装药直径的影响

与可燃性混合气体的燃烧一样，凝聚相炸药在燃烧过程中也存在着一个临界直径，如果装药的直径小于临界直径，就不能维持其稳定燃烧，火焰就不能从一端向后面传播，其原因是小直径炸药在燃烧过程中，从药柱侧表面传走的热量将相应增加。如果直径小于某个极限值，燃烧层的热量损失将大于其化学反应所放出的热量，这样，反应层的温度就会降低，反应难以继续下去。在 1.0×10⁵ Pa 的压力下，一些炸药在玻璃管中燃烧时的临界直径如表 4.6 所示。

表 4.6　1.0×10⁵ Pa 压力下，在玻璃管中燃烧时某些炸药的临界直径

炸药名称	密度/（g·cm⁻³）	临界直径/mm
铸装梯恩梯	1.59	32.0
铸装特屈儿	1.6	5.7
黑索今	1.0	6.0
低氮硝化棉	0.6	5.5
硝化乙二醇	—	2.0

影响炸药临界直径的主要因素有：炸药的密度、燃速、外壳材料的性质和厚度等。

当装药直径大于临界直径时，炸药的燃烧是稳定的。在一定的直径范围内，燃速不随直径的增大而增大，只呈现固定的燃速，如图 4.12 所示。

如果直径增至很大，燃速也随之增大，这是因为直径很大时，由于火焰的辐射作用，炸药表面既可以从热传导中获得热量，又可以通过热辐射获得热量，从而增大了燃速。此外，大直径的炸药在燃烧时，由于火焰区的空间大，不易冷却，这样可以促使化学反应进行得更完全，并能避免由于直

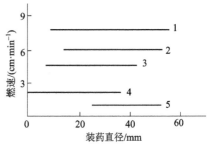

图 4.12　装药直径与燃速的关系

1—爆胶；2—代拿特（铁管中）；
3—代拿特（玻璃管中）；4—硝化乙二醇；
5—梯恩梯

径小其燃烧产物容易冷却的可能性，因此，燃速必将增大。如直径为 30～45 mm 的梯恩梯，燃速为 0.018 g/（cm²·s）；而直径为 80 mm 的梯恩梯，燃速增至 0.023 g/（cm²·s）。

5. 装药密度的影响

装药密度对燃速的影响主要是改变炸药的孔隙率，一般情况下，随着装药密度的增大，炸药的燃速会减小。这是由于装药密度增大时，炸药颗粒间的空隙减小，热的气体产物就难以渗入深层的炸药颗粒之间；而装药密度较低时，炸药颗粒间的空隙增多，有利于热的气体产物向炸药深层渗入，从而使燃烧面积增大，燃速变快。但是，如果装药密度太低以致低于某个极限值时，燃烧也是不能进行的，这是由空隙太大，能量不能集中所造成的。

某些炸药的密度与燃速的关系如表 4.7 所示。

表 4.7　某些炸药的密度与燃速的关系（装药直径为 24 mm）

密度/（g·cm^{-3}）	0.65	0.68	0.69	0.74	0.85	1.04	1.05	1.07	1.16
特屈儿燃速/（cm·min^{-1}）				5.41	4.83	4.46		4.27	
黑索今燃速/（cm·min^{-1}）		不燃	3.46		3.19		2.19		1.49

6. 装药外壳材料的影响

装药所用外壳材料的导热性和厚度将直接影响热量的损失，当外壳材料的导热系数大、厚度小时，则热量损失多。此外，如果反应在气相和凝聚相中同时进行，则由于凝聚相的温度升得较快，通过凝聚相对容器壁的热损失增加，从而使临界直径增大。因此，只有使装药直径增大，燃烧才能稳定进行，否则就有可能熄灭。

7. 催化剂的影响

催化是燃烧反应的常见现象，而炸药燃烧的催化则有更新、更实用的意义。由于硝基化合物燃烧的开始阶段生成相当量的氮氧化物，于是加入利于或抑制炸药分子放出氮氧化物的物质会影响这些化合物的燃烧过程。

研究发现，三硝基甲苯和三硝基苯燃烧时形成相当数量的炭黑，可认为烟道气反应在它们的燃烧反应中起重要作用，铜和铁盐有可能会起催化作用。如果用催化系数 K_{ct}（K_{ct} 为有催化剂和不含催化剂时的硝基化合物燃速比）表示催化剂作用的有效程度，$K_{ct}>1$ 表示催化剂使用为正，可加大其燃速；反之当 $K_{ct}<1$ 时，则表示催化剂实为抑制剂，可使硝基物的燃速降低。在图 4.13 中列出了几种催化剂对三硝基甲苯燃烧的影响。

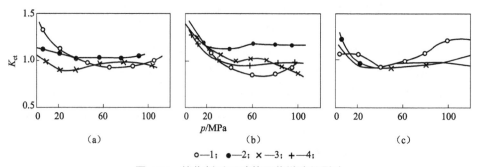

$\circ$—1；●—2；×—3；+—4；

图 4.13　催化剂对三硝基甲苯燃速的影响

（a）1—含邻苯二酚铁的络合物—Fe[C_6H_4（OH）$_2$]$_3$；2—氯化铁；3—羟基喹啉铜

（b）1—五氧化钒；2—氯化铅；3—苯甲酸铅；4—锡酸铅；

（c）1—铬酸铅；2—水杨酸；3—3%铬酸铅

图 4.13 表明在不同压力范围内，催化剂的作用不同，一般在低压范围内（压力小于 20 MPa）加快燃速作用较为明显，在 20～100 MPa 内氯化铅的作用较大，五氧化钒反而抑制了三硝基甲苯的燃烧。总的来看，上述催化剂对于三硝基甲苯燃烧的影响不大。

黑索今燃烧时也形成相当量的炭黑，但分析其燃烧产物成分可推知在燃烧时水煤气反应起重要作用，研究了一系列催化剂对黑索今燃烧的影响，结果表明所研究催化剂，包括氰化钠、磷酸铵、氯酸钾、硝酸钾、氯化铜、羟基喹啉铜、邻钼酸铵都对黑索今燃烧没有催化作用。

某些化合物对硝基胍燃烧表现出了相当强的催化作用，在图 4.14 中给出了这种作用。

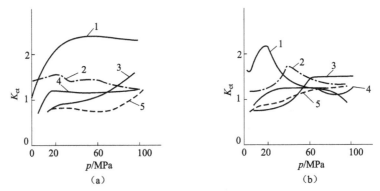

图 4.14 某些化合物对于硝基胍燃速的影响

（a）铜盐的影响

1—氯化铜；2—铜粉；3—水杨酸铜；4—钨硼酸铜；5—羟基喹啉铜

（b）铅、钠盐的作用

1—铬酸铅；2—氯化铅；3—水杨酸钠；4—苯甲酸铅；5—氯化钠

由图 4.14 看出，在不同压力范围内，上述化合物的催化作用不同，在压力小于 20 MPa 时，铬酸铅的催化作用最强。不同压力范围催化剂的不同作用程度说明燃烧主导反应是不同的。总的来看，燃速的提高和在不同压力范围内反应进行的安全程度有关，当燃烧反应已经进行"完全"时，则"催化剂"不起作用。此外，在燃烧时，"催化"概念是有条件的，一来表现为对于硝基化合物来讲没有"共同"的催化剂，二来表现为不同压力范围内同一化合物的作用也不相同。有时候，复合催化剂会有好的作用，可称之为催化剂的"协同作用"。

对于黑索今来讲，虽然没有适当的"催化剂"可加快其燃烧，但却有大量的化合物可降低其燃烧，这些物质可认为是黑索今燃烧的抑制剂，如表 4.8 所示。这些抑制剂的作用机理还不十分清楚，有可能是这些抑制剂使氮氧化物自由基减少，从而抑制了燃烧反应。

目前，纳米材料在火炸药的燃烧催化方面的研究正在蓬勃发展中。

表 4.8 燃烧抑制剂对于黑索今燃速的影响

抑制剂	K_{ct}					B
	p/MPa 1.2	5	10	20	35	
三苯甲烷	0.25	0.27	0.49	0.77	0.86	0.006 9
三苯甲醇	0.34	0.42	0.42	0.70	0.84	0.025 7
蒽	0.26	0.30	0.41	0.57	0.82	0.016 6

抑制剂	K_{ct}						B
	p/MPa	1.2	5	10	20	35	
α-萘酚		0.25	0.37	0.44	0.69	0.76	0.013 8
5，5′-二甲基吲哚满		0.25	0.62	0.65	0.77	—	0.022 9
二乙氧基苯基硫脲		0.33	0.41	0.39	0.71	0.81	0.014 9
对氨基二苯胺硫脲		0.45	0.51	0.53	0.71	0.77	0.028 0

思考题

1. 炸药燃烧与一般燃料燃烧的主要区别是什么？

2. 燃烧转爆轰的主要条件是什么？研究它有什么实际意义？

3. 基础雷管的爆炸过程是典型的燃烧转爆轰的过程，试述其设计思路。

4. 凝聚相炸药燃烧的主要形式有哪几种？其特点是什么？

5. 炸药稳定燃烧断面示意图各个部分的特点是什么？

第5章
炸药的爆轰理论

爆轰是炸药发生爆炸反应的一种基本形式。通过对炸药爆轰理论的研究，可以了解并掌握炸药爆炸反应过程中各物理参数的变化规律，为改进炸药性能以及合理地使用炸药提供理论依据。爆轰理论是建立在流体力学基础上的。1881 年，Berthlot、Vielle、Mallard 和 Lechatelier 在研究火焰管道中的传播实验时首先发现了爆轰现象，并揭示了可燃气火焰在管道中传播时，由于温度、压力、点火条件等不同，火焰可以用两种完全不同的传播速度传播：一种传播速度是每秒几十米至每秒几百米，另一种是每秒数千米，习惯上把前者称为爆燃，把后者称为爆轰。可见爆轰也是一种燃烧，是一种迅速而剧烈的燃烧。1860 年，Nobel 研究出雷管，使人类成功地应用了爆轰现象，并促进了爆轰理论的发展。1899年和1901年，Chapman 和 Jouguet 分别独立地对爆轰现象作了简单的一维理论描述，这一理论是借助气体动力学原理阐释的。他们提出了一个简单而又令人信服的假定，认为爆轰过程的化学反应是在一个无限薄的间断面上瞬间完成的，原始炸药瞬间转化为爆轰产物。不考虑化学反应的细节，化学反应的作用如同外加一个能源而反映到流体力学的能量方程中，这样就诞生了以流体力学和热力学为基础的、描述爆轰现象的较为严格的理论——爆轰波的 C–J 理论。20 世纪 40 年代，Zeldovich、von Neumann 和 Doring 各自独立对 C–J 理论的假设和论证作了改进，提出了爆轰波的 ZND 模型。他们认为爆轰时未反应的炸药首先经历了一个冲击波预压缩过程，形成高温高密度的压缩态，接着开始化学反应，经过一段时间后化学反应结束，达到反应的终态。ZND 模型首次提出了化学反应的引发机制，并考虑了化学反应的动力学过程，使 C–J 理论更为接近实际情况。C–J 理论和 ZND 模型把炸药的爆轰过程描述为带有化学反应的冲击波传播过程，奠定了经典的爆轰理论。

5.1 波的基本概念

5.1.1 波

在一定条件下，处于平衡状态的物质（如空气、水、固体炸药等）由于受外界某种作用而使其某一局部（如温度、压力、密度等）发生瞬间变化，物质从平衡状态变成了不平衡状态，物质状态的变化为扰动。如果外界作用只引起物质状态参数发生微小的变化，这种扰动称为弱扰动；如果外界作用引起物质状态参数发生显著的变化，这种扰动称为强扰动。扰动在介质中的传播称为波。在波的传播过程中，介质原始状态与扰动状态的交界面称为波阵面。

波阵面的移动方向就是波的传播方向，前进方向与介质质点振动方向平行的波称为纵波；前进方向与介质质点振动方向垂直的波称为横波。波阵面在其移动法线方向的位移速度称为波速。

5.1.2 压缩波和膨胀波

受扰动后波阵面上介质的压力、密度均增大的波称为压缩波；受扰动后波阵面上介质的压力、密度均减小的波称为膨胀波（或稀疏波）。有关压缩波和膨胀波的产生和传播过程可以形象地用活塞在充满气体的管中运动的过程加以说明，如图5.1和图5.2所示。图中 x 为充满气体的管中某一点离活塞的距离；p 为充气管子中气体的压力；τ 为活塞运动时间。

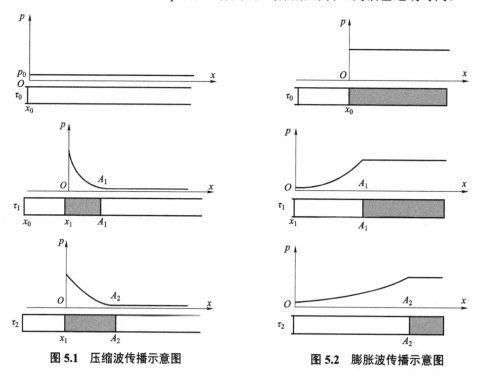

图 5.1　压缩波传播示意图　　　　图 5.2　膨胀波传播示意图

当气体被压缩时（见图5.1），如果在某一瞬间活塞处于初始位置 x_0，此时充气管中的压力为 p_0 且均匀。如果活塞向右运动，在另一瞬间时 τ_1 活塞处于 x_1 处，这时气体被压缩，原来位于 $x_0 \sim x_1$ 之间的气体体积被压缩移动到 $x_1 \sim A_1$ 之间，这时 $x_1 \sim A_1$ 区间内的气体压力和密度都会升高，而 A_1 点右侧的气体仍然保持原有状态，其密度不变，因此，A_1—A_1 处即波阵面。随后，由于 A_1—A_1 波阵面的两侧存在压力差，处于波阵面左侧较高压力与密度的气体必然会向波阵面右侧较低压力与密度的气体中运动，并形成新的波阵面 A_2—A_2，从而使压缩过程在充气管中逐层地传播下去，这样便形成了压缩波。

从压缩波的形成过程中可以看到，在压缩波中，波阵面到达之处，介质的压力和密度等参数均增大，介质运动的方向与波传播的方向是一致的。但是这两者并不是一回事，而具有本质的区别。所谓介质的运动，是指物质的分子或质子所发生的位移，而波的传播则是指上一层介质状态的改变引起下一层介质状态的改变。也就是说，波的传播是由介质的位移引起的。因此，波的传播总是超前于介质的位移，即波的传播速度总是大于介质的移动速度。

当气体发生膨胀，即活塞向左运动时，就形成了膨胀波，如图5.2所示。如果在某一瞬

间 τ_0 时活塞处于 x_0 处，此时管中气体的压力为 p_0；在另一瞬间 τ_1，由于活塞从 x_0 处向左运动到 x_1，这时，原先处于 x_0 处的气体必然会向 $x_0 \sim x_1$ 之间膨胀，从而使 x_0 附近气体的压力和密度下降，此时的波阵面为 A_1—A_1。由于在波阵面 A_1—A_1 的两侧同样存在着压力差，即使此时活塞已停止运动，波阵面 A_1—A_1 右侧较高压力和密度的气体仍然会向左侧运动，使附近的压力和密度继续下降，从而形成新的波阵面 A_2—A_2，并逐层传播下去直到平衡，这种压力连续衰减的传播就形成了膨胀波。

从膨胀波的形成过程也能看到，膨胀波是由介质的位移和压力的下降引起的，波阵面所到之处，介质的压力和密度等参数是下降的，膨胀波的传播方向与波阵面的传播方向是一致的，但与介质的运动方向是相反的。也就是说，膨胀波是由低压向高压方向传播，介质是由高压向低压方向移动。

5.1.3　声波

由于声波是质点在平衡位置上做往复式振动所形成的，故具有以下特点：

（1）声波是弱的压缩波与膨胀波交替的波，在传播过程中，介质状态参数的变化是连续的和有节奏性的。

（2）介质的质点只在其平衡位置上振动，不发生位移，声波经过后，介质便又回复到它原来的位置。

（3）声波是由弱扰动而产生的无限振幅波，其波阵面上介质的状态参数变化无限小，即声波对介质的压缩极小。

（4）声速是弱扰动的传播速度，它只取决于介质的状态，而与波的强度无关。

为了研究声波的传播速度，假设有一弱压缩波，介质在未扰动时的状态参数为压力 p、密度 ρ，移动速度 $u_0=0$，介质扰动时的状态参数为压力 $p+\Delta p$、密度 $\rho+\Delta\rho$、移动速度 u，此时波阵面的传播速度为 c，且设定向右传播，如图 5.3 所示。

图 5.3　弱扰动传播的示意图

为了研究问题的方便，取与波阵面一起运动作为系统的坐标系，那么在该坐标系中，可以认为波阵面不动，波阵面右侧的气体以速度 c 向左流入阵波面，而以 $c-u$ 的速度向左流出波阵面。因此，单位面积上介质从右侧流入波阵面的质量为 $c\rho\mathrm{d}\tau$，介质向左流出波阵面的质量为 $(c-u)(\rho+\Delta\rho)\mathrm{d}\tau$。

根据质量守恒定律可知，流入波阵面的质量与流出波阵面的质量应该相等，即

$$c\rho\mathrm{d}\tau=(c-u)(\rho+\Delta\rho)\mathrm{d}\tau$$

或者

$$c\rho=(c-u)(\rho+\Delta\rho) \tag{5-1}$$

由动量分析可知，介质流入波阵面时的动量为 $(c\rho\mathrm{d}\tau)c$，流出波阵面时的动量为 $[(c-u)(\rho+\Delta\rho)\mathrm{d}\tau](c-u)=(c\rho\mathrm{d}\tau)(c-u)$。根据动量守恒定律得出：动量的差值应等于波阵面两侧压力差与时间的乘积，即

$$c\rho[c-(c-u)]\mathrm{d}\tau=\Delta p\mathrm{d}\tau$$

或者

$$c\rho u=\Delta p \tag{5-2}$$

由式（5-1）得

$$u=c-\frac{c\rho}{\rho+\Delta\rho}=\frac{c\Delta\rho}{\rho+\Delta\rho}$$

代入式（5-2）得

$$\frac{c\Delta\rho}{\rho+\Delta\rho}=\frac{\Delta p}{c\rho}$$

所以

$$c^2=\frac{\Delta p}{\Delta\rho}\left(1+\frac{\Delta\rho}{\rho}\right) \tag{5-3}$$

由于是弱扰动，在波阵面上介质参数的变化为无限小，即$\Delta p\to\mathrm{d}p$，$\Delta\rho\to\mathrm{d}\rho$，因此

$$c=\sqrt{\frac{\mathrm{d}p}{\mathrm{d}\rho}} \tag{5-4}$$

同理，对于膨胀波也可以导出式（5-4）。由式（5-4）中可以得出：弱压缩波的传播只与压力和介质密度的比值有关。

如果弱扰动的传播与周围介质是绝热的，则压缩和膨胀过程可以认为是等熵过程，其传播速度的表达式为

$$c=\sqrt{\left(\frac{\mathrm{d}p}{\mathrm{d}\rho}\right)_s} \tag{5-5}$$

由于声波是由若干个压缩波和膨胀波组成的波系，介质的压缩和膨胀非常迅速，这些过程与周围的介质之间可以认为不进行热的交换，近似为绝热过程，因此声波在介质中的传播速度等于声速。

如果声波的传播介质是理想气体，则式（5-5）可以作下列变换：

由$\rho=1/V$，得

$$\mathrm{d}\rho=-\frac{\mathrm{d}V}{V^2}$$

故

$$c^2=V^2\left(\frac{\mathrm{d}p}{\mathrm{d}V}\right)_s \tag{5-6}$$

在等熵过程中，理想气体的压力和比容的关系为

$$pV^k=a\ （a\text{ 为常数}）$$

或者

$$p=\frac{a}{V^k} \tag{5-7}$$

因此

$$\mathrm{d}p=-\frac{ak}{V^{k+1}}\mathrm{d}V=-\frac{kp}{V}\mathrm{d}V \tag{5-8}$$

将式（5–8）代入式（5–6）中得

$$c=\sqrt{kpV} \tag{5-9}$$

将理想气体的状态方程 $pV=nRT$ 代入式（5–9）得

$$c=\sqrt{knRT} \tag{5-10}$$

上式称为声速的拉普拉斯公式，它适用于弱的压缩波和膨胀波。

应该指出的是，声速除了与介质的温度和压力有关外，还与介质的种类有关。例如标准状态下，空气中的声速为 333 m/s，而在压力为 1.01 MPa、温度为 705 K、空气密度为 $5.017×10^{-3}$ g/cm^3 时声速为 523 m/s；水中的声速为 1 430 m/s；钢中的声速为 5 050 m/s。

5.2　冲击波的基本理论

冲击波波阵面上介质的状态参数呈突跃式变化，其传播的速度是超声速的。在日常生活中，产生冲击波的实例有很多，如炸药在空气中爆炸后，其爆炸产物在空气中膨胀所产生的波，超声速飞行的飞机和子弹在空气中所产生的波等。为了形象地了解冲击波的形成过程和有关特征，我们可以通过研究在充满气体的管中活塞加速运动并推动其中气体的运动加以说明。

5.2.1　冲击波的形成

冲击波的形成原理可以用图 5.4 所示的活塞在管中运动的情况表示。

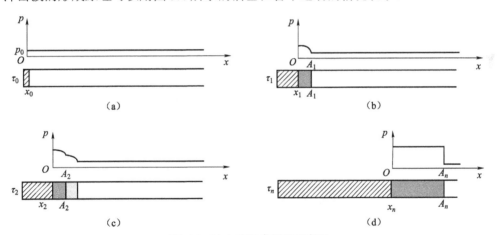

图 5.4　冲击波形成原理示意图

在 $\tau=\tau_0$ 瞬间，假设活塞和管中的气体均是静止的，此时管中的气体未受扰动。

在 $\tau=\tau_1$ 瞬间，活塞从静止开始运动，此时，管中位于活塞前端的气体便受到压缩，并产生一个压缩波，该压缩波在未扰动的介质中传播，波阵面在 $A_1—A_1$，其波的传播速度为原来未扰动气体介质的声速 c_0。

在 $\tau=\tau_2$ 瞬间，由于活塞继续运动，在活塞前端的气体继续受到压缩，于是产生两个压缩波，波阵面为 $A_2—A_2$。第二个压缩波是在已扰动的介质中进行传播，该已扰动的介质是受第一个压缩波压缩了的空气介质，其介质所处的状态已不再是第一个波传播时的介质状态，已扰动介质的压力和密度都比未扰动介质的压力和密度大。此时，第二个压缩波的传播速度等于已扰动空气介质的声速 c_1，c_1 必然大于 c_0，且传播的方向相同。因此，随着时间的延长，第二个压缩波也必然会赶上第一个压缩波并叠加一个较强的压缩波。叠加后波阵面上介质的压力、密度和温度都会升高。

同样的道理，在 $\tau=\tau_n$ 时，由于活塞运动，活塞前端的气体不断被压缩，产生了第 n 个压缩波，此时的波阵面为 A_n—A_n。第 n 个压缩波也是在已扰动的介质中传播的，因此第 n 个压缩波的传播速度 c_n 大于 c_{n-1}，且传播方向也是相同的。第 n 个压缩波必然也能够赶上第 $(n-1)$ 个压缩波并进行叠加，最终形成一个强压缩，并使波阵面 A_n—A_n 上的介质参数发生突跃性的变化，即产生冲击波。

从冲击波的形成过程可以看出，介质的状态发生突跃式变化的波就是冲击波。也就是说，冲击波的波阵面是一个突跃面，在这个突跃面上介质的状态和运动参数发生不连续的突跃式变化，其波阵面上状态参数的变化梯度很大。

5.2.2　冲击波的基本关系式

为了计算受扰动介质的状态参数，分析和研究冲击波的有关性质，必须建立起联系波阵面两侧介质状态参数和运动参数之间的关系表达式，即冲击波的基本关系式。根据基本守恒方程，可以直接推导出平面稳定冲击波的基本关系式。为了研究的方便，先从简单的平面正冲击波，即波阵面与其运动速度方向垂直的突跃压缩波来推导冲击波的基本关系。

如图 5.5 所示，坐标取与波阵面一同运动的坐标系。

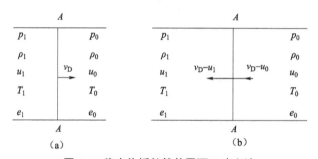

图 5.5　稳定传播的简单平面正冲击波

1. 质量守恒方程

由质量守恒定律知，单位时间内流入波阵面与流出波阵面的物质的质量应该相等，即

$$\rho_0(v_D-u_0)=\rho_1(v_D-u_1) \tag{5-11}$$

式中　ρ_0——介质扰动前的密度；

　　　ρ_1——介质扰动后的密度；

　　　v_D——冲击波的速度；

　　　u_0——波阵面前介质的移动速度；

　　　u_1——波阵面后介质的移动速度。

2. 动量守恒方程

由动量守恒定律知，运动物体动量的变化等于合外力作用的冲量，即

$$F\tau=m\Delta u \tag{5-12}$$

式中　F——作用于介质的力，$F=p_1-p_0$；

　　　τ——作用时间；

　　　m——介质的质量，$m=\rho_0(v_D-u_0)\tau$；

　　　Δu——在 τ 时间内速度的变化，$\Delta u=(v_D-u_0)-(v_D-u_1)=u_1-u_0$。

所以

$$p_1-p_0=\rho_0(v_D-u_0)(u_1-u_0) \tag{5-13}$$

3. 能量守恒方程

由能量守恒定律知，系统能量的变化等于外力所做的功。系统能量包括：单位时间内从右侧流入波阵面介质的能量 $\rho_0(v_D-u_0)[e_0+1/2(v_D-u_0)^2]$，单位时间内向左侧流出波阵面介质的能量 $\rho_1(v_D-u_1)[e_1+1/2(v_D-u_1)^2]$。外力所做的功包括：波阵面右侧未扰动介质的压力所做的功 $p_0(v_D-u_0)$，波阵面左侧已扰动介质的压力所做的功 $p_1(v_D-u_1)$。因此，根据能量守恒得

$$\rho_1(v_D-u_1)\left[e_1+\frac{(v_D-u_1)^2}{2}\right]-\rho_0(v_D-u_0)\left[e_0+\frac{(v_D-u_0)^2}{2}\right]=p_0(v_D-u_0)-p_1(v_D-u_1)$$

整理得

$$e_1-e_0+\frac{u_1^2-u_0^2}{2}=\frac{p_1u_1-p_0u_0}{\rho_0(v_D-u_0)} \tag{5-14}$$

式中　e_0——未扰动介质中单位质量的内能；

　　　e_1——已扰动介质中单位质量的内能。

式（5-11）、式（5-13）和式（5-14）称为冲击波的基本关系式。

5.2.3　冲击波参数的计算

从冲击波三个基本关系式中可以计算出冲击波的有关参数。

在由质量守恒定律得出的式（5-11）中，如果用比容 V 代替密度 ρ，则由于 $V=1/\rho$，式（5-11）可以写成

$$\frac{v_D-u_0}{V_0}=\frac{v_D-u_1}{V_1}$$

由此式可得

$$v_D=\frac{u_0V_1-u_1V_0}{V_1-V_0} \tag{5-15}$$

变形后可得

$$\frac{v_D-u_0}{V_0}=\frac{u_1-u_0}{V_0-V_1} \tag{5-16}$$

将式（5-16）代入式（5-13）中得

$$u_1-u_0=\sqrt{(p_1-p_0)(V_0-V_1)} \tag{5-17}$$

故冲击波的传播速度为

$$v_D-u_0=V_0\sqrt{\frac{p_1-p_0}{V_0-V_1}} \tag{5-18}$$

将式（5-13）、式（5-17）代入式（5-14）中整理得

$$e_1-e_0=\frac{1}{2}(p_1+p_0)(V_0-V_1) \tag{5-19}$$

式（5-19）称为冲击波的绝热方程，或称为冲击波的雨果尼奥（Hugoniot）方程。

式（5-17）、式（5-18）和式（5-19）组成了计算冲击波参数的基本方程式，如果给出 $p=f(\rho,T)$ 和介质的初始条件，便可以根据基本方程式计算出冲击波参数（p_1、ρ_1、V_1、T_1、u_1、v_D）。

若扰动前后的气体介质服从理想气体定律，则

$$e=c_V T=\frac{pV}{\gamma-1} \tag{5-20}$$

式中

$$\gamma=\frac{c_p}{c_V}$$

则

$$e_0=\frac{p_0V_0}{\gamma-1},\ e_1=\frac{p_1V_1}{\gamma-1}$$

将 e_0 和 e_1 代入式（5-19）整理得

$$\frac{p_1}{p_0}=\frac{(\gamma+1)V_0-(\gamma-1)V_1}{(\gamma+1)V_1-(\gamma-1)V_0} \tag{5-21}$$

或者写成

$$\frac{\rho_1}{\rho_0}=\frac{(\gamma+1)p_1+(\gamma-1)p_0}{(\gamma+1)p_0+(\gamma-1)p_1} \tag{5-22}$$

式（5-21）称为理想气体的冲击波绝热方程或雨果尼奥方程。因为该方程是由理想气体状态方程求出的，因此它只适用于理想气体。

在进行冲击波参数的有关计算中，除了要知道它的状态方程以及初始条件外，还应知道有关的 γ 值，γ 值的大小取决于分子的结构和温度。在常温情况下，对于双原子的气体取 $\gamma=1.4$；对于三原子的气体取 $\gamma=1.33$。在很高的温度时，则取 γ 的极限值，例如对于双原子的气体，取 $\gamma=1.284$；对于具有线性分子结构的三原子气体（如 CO_2 等），取 $\gamma=1.152$；对于具有对称非线性分子结构的三原子气体（如 H_2O、H_2S 等），则取 $\gamma=1.165$。此外，在 $273\sim3\,000$ K 的温度范围内，空气（可把空气看作双原子的气体）的平均热容可以由下面的近似公式进行计算：

$$\overline{c_V}=4.8+4.5\times10^{-4}T \tag{5-23}$$

再根据 $\overline{c_p}=\overline{c_V}+R$ 和 $\gamma=\dfrac{\overline{c_p}}{\overline{c_V}}$ 计算出 γ 的数值。

[例] 已知一未扰动空气的初始参数为：$p_0=9.8\times10^4$ Pa，$\rho_0=1.25$ kg/m³，$u_0=0$。如果波阵面的超压 $\Delta p=9.8\times10^6$ Pa，试用冲击波的关系式计算冲击波的其他参数（假设气体为热容不变的理想气体）。

由于空气可以看成是双原子气体，因此取 $\gamma=1.4$。

将 p_0、ρ_0、T_0、c_0、u_0 和 Δp 代入冲击波有关的关系式中进行计算，得

$$\frac{\rho_1}{\rho_0}=\frac{(\gamma+1)p_1+(\gamma-1)p_0}{(\gamma+1)p_0+(\gamma-1)p_1}=\frac{(\gamma+1)(p_0+\Delta p)+(\gamma-1)p_0}{(\gamma+1)p_0+(\gamma-1)(p_0+\Delta p)}$$

$$= \frac{2.4 \times (9.8 \times 10^4 + 9.8 \times 10^6) + 0.4 \times 9.8 \times 10^4}{2.4 \times 9.8 \times 10^4 + 0.4 \times (9.8 \times 10^4 + 9.8 \times 10^6)} = 5.67$$

$$\rho_1 = 5.67 \rho_0 = 5.67 \times 1.25 = 7.09 \ (\text{kg/m}^3)$$

$$V_0 = \frac{1}{\rho_0} = \frac{1}{1.25} = 0.80 \ (\text{m}^3/\text{kg})$$

$$V_1 = \frac{1}{\rho_1} = \frac{1}{7.09} = 0.14 \ (\text{m}^3/\text{kg})$$

$$u_1 = u_1 - u_0 = \sqrt{(p_1 - p_0)(V_0 - V_1)} = \sqrt{\Delta p (V_0 - V_1)}$$

$$= \sqrt{9.8 \times 10^6 \times (0.80 - 0.14)} = 2\,543 \ (\text{m/s})$$

$$v_D = v_D - u_0 = V_0 \sqrt{\frac{p_1 - p_0}{V_0 - V_1}} = V_0 \sqrt{\frac{\Delta p}{V_0 - V_1}}$$

$$= 0.80 \sqrt{\frac{9.8 \times 10^6}{0.80 - 0.14}} = 3\,082 \ (\text{m/s})$$

$$T_1 = \frac{p_1 V_1}{p_0 V_0} T_0 = \frac{(9.8 \times 10^4 + 9.8 \times 10^6) \times 0.14}{9.8 \times 10^4 \times 0.80} = 5\,090 \ (\text{K})$$

5.2.4　冲击波的性质

（1）冲击波波阵面上已扰动介质的状态参数主要与冲击波波速有关。

（2）冲击波相对于未扰动介质是超声速的，即 $v_D - u_0 > c_0$；相对于已扰动的介质是亚声速的，即 $v_D - u_1 < c_1$。

（3）冲击波速度大于介质的移动速度，且与介质的运动方向相同。

（4）冲击波衰减最终变为声波。

（5）冲击波的冲击压缩过程是熵增大过程。

（6）极强冲击波波阵面上，已扰动介质的密度取决于波阵面上的温度。

证明一：冲击波波阵面上已扰动介质的状态参数主要与冲击波波速有关。

证　根据等熵过程中声速的表达式（5-9）以及理想气体定律可以得到

$$c = \sqrt{\gamma p V}$$

即

$$c^2 = \gamma p V$$

由于

$$e = \frac{p V}{\gamma - 1}$$

因此

$$e_1 - e_0 = \frac{p_1 V_1}{\gamma - 1} - \frac{p_0 V_0}{\gamma - 1} = \frac{1}{2}(p_0 + p_1)(V_0 - V_1)$$

$$p_1 V_1 - p_0 V_0 = \frac{1}{2}(\gamma - 1)(p_0 + p_1)(V_0 - V_1)$$

得

$$(p_1 - p_0)(V_0 + V_1) = \gamma(p_1 + p_0)(V_0 - V_1) \tag{5-24}$$

由式（5-13）得

$$p_1-p_0=\rho_0 v_D u_1=\frac{v_D u_1}{V_0}$$

所以有

$$\frac{v_D u_1}{V_0}(V_0+V_1)=\gamma(p_1+p_0)(V_0-V_1)$$

整理后得

$$\gamma(p_1+p_0)=v_D u_1\frac{V_0+V_1}{V_0-V_1} \tag{5-25}$$

按式（5-18）和式（5-11）

$$v_D=V_0\sqrt{\frac{p_1-p_0}{V_0-V_1}}$$

$$\rho_0 v_D=\rho_1(v_D-u_1)$$

所以

$$v_D+(v_D-u_1)=V_0\sqrt{\frac{p_1-p_0}{V_0-V_1}}+V_1\sqrt{\frac{p_1-p_0}{V_0-V_1}}$$

$$2v_D-u_1=(V_0+V_1)\sqrt{\frac{p_1-p_0}{V_0-V_1}}$$

故

$$2v_D-u_1=\frac{V_0+V_1}{V_0-V_1}\sqrt{(p_1-p_0)(V_0-V_1)}$$

将式（5-17）代入

$$u_1=(p_1-p_0)(V_0-V_1)$$

相除后整理得

$$\frac{2v_D-u_1}{u_1}=\frac{V_0+V_1}{V_0-V_1}$$

再代入式（5-25）得

$$\gamma(p_1+p_0)V_0=2v_D^2-v_D u_1$$

将 $c_0^2=\gamma p_0 V_0$ 代入上式整理得

$$2c_0^2+\gamma(p_1-p_0)V_0=2v_D^2-v_D u_1$$

由于 $p_1-p_0=\frac{v_D u_1}{V_0}$，则

$$2c_0^2+\gamma v_D u_1=2v_D^2-v_D u_1$$

因此

$$u_1=\frac{2v_D}{\gamma+1}\left(1-\frac{c_0^2}{v_D^2}\right) \tag{5-26}$$

$$p_1 - p_0 = \rho_0 v_D u_1 = \frac{2\rho_0 v_D^2}{\gamma + 1}\left(1 - \frac{c_0^2}{v_D^2}\right) \tag{5-27}$$

又因为

$$\frac{u_1}{v_D} = \frac{\sqrt{(p_1 - p_0)(V_0 - V_1)}}{V_0\sqrt{\dfrac{p_1 - p_0}{V_0 - V_1}}} = \frac{V_0 - V_1}{V_0}$$

所以

$$\frac{V_0 - V_1}{V_0} = \frac{2}{\gamma + 1}\left(1 - \frac{c_0^2}{v_D^2}\right)$$

性质得证。

证明二：冲击波相对于未扰动介质是超声速的，即 $v_D - u_0 > c_0$；相对于已扰动的介质是亚声速的，即 $v_D - u_1 < c_1$。

证　由冲击波基本关系式：

$$v_D - u_0 = V_0\sqrt{\frac{p_1 - p_0}{V_0 - V_1}}$$

$$v_D - u_0 = \sqrt{\frac{(p_1 - p_0)V_0^2}{V_0 - V_1}} > \sqrt{(p_1 - p_0)V_0}$$

$$c_0 = \sqrt{\gamma p_0 V_0}$$

因为

$$p_1 \geqslant p_0, \gamma = 1.2 \sim 1.5$$

所以

$$(p_1 - p_0) > \gamma p_0$$

$$\sqrt{(p_1 - p_0)V_0} > \sqrt{\gamma p_0 V_0} = c_0$$

所以

$$v_D - u_0 > c_0$$

$$v_D - u_1 = V_1\sqrt{\frac{p_1 - p_0}{V_0 - V_1}} = \sqrt{\frac{V_1(p_1 - p_0)V_1}{V_0 - V_1}}$$

$$c_1 = \sqrt{\gamma p_1 V_1}$$

因为

$$\frac{V_1}{V_0 - V_1} < 1 < \gamma$$

$$(p_1 - p_0)V_1 < p_1 V_1$$

所以

$$v_D - u_1 < \sqrt{\gamma p_1 V_1} = c_1$$

所以

$$v_D - u_1 < c_1$$

性质得证。

证明三：冲击波的速度大于介质的移动速度，而且与介质的运动方向相同。

证

$$u_1 = \frac{2v_D}{\gamma + 1}\left(1 - \frac{c_0^2}{v_D^2}\right)$$

因为

$$v_D > c_0$$

所以
$$1-\frac{c_0^2}{v_D^2}>0$$

因为 $\gamma>1$，故
$$\frac{2}{\gamma+1}>0$$

所以，v_D 与 u_1 同号，即介质的运动方向与冲击波方向相同。

又因为 $\gamma>1$，故
$$0<\frac{2}{\gamma+1}<1$$
$$v_D>c_0$$

故
$$0<1-\frac{c_0^2}{v_D^2}<1$$

所以 $v_D>u_1$，即介质的移动速度小于冲击波速度。

性质得证。

证明四：冲击波衰减最终变为声波。

证 冲击波衰减到一定程度
$$p_1-p_0=\Delta p\to dp$$
$$V_0-V_1=-\Delta V\to-dV$$

于是 $v_D=V_0\sqrt{\dfrac{p_0-p_1}{V_0-V_1}}$ 可写成 $v_D=V_0\sqrt{-\dfrac{dp}{dV}}$。

又因为 $e_1-e_0=\dfrac{1}{2}(p_1+p_0)(V_0-V_1)$ 可写成 $de=-pdV$，且
$$Tds=de+pdV=0$$

所以
$$ds=0$$

所以
$$v_D=V_0\sqrt{-\left(\frac{dp}{dV}\right)_s}=c_0$$

即冲击波最终的传播速度衰减成声波。

性质得证。

证明五：冲击波的冲击压缩过程是熵增大过程。

证 按照熵值公式，冲击波波前气体状态的熵值为
$$S_0=R\ln\frac{T_0^{\frac{\gamma}{\gamma+1}}}{p_0}+S^*$$

冲击波波后气体状态的熵值为
$$S_1=R\ln\frac{T_1^{\frac{\gamma}{\gamma+1}}}{p1}+S^*$$

式中 S^*——量度熵值的起始值。

波后气体状态的熵值减去波前气体状态的熵值：

$$S_1 - S_0 = R \ln \left[\left(\frac{T_1}{T_0} \right)^{\frac{\gamma}{\gamma-1}} \frac{p_0}{p_1} \right]$$

由状态方程：

$$\frac{T_1}{T_0} = \frac{p_1}{p_0} \frac{\rho_0}{\rho_1}$$

所以

$$S_1 - S_0 = \frac{R}{\gamma-1} \ln \left[\frac{p_1}{p_0} \left(\frac{\rho_0}{\rho_1} \right)^{\gamma} \right]$$

对于一定初始状态 (p_0, ρ_0)，以不同的过程变化到同样的密度 ρ_1，对应于冲击压缩过程的压强为 $p_{1冲}$，对应于等熵过程的压强为 $p_{1等熵}$，$p_{1冲} > p_{1等熵}$。

因为等熵时，

$$\frac{p_{1等熵}}{p_0} \left(\frac{\rho_0}{\rho_1} \right)^{\gamma} = 1$$

所以对于冲击压缩过程

$$\frac{p_{1冲}}{p_0} \left(\frac{\rho_0}{\rho_1} \right)^{\gamma} > 1$$

所以

$$\ln \frac{p_{1冲}}{p_0} \left(\frac{\rho_0}{\rho_1} \right)^{\gamma} > 0$$

所以

$$S_1 > S_0$$

即冲击波过后，气体状态的熵值是增加的。

性质得证。

证明六：极强冲击波波阵面上已扰动介质的密度取决于波阵面上的温度。

证　对于极强冲击波，$v_D \gg c_0$，$p_1 \gg p_0$。

因为

$$\frac{V_0 - V_1}{V_0} = \frac{2}{\gamma+1} \left(1 - \frac{c_0^2}{v_D^2} \right) \approx \frac{2}{\gamma+1}$$

所以

$$\frac{\rho_1}{\rho_0} = \frac{\gamma+1}{\gamma-1}$$

由此可见，在极强的冲击波中，介质密度不随波的强度增大，而是达到由 k 决定的极限值，因为 γ 是随温度变化的，而当气体受到突然的冲击压缩时，温度随压力增高的程度比一般绝热过程中温度上升要显著得多，故 γ 值要发生变化，从而引起波阵面上气体密度极限值的变化，因此 $\dfrac{\rho_1}{\rho_0}$ 的值最终取决于波阵面上的温度。

5.2.5　冲击波的波速线和绝热线

由前面推导得出的冲击波关系式有

$$v_D - u_0 = V_0 \sqrt{\frac{p_1 - p_0}{V_0 - V_1}}$$

$$\frac{p_1}{p_0} = \frac{(\gamma+1)V_0 - (\gamma-1)V_1}{(\gamma+1)V_1 - (\gamma-1)V_0}$$

以 p 为纵坐标，V 为横坐标，在平面上分别作图得一直线即冲击波波速线，一曲线即冲击波绝热线。

1. 冲击波波速线

$$p_1 - p_0 = \frac{(v_D - u_0)^2}{V_0^2}(V_0 - V_1)$$

当 v_D、u_0、V_0 一定时，上式以 V_1 为自变量，以 p_1 为因变量的直线方程在 $p-V$ 图上表示一条过点 $A(p_0, V_0)$，斜率为 $-\dfrac{(v_D - u_0)^2}{V_0^2}$ 的直线，如图 5.6 所示。

直线斜率 $\tan\alpha = -\dfrac{(v_D - u_0)^2}{V_0^2}$ 不同，对应冲击波传播速度 v_D 也不同：$\tan\alpha$ 越大，v_D 值也越大，图中 $\alpha_1 < \alpha < \alpha_2$，则 $v_{D1} < v_D < v_{D2}$，所以通过介质初态 $A(p_0, V_0)$ 的不同斜率的直线与不同的冲击波波速相对应，称为冲击波波速线，或称为瑞利（Rayleich）线，或称为米海尔逊线。

从物理学的角度来说，波速线就是 $p-V$ 平面上，从某一初态 (p_0, V_0) 出发，以固定波速 v_D 传播的所有终点的轨迹；或者说波速线是以同一波速 v_D 的冲击波传过初态 (p_0, V_0) 相同的不同介质时，所达到的终态点的轨迹。

2. 冲击波绝热线

$$\frac{p_1}{p_0} = \frac{(\gamma+1)V_0 - (\gamma-1)V_1}{(\gamma+1)V_1 - (\gamma-1)V_0}$$

在 $p-V$ 图上表示以介质初态 $A(p_0, V_0)$ 为始发点，凹向 p 轴和 V 轴的曲线称为冲击波绝热线，如图 5.7 所示。线上的每一点表示不同波速的冲击波通过同一初态 $A(p_0, V_0)$ 的介质后所可能达到的最终状态，它不是表示压缩所经过的过程曲线，而只表示冲击压缩时终点状态的曲线，如介质由点 $A(p_0, V_0)$ 受到冲压压缩时，介质状态不是连续地通过线上各点到达点 $B(p_1, V_1)$，而是突跃地由点 A 压缩到点 B。冲击波绝热线又称为雨果尼奥曲线。

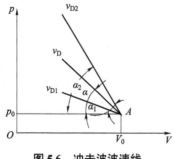

图 5.6 冲击波波速线

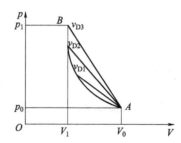

图 5.7 冲击波绝热线

5.3　爆轰波基本理论

5.3.1　爆轰波 C-J 理论

爆轰波是一种伴有化学反应的冲击波，由于爆轰波在炸药中传播时得到了炸药本身起化学反应时所放出的能量，因此可以抵消它在传播过程中所损失的能量，保证整个过程的稳定性，直到全部炸药反应结束为止。爆轰就是指炸药这种稳定的爆炸现象。但是炸药发生爆轰时的化学反应主要是在一薄层内迅速完成的，所生成的可燃性气体则在该薄层内转变成最终的产物。因此，对爆轰过程来说，化学反应起到了外加能源的作用，也可以认为爆轰过程是一个输入化学反应能量的强间断面的流体力学过程，这样就可以利用流体力学和热力学的有关理论对爆轰过程进行理论分析。Chapman 和 Jouguet 提出了一个简单而又令人信服的理论，即爆轰波 C-J 理论。利用 C-J 理论可以预测有关气体的爆轰波参数。

1. C-J 理论的假设

（1）流动是理想的、一维的，不考虑介质的黏性、扩散、传热以及流动的湍流等性质。

（2）爆轰波波阵面是平面，其波阵面的厚度可忽略不计，它只是压力、质点速度、温度等参数发生突跃变化的强间断面。

（3）在波阵面内的化学反应是瞬间完成的，其反应速率为无限大，且反应产物处于热力学平衡状态。

（4）爆轰波波阵面的参数是定常的。

因此，可以认为爆轰波是一种含有化学反应能量支持的冲击波。

2. 爆轰波的基本关系式

爆轰波是带有化学反应的冲击波，其完整的爆轰波波阵面包括前沿的冲击波和后面的化学反应区，且以恒速沿爆炸物进行传播，如果取速度 v_D 向爆轰传播方向运动为坐标系，则反应区在该坐标系中是相对静止的，如图 5.8 所示。

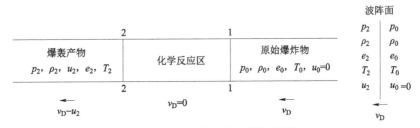

图 5.8　理想爆轰波的波阵面示意图

1—1 面称为前沿冲击波波阵面，2—2 面称为爆轰波波阵面。2—2 面的状态参数称为炸药的爆轰参数。按照 C-J 理论假设，1—1 面和 2—2 面重合，两面之间厚度忽略不计。讨论爆轰波的基本关系式，即建立炸药的初始参数 $(p_0, \rho_0, T_0, u_0, e_0)$ 与爆轰参数 $(p_2, \rho_2, T_2, u_2, e_2)$ 之间的关系，不考虑前沿冲击波波阵面上上一级化学反应区内状态的变化，v_D 是稳定的爆轰传播速度，也是化学反应区移动的速度。

由质量守恒定律得

$$\rho_0 v_D = \rho_2 (v_D - u_2) \tag{5-28}$$

由动量守恒定律得

$$p_2 - p_0 = \rho_0 v_D u_2 \tag{5-29}$$

由能量守定律得

$$-\rho_0 v_D \left(e_0 + \frac{v_D^2}{2} \right) + \rho_2 (v_D - u_2) \left[e_2 - Q_V + \frac{(v_D - u_2)^2}{2} \right] = p_0 v_D - p_2 (v_D - u_2) \tag{5-30}$$

Q_V 表示爆轰化学反应区所释放的能量，在 C–J 理论中，不考虑化学反应过程，即不考虑化学反应动力学问题，认为热量瞬间放出，只考虑原始炸药和最终反应产物的状态。

由式（5–28）得

$$u_2 = \frac{\rho_2 - \rho_0}{\rho_2} v_D \tag{5-31}$$

将式（5–31）代入式（5–29）得

$$v_D = V_0 \sqrt{\frac{p_2 - p_0}{V_0 - V_2}} \tag{5-32}$$

式（5–32）即爆轰波的波速线，或称爆轰波米海尔逊线。

将式（5–32）代入式（5–31）得

$$u_2 = (V_0 - V_2) \sqrt{\frac{p_2 - p_0}{V_0 - V_2}} = \sqrt{(p_2 - p_0)(V_0 - V_2)} \tag{5-33}$$

将式（5–30）整理后得

$$e_2 - e_0 = \frac{1}{2}(p_2 + p_0)(V_0 - V_2) + Q_V \tag{5-34}$$

式（5–34）即爆轰波的绝热线或称爆轰波的雨果尼奥方程。

3. 爆轰波波速线与绝热线

根据能量守恒定律，已经得到了下面的公式：

$$e_2 - e_0 = \frac{1}{2}(p_2 + p_0)(V_0 - V_2) + Q_V$$

即爆轰波的雨果尼奥方程。在 p–V 图上可以作出相应的爆轰波雨果尼奥曲线，如图 5.9 所示。

从图 5.9 上可以看出，当初始状态 $A(p_0, V_0)$ 一定时，由于在爆轰波传播过程中有化学反应能量的释放，因此爆轰波的绝热线是不通过点 $A(p_0, V_0)$ 的，而是高于原始炸药的冲击波曲线。β 为未反应物质的质量分数。当 $\beta=1$ 时，相当于未反应时波的传播过程，此时 $Q_V=0$；当 $\beta=0$ 时，相当于反应终了波阵面 Q_V 的爆轰能量支持的波的传播过程。

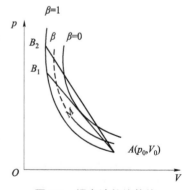

图 5.9 爆轰波的绝热线

根据式（5–32）可以变换得到

$$p_2 - p_0 = \frac{v_D^2}{V_0^2}(V_0 - V_2) \tag{5-35}$$

式（5–35）称为米海尔逊方程，如果在爆轰波绝热线上作 p–V 图，可以根据不同的 v_D

作出相应的直线 AB_1 和直线 AB_2，如图 5.9 这些直线称为米海尔逊直线或波速线。

需要指出的是，并不是爆轰波雨果尼奥曲线上的所有曲线线段都与其爆轰过程相对应，它所代表的只是爆轰反应刚结束时生成物所处的状态。如果从初始点 $A(p_0, V_0)$ 作等压线和等容线，两线分别与雨果尼奥曲线相交于 D 点和 B 点，且过点 $A(p_0, V_0)$ 作雨果尼奥曲线的两条切线分别切于 M 点和 E 点，这样雨果尼奥曲线就被分割成五部分，如图 5.10 所示。

图 5.10 中，在曲线 CB 段，由于 $p_2 > p_0$，$V_2 < V_0$，根据式（5–32）和式（5–33）可以得出，v_D 和 u_1 大于零，这说明 CB 段上的各点符合爆轰过程的特点，该段称为爆轰段，其中 CM 段曲线的斜率较大，称为强爆轰段，MB 段曲线的斜率较小，称为弱爆轰段，M 点称为 C–J 点。

在曲线 BD 段，由于 $p_2 > p_0$，$V_2 > V_0$，根据式（5–32）得出 v_D 为虚数，这就说明 BD 段不与任何实际的稳定过程对应。

在曲线 DF 段，由于 $p_2 > p_0$，$V_2 > V_0$，根据式（5–32）和式（5–33）得出 $v_D > 0$，$u_2 < 0$，这说明该曲线段上的各点符合燃烧过程的特征，且燃烧产物的运动方向与波阵面的运动方向相反，因此 DF 段相当于燃烧过程。同样的道理，DE 段 $p_2 - p_0$ 的负压值小，称为弱燃烧段；EF 段 $p_2 - p_0$ 的负压值大，称为强燃烧段。E 点称为 C–J 燃烧点，C–J 燃烧过程的特点是燃烧过程是稳定传播的。

通过上面的分析已经知道，对于给定的初始状态 $A(p_0, V_0)$ 和以一定速度稳定传播的爆轰波来说，根据质量守恒定律和动量守恒定律的要求，其爆轰产物的状态应该沿波速线变化；根据能量守恒的要求，爆轰波反应产物的状态必须在雨果尼奥曲线的爆轰段上。因此，爆轰产物的状态应该是由爆轰波的波速线绝热曲线的相交点或相切点所确定的状态，如图 5.10 中的 K、L 或 M 各点。但是，对于恒定爆轰速度 v_D，只有一个状态适合于爆轰产物实际的稳定过程，即爆轰稳定传播的条件。

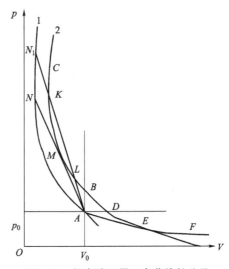

图 5.10　爆轰波雨果尼奥曲线的分段
1—冲击波雨果尼奥曲线；2—爆轰波雨果尼奥曲线

4. 爆轰波稳定传播条件

对于爆轰稳定传播的条件，Chapman 和 Jouguet 都进行了深入的理论研究并提出了自己的结论。

Chapman 提出的稳定传播条件是：实际的爆轰是对应于所有可能稳定传播的速度中最小的速度。该条件的数学表达式为

$$-\left(\frac{\mathrm{d}p}{\mathrm{d}V}\right)_{曲线2} = \frac{p_2 - p_0}{V_0 - V_2} \tag{5-36}$$

Jouguet 提出的稳定传播条件是：爆轰波相对于爆轰产物的传播速度等于爆轰产物的声速，即

$$v_D - u_2 = c_2 \tag{5-37}$$

如果综合 Chapman 和 Jouguet 提出的条件，则可以得出相同的结论：爆轰波若能稳定传播，其爆轰反应终了产物的状态应与波速线和爆轰波雨果尼奥曲线相切点 M 的状态相对应，否则，爆轰波在自由传播过程中是不可能稳定的。因此，切点 M 的状态就是爆轰波稳定传播时反应终了产物的状态，又称 C–J 状态，其重要特点是，在该点膨胀波（或稀疏波）的传播速度恰好等于爆轰波向前推进的速度。所以爆轰波后面的稀疏波就不能传入爆轰波反应区之中，反应区内所释放出来的能量不会有损失，全部被用来支持爆轰波的稳定传播。

5.3.2 爆轰参数计算

假设爆轰波通过前后的介质均遵守理想气体定律，且气体的比热容与温度、气体的组成无关，原始的爆炸物和爆轰产物的多方指数均相等，则 $\gamma_1=\gamma_2=\gamma$，$u_0=0$。

$$e_0=c_V T_0=\frac{p_0 V_0}{\gamma-1} \tag{5-38}$$

$$e_2=c_V T_2=\frac{p_2 V_2}{\gamma-1} \tag{5-39}$$

因此

$$e_2-e_0=\frac{p_2 V_2}{\gamma-1}-\frac{p_0 V_0}{\gamma-1}=\frac{1}{2}(p_2+p_0)(V_0-V_2)+Q_V \tag{5-40}$$

根据理想气体的等熵方程

$$pV^\gamma=A \tag{5-41}$$

由 C–J 条件得到

$$\frac{p_2-p_0}{V_0-V_2}=-\left(\frac{\mathrm{d}p}{\mathrm{d}V}\right)_{\mathrm{S.M}} \tag{5-42}$$

因此有

$$\frac{p_2-p_0}{V_0-V_2}=-\left(\frac{\mathrm{d}p}{\mathrm{d}V}\right)=\gamma\frac{p_2}{V_2} \tag{5-43}$$

同时，气体爆炸物又符合理想气体状态方程

$$p_2 V_2=RT_2 \tag{5-44}$$

因此，气体爆轰的参数方程组如下：

$$
\left.
\begin{aligned}
v_{\mathrm{D}}&=V_0\sqrt{\frac{p_2-p_0}{V_0-V_2}} &&(1)\\[4pt]
u_2&=(V_0-V_2)\sqrt{\frac{p_2-p_0}{V_0-V_2}} &&(2)\\[4pt]
\frac{p_2 V_2}{\gamma-1}-\frac{p_0 V_0}{\gamma-1}&=\frac{1}{2}(p_2+p_0)(V_0-V_2)+Q_V &&(3)\\[4pt]
\frac{p_2-p_0}{V_0-V_2}&=\gamma\frac{p_2}{V_2} &&(4)\\[4pt]
p_2 V_2&=RT_2 &&(5)
\end{aligned}
\right\}
\qquad(\mathrm{I})
$$

由方程组（Ⅰ）中式（4）得

$$\frac{V_0}{V_2}=\frac{\gamma+1}{\gamma}-\frac{p_0}{\gamma p_2} \tag{5-45}$$

由方程组（Ⅰ）中式（1）和式（5-45）得

$$p_2=\frac{1}{\gamma+1}\left(\frac{v_D^2}{V_0}+p_0\right) \tag{5-46}$$

将式（5-45）、式（5-46）以及 $\gamma p_0 V_0=c_0^2$ 代入方程组（Ⅰ）中式（3）并进行整理得

$$v_D^4+2c_0^2 v_D^2+c_0^2-2(\gamma^2-1)Q_V v_D^2=0$$

解上面方程得

$$v_D=\sqrt{\frac{\gamma^2-1}{2}Q_V+c_0^2}+\sqrt{\frac{\gamma^2-1}{2}Q_V} \tag{5-47}$$

由方程组（Ⅰ）中式（1）和式（4）得

$$V_2=\gamma\frac{V_0^2}{v_D^2}p_2$$

将式（5-46）代入上式得

$$V_2=\frac{\gamma}{\gamma+1}\left(V_0+\frac{p_0 V_0^2}{v_D^2}\right)=\frac{V_0}{\gamma+1}\left(\gamma+\frac{c_0^2}{v_D^2}\right) \tag{5-48}$$

将式（5-46）和式（5-48）代入方程组（Ⅰ）中式（5）得

$$T_2=\frac{1}{R}p_2 V_2=\frac{1}{R}\cdot\frac{1}{\gamma+1}\left(\frac{v_D^2}{V_0}+p_0\right)\cdot\frac{V_0}{\gamma+1}\left(\gamma+\frac{c_0^2}{v_D^2}\right)$$

$$=\frac{(\gamma v_D^2+c_0^2)^2}{\gamma(\gamma+1)^2 R v_D^2} \tag{5-49}$$

将式（5-46）和式（5-48）代入方程组（Ⅰ）中式（2）得

$$u_2=\sqrt{(p_2-p_0)(V_0-V_2)}$$

$$=\sqrt{\left[\frac{1}{\gamma+1}\left(\frac{v_D^2}{V_0}+p_0\right)-p_0\right]\left[V_0-\frac{V_0}{\gamma+1}\left(\gamma+\frac{c_0^2}{v_D^2}\right)\right]}$$

$$=\frac{v_D^2-c_0^2}{(\gamma+1)V_D} \tag{5-50}$$

因此，气体炸药爆轰参数的计算式为

$$p_2 = \frac{1}{\gamma+1}\left(\frac{v_D^2}{V_0} + p_0\right) \qquad (1)$$

$$V_2 = \frac{V_0}{\gamma+1}\left(\gamma + \frac{c_0^2}{v_D^2}\right) \qquad (2)$$

$$T_2 = \frac{(\gamma v_D^2 + c_0^2)^2}{\gamma(\gamma+1)^2 R v_D^2} \qquad (3) \qquad (\text{II})$$

$$u_2 = \frac{v_D^2 - c_0^2}{(\gamma+1)v_D} \qquad (4)$$

$$v_D = \sqrt{\frac{\gamma^2-1}{2}Q_V + c_0^2} + \sqrt{\frac{\gamma^2-1}{2}Q_V} \qquad (5)$$

如果原始气体的压力 p_0 与 C–J 爆轰面上的压力 p_2 相比可以忽略不计，$v_D \gg c_0$，则气体爆轰参数的计算可以大大简化：

$$p_2 = \frac{1}{\gamma+1}\rho_0 v_D^2 \qquad (1)$$

$$V_2 = \frac{\gamma V_0}{\gamma+1} \qquad (2)$$

$$T_2 = \frac{\gamma v_D^2}{(\gamma+1)^2 R} \qquad (3) \qquad (\text{III})$$

$$u_2 = \frac{v_D}{\gamma+1} \qquad (4)$$

$$v_D = \sqrt{2(\gamma^2-1)Q_V} \qquad (5)$$

利用简化后的方程组（Ⅲ），再作一定的变换，可以得到其他的方程式。

将方程组（Ⅲ）中式（2）和式（3）以及 $R=c_p-c_V=\gamma c_V-c_V=(\gamma-1)c_V$ 代入 $p_2 V_2=R T_2$ 中得到

$$T_2 = \frac{p_2 V_2}{R} = \frac{2(\gamma-1)\rho_0 Q_V \cdot \dfrac{\gamma V_0}{\gamma+1}}{(\gamma-1)c_V}$$

$$= \frac{2\gamma}{\gamma+1} \cdot \frac{Q_V}{c_V} = \frac{2\gamma}{\gamma+1}T_d \qquad (5-51)$$

式中　T_d——混合气体按爆热计算的爆炸温度。

由于

$$Q_V = c_V T = \frac{pV}{\gamma-1} = \frac{1}{\gamma-1} \cdot nRT_d$$

$$= \frac{nR}{\gamma-1}\frac{\gamma+1}{2\gamma}T_2 = \frac{(\gamma+1)nR}{2\gamma(\gamma-1)}T_2$$

所以

$$v_D = \sqrt{2(\gamma^2-1)Q_V} = \sqrt{2(\gamma^2-1)\frac{(\gamma+1)nR}{2\gamma(\gamma-1)}T_1}$$

$$=\frac{\gamma+1}{\gamma}\sqrt{\gamma nRT_2}=\frac{\gamma+1}{\gamma}\sqrt{\frac{8\,314}{M_r}\gamma T_2} \tag{5-52}$$

式中　M_r——爆轰产物的平均相对分子质量。

应用上面有关公式可以很方便地计算出混合气体的爆轰参数。

对于一些混合气体在爆轰波波阵面上的爆轰参数，柔格计算的结果如表 5.1 所示。

表 5.1　部分爆炸气体混合物的爆轰参数

气体混合物	T_2/K	V_0/V_2	p_2/p_0	$v_D/$ (m·s^{-1})	
				计算值	实测值
$2H_2+O_2$	3 960	1.88	17.5	2 630	2 819
CH_4+2O_2	4 080	1.90	27.4	2 220	2 257
$2C_2H_2+5O_2$	5 570	1.84	54.4	3 090	2 961
（$2H_2+O_2$）$+5O_2$	2 600	1.79	14.4	1 690	1 700

虽然当时 Jouguet 在计算时所用气体的热容 c_V 与温度关系的数据不太精确，但是可以看出计算得到的爆速 v_D 值与实测值具有较好的一致性。

［例］甲烷和空气的混合物爆轰参数计算。

如果不考虑爆轰产物的离解，其爆轰的反应方程式如下：

$$CH_4+2O_2+8N_2=CO_2+2H_2O+8N_2+901.72\ kJ$$

根据爆炸产物的平均热容计算爆温。

对于 CO_2：

$$\overline{c_{V_{CO_2}}}=37.66+24.27\times10^{-4}t$$

对于 H_2O：

$$\overline{c_{V_{H_2O}}}=2\times(16.74+89.96\times10^{-4})=33.84+179.92\times10^{-4}t$$

对于 N_2：

$$\overline{c_{V_{N_2}}}=8\times(20.08+18.83\times10^{-4})=160.64+150.64\times10^{-4}t$$

$$\sum\overline{c_{V,}}=\overline{c_{V_{CO_2}}}+\overline{c_{V_{H_2O}}}+\overline{c_{V_{N_2}}}$$

$$=231.78+354.83\times10^{-4}t$$

$$t=\frac{-a+\sqrt{a^2+4bQ_V}}{2b}$$

$$=\frac{-231.78+\sqrt{231.78^2+4\times354.83\times10^{-4}\times901.72\times10^3}}{2\times354.83\times10^{-4}}$$

$$=2\,741\ （℃）$$

$$T_d=t+273=3\,014\ （K）$$

$$\sum c_V=231.78+354.83\times10^{-4}\times2\,741$$

$$=329.0 \ [J/ \ (K \cdot mol)]$$

$$\therefore \sum c_p = \sum c_V + nR = 329.0 + 11 \times 8.31 = 420.4 \ [J/ \ (K \cdot mol)]$$

$$\gamma = \frac{\sum c_p}{\sum c_V} = \frac{420.4}{329.0} = 1.28$$

故爆温为

$$T_2 = \frac{2\gamma}{\gamma+1} T_d = \frac{2 \times 1.28}{1.28+1} \times 3\,014 = 3\,384 \ (K)$$

爆轰产物的平均相对分子质量为

$$M_r = \frac{1 \times 44 + 2 \times 18 + 8 \times 28}{11} = 27.6$$

爆速为

$$v_D = \frac{\gamma+1}{\gamma} \sqrt{\frac{8\,314}{M_r} \gamma T_1}$$

$$= \frac{1.28+1}{1.28} \sqrt{\frac{8\,314}{27.6} \times 1.28 \times 3\,384} = 2\,034 \ (m/s)$$

爆轰产物质点的运动速度为

$$u_2 = \frac{v_D}{\gamma+1} = \frac{2\,034}{1.28+1} = 892.2 \ (m/s)$$

由于在上面的计算过程中运用了卡斯特的热容公式计算 c_V，再加上没有考虑爆轰产物的离解，因此计算得到的数值比实验测得的数值偏高。

5.3.3　爆轰波的基本性质

（1）C–J 点 M 是爆轰波雨果尼奥曲线（爆轰波绝热线）、瑞利线（爆轰波波速线）和过该点等熵线的公切点（参见图 5.10），即

$$-\left(\frac{dp}{dv}\right)_{H_2,M} = \left(\frac{p_2-p_0}{V_0-V_2}\right)_{R,M} = -\left(\frac{dp}{dv}\right)_{S_2,M}$$

（2）C–J 点是爆轰波雨果尼奥曲线上熵值最小的点，即

$$\begin{cases} \left(\dfrac{ds}{dV}\right)_{H_2} = 0 \\ s_{H_2} = s_{H_{min}} \end{cases}$$

（3）C–J 点是过该点瑞利线上熵值最大的点，即

$$\begin{cases} \left(\dfrac{ds}{dV}\right)_{R_2} = 0 \\ s_{R_2} = s_{R_{max}} \end{cases}$$

（4）C–J 点处爆轰波相对于爆轰产物的传播速度等于爆轰产物中的声速，即

$$v_D - u_2 = c_2$$

（5）爆轰波相对于波前质点的速度为超声速，即 $v_D-u_0 > c_0$；爆轰波相对于波后质点的速度在强爆轰时为亚声速，即 $v_D-u_2 < c_2$，而在弱爆轰时为超声速的，即 $v_D-u_2 > c_2$。

（6）爆轰波绝热曲线高于冲击波绝热曲线。

5.3.4 爆轰波的 ZND 模型

1. 问题的提出

按照 C-J 理论，把爆轰波当作一个包含化学反应的强间断面，不考虑爆轰波中化学反应区的结构。这个模型理论不仅使一个极其复杂的爆轰过程得到大大简化，而且实验证明，在处理一些具体的爆轰问题时，运用 C-J 理论能得到比较满意的结果。但是，爆轰毕竟是有化学反应的过程，不可能瞬间完成，必然有一个由原始炸药变成爆轰反应产物的化学反应区。这个反应区的宽度，对于某些炸药还相当宽，一般猛炸药反应区宽度在毫米数量级。鉴于这种情况，苏联的 Zeldovich、美国的 von Neumann 和德国的 Doring 在 20 世纪 40 年代分别独立地提出了所谓的 ZND 模型：将爆轰波看作由一个前沿冲击波和随后的一个化学反应区构成，未反应的炸药首先在冲击波作用下达到高温、高密度状态，而后开始以有限速率进行化学反应，经过一个连续的化学反应区，变成最终的爆轰产物，如图 5.11 所示。

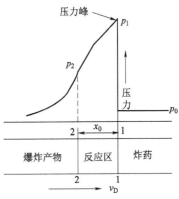

图 5.11 爆轰波的 ZND 模型

2. ZND 模型的基本假定

（1）流动是一维的。

（2）爆轰波前沿是一个无化学反应的冲击波，忽略输运效应，冲击波为跳跃间断，波后是一连续的、不可逆的、以有限速率进行的化学反应区。

（3）在化学反应区内，介质质点都处于局部的热动平衡，只是尚未达到化学平衡。

ZND 模型的实质是把爆轰波波阵面看成由冲击波加有限宽度的化学反应区构成的，由于忽略热传导、辐射、扩散、黏性等因素，仍把引导冲击波作为间断面处理。这样做是合理的，因为介质达到力学平衡的弛豫时间要比达到化学平衡的弛豫时间短得多；又由于忽略输运效应，所以冲击波波阵面宽度与化学反应区的宽度相比可以忽略。

3. 反应区的基本方程组

（1）质量守恒

$$\rho_0(v_D-u_0)=\rho(v_D-u)$$

（2）动量守恒

$$p-p_0=\rho_0(v_D-u_0)(u-u_0)$$

（3）能量守恒

$$e(p, V, \alpha)+pV+\frac{(v_D-u)^2}{2}=e(p_0, V_0, 0)+p_0V_0+\frac{(v_D-u_0)^2}{2}$$

式中 α ——化学反应分数。

若反应区中有 l 个化学反应，那么化学反应分数 α 应满足 l 个反应速率方程，即

$$\alpha=\alpha(\alpha_1, \alpha_2, \cdots, \alpha_l)$$

$$\frac{d\alpha_j}{d\tau} = r_j(p, V, \alpha) \quad (j=1, 2, \cdots, l)$$

式中 r_j——第 j 个化学反应分数 α_j 所对应的反应速率。

由此得下列方程组：

$$\left.\begin{array}{rl} u-u_0=\sqrt{(p-p_0)(V_0-V)} & (1) \\[2mm] v_D-u_0=V_0\sqrt{\dfrac{p-p_0}{V_0-V}} \ \text{或} \ v_D-u=V\sqrt{\dfrac{p-p_0}{V_0-V}} & (2) \\[3mm] e(p, V, \alpha)-e(p_0, V_0, 0)=\dfrac{1}{2}(p+p_0)(V_0-V) & (3) \\[2mm] e=e(p, V, \alpha) & (4) \\[2mm] \dfrac{d\alpha_j}{d\tau}=\gamma_j(p, V, \alpha) \quad (j=1, 2, \cdots, l) & (5) \\[3mm] T=T(p, V, \alpha) & (6) \\[2mm] \dfrac{dx}{d\tau}=v_D-u & (7) \end{array}\right\} \quad (\text{IV})$$

在方程组（Ⅳ）中，有 p, V（或 ρ），u, T, e 和 x 6 个未知量及 $\alpha_1, \alpha_2, \cdots, \alpha_l$ l 个未知量，又恰好组成（6+l）个方程，只要提供活性气体的初始参数、爆速 v_D 以及 $e(p, V, \alpha)$，$\gamma_j(p, V, \alpha)$，$T(p, V, \alpha)$ 函数形式，解此方程组就可得到这（6+l）个未知量的值。于是，反应区内的流动就可确定了。

不难看出，如果把微元左端控制面 x—x 取作反应区终态 2—2 面，且不考虑化学反应的具体过程，则 α 只有一个分量：初态，$\alpha=0$；终态，$\alpha=1$。那么方程组（Ⅳ）简化为

$$\left.\begin{array}{rl} u_2-u_0=\sqrt{(p_2-p_0)(V_0-V_2)} & (1) \\[2mm] v_D-u_0=V_0\sqrt{\dfrac{p_2-p_0}{V_0-V_2}} & (2) \\[3mm] e(p_2, V_2, 1)-e(p_0, V_0, 0)=\dfrac{1}{2}(p_2+p_0)(V_0-V_2) & (3) \\[2mm] v_D-u_2=c_2 & (4) \\[2mm] p=p(V, T) & (5) \end{array}\right\} \quad (\text{V})$$

这实际就是按照 C-J 理论建立的爆轰波定型传播的基本方程组（Ⅰ）。

由方程组（Ⅳ）可见，给定一组反应速率 $\{\gamma_j\}$，就可确定一个反应分数 α；在 p-V 平面上，就可画出一条 Jouguet 曲线。这条曲线称为冻结 Jouguet 曲线或部分反应的 Jouguet 曲线；而 $\alpha=0$ 对应的 Jouguet 曲线称为冲击波绝热曲线；$\alpha=1$ 的 Jouguet 曲线称为完全反应的 Jouguet 曲线，或平衡 Jouguet 曲线。

例如，对于只存在 1 个化学反应时，$a=\alpha$

$$\begin{cases} pV=RT \\[2mm] e=\dfrac{pV}{\gamma-1}-\alpha Q_v \end{cases}$$

则反应区中 Jouguet 曲线的方程为

$$\frac{pV}{\gamma-1} - \alpha Q_V - \frac{p_0 V_0}{\gamma-1} = \frac{1}{2}(p + p_0)(V_0 - V)$$

令

$$\mu^2 = \frac{\gamma-1}{\gamma+1}$$

则上述方程化简为

$$\left(\frac{p}{p_0} + \mu^2\right)\left(\frac{V}{V_0} - \mu^2\right) = 1 - \mu^4 + \frac{2\alpha Q_V}{p_0 V_0}\mu^2$$

当 $\gamma=1.2$，$Q_V=50RT_0$ 时，与不同 α 值相对应的冻结 Jouguet 曲线簇如图 5.12 所示。

在方程组（Ⅳ）中，式（2）所确定的波速线与冻结 Jouguet 曲线交点的 p、V 值确定了反应区中的状态。波速线与冻结 Jouguet 曲线相切的点称为冻结 C–J 点，或称为冻结声速点，如图 5.13 中的 c_f。它将冻结 Jouguet 曲线分为两个分支，上分支为冻结亚声速分支（强爆轰分支），下分支为冻结超声速分支（弱爆轰分支）。冻结声速点的轨迹称为声迹线。显然，它的右边是冻结超声速区，左边是冻结亚声速区。

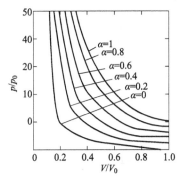

图 5.12　冻结 Jouguet 曲线簇

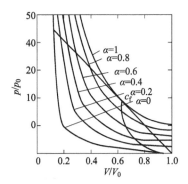

图 5.13　冻结声迹线

4. ZND 模型应用举例

上面用 ZND 模型建立了爆轰波定常结构的方程组，原则上可以求出反应区中各个参数的时空分布以及反应区的宽度（x_0）。但是，对于实际的爆轰过程，反应速率函数一般比较复杂，甚至难以确定，对此方程组往往只能作数值解。这里只举最简单的例子来说明 ZND 模型的用法和意义。

已知，某活性气体的反应速率方程为

$$\begin{cases} \dfrac{d\alpha}{d\tau} = \gamma = 2\sqrt{1-\alpha} \\ \text{当} t = 0 \text{时，} a = 0, \ t \text{以微秒计} \end{cases}$$

活性气体和产物的比内能函数为

$$e = \frac{pV}{\gamma-1} - \alpha Q_V$$

求：当爆轰波以爆速 v_D 定常传播时，反应区中 $p, \rho(V), u$ 的时空分布以及反应区宽度 x_0。

解：按照 ZND 模型，在题设条件下，反应区内定型流动的方程组为

$$u=\sqrt{p(V_0-V)} \qquad (1)$$

$$v_D=V_0\sqrt{\frac{p}{V_0-V}} \qquad (2)$$

$$\frac{pV}{\gamma-1}-\alpha Q_V=\frac{1}{2}p(V_0-V) \qquad (3) \qquad (\text{VI})$$

$$\frac{\mathrm{d}\alpha}{\mathrm{d}\tau}=2\sqrt{1-\alpha} \qquad (4)$$

$$\frac{\mathrm{d}x}{\mathrm{d}\tau}=v_D-u \qquad (5)$$

由式（4）作定积分得

$$\tau=\int_0^\tau \mathrm{d}\tau=\int_0^\tau \frac{\mathrm{d}\alpha}{\sqrt{1-\alpha}}=1-\sqrt{1-\alpha}$$

所以
$$\alpha=1-(1-\tau)^2 \qquad (6)$$

由式（2）得
$$p=\frac{v_D^2}{V_0^2}(V_0-V) \qquad (2')$$

由式（3）得
$$p[(\gamma+1)V-(\gamma-1)V_0]=2(\gamma-1)\alpha Q_V \qquad (3')$$

将式（2'）代入式（3'），整理得

$$(\gamma+1)V^2-2\gamma V_0V+(\gamma-1)V_0^2\left(1+\frac{2\alpha Q_V}{v_D^2}\right)=0$$

解方程得

$$V=\frac{\gamma V_0}{\gamma+1}\left[1-\frac{1}{\gamma}\sqrt{1-\frac{2(\gamma^2-1)\alpha Q_V}{v_D^2}}\right]$$

因为 $v_D^2=2(\gamma^2-1)Q_V$，利用式（6），所以

$$V=\frac{\gamma V_0}{\gamma+1}\left(1-\frac{\sqrt{1-\alpha}}{\gamma}\right)=\frac{\gamma V_0}{\gamma+1}\left(1-\frac{1-\tau}{\gamma}\right) \qquad (7)$$

$$\rho=\frac{\gamma+1}{\gamma}\rho_0\left(1-\frac{1-\tau}{\gamma}\right)^{-1} \qquad (8)$$

将式（7）代入式（2'），得

$$p=\frac{\rho_0 v_D^2}{\gamma+1}(2-\tau) \qquad (9)$$

按照质量守恒

$$\frac{v_D-u}{V}=\frac{v_D}{V_0}$$

$$u=v_D-\frac{v_D V}{V_0}$$

将式（7）代入上式，得

$$u=\frac{v_D}{\gamma+1}(\alpha-\tau) \tag{10}$$

将式（10）代入式（5），得

$$\frac{\mathrm{d}x}{\mathrm{d}\tau}=\frac{v_D}{\gamma+1}(\gamma-1+\tau)$$

所以

$$x=\int_0^x \mathrm{d}x=\int_0^\tau \frac{v_D}{\gamma+1}(\gamma-1+\tau)\mathrm{d}\tau$$

$$=\frac{v_D}{\gamma+1}\left[(\gamma-1)\tau+\frac{\tau^2}{2}\right] \tag{11}$$

由式（6）～式（11）就可求出反应区参数的时空分布。当 ρ_0=1.714 g/cm³，v_D=8.045 mm/μs，γ=2.77 时，反应区参数的时空分布如表 5.2 所示。

表 5.2　某气体爆轰反应区参数的时空分布

$e=\dfrac{pV}{\gamma-1}-\alpha Q_V$；$\dfrac{\mathrm{d}\alpha}{\mathrm{d}\tau}=2\sqrt{1-\alpha}$（$\tau$=0 时，$\alpha$=0）；$\rho_0$=1.714 g/cm³；$v_D$=8.045 mm/μs，$\gamma$=2.77

τ/μs	α	x/mm	p/GPa	V/(cm³·g⁻¹)	ρ/(g·cm⁻³)	u/(mm·μs⁻¹)	c/(mm·μs⁻¹)
0	0	0	58.85	0.274	3.651	4.268	6.682
0.1	0.19	0.388	55.91	0.289	3.456	4.055	6.695
0.2	0.36	0.798	52.96	0.305	3.280	3.841	6.688
0.3	0.51	1.229	50.02	0.320	3.112	3.628	6.662
0.4	0.64	1.682	47.08	0.336	2.978	3.414	6.618
0.5	0.75	2.115	44.14	0.351	2.847	3.201	6.551
0.6	0.84	2.650	41.20	0.367	2.726	2.988	6.469
0.7	0.91	3.167	38.25	0.382	2.616	2.774	6.364
0.8	0.96	3.705	35.31	0.398	2.515	2.561	6.237
0.9	0.99	4.263	32.37	0.413	2.420	2.347	6.287
1.0	1.00	4.844	29.43	0.429	2.333	2.134	5.911

由表 5.2 中的数据看出，当 τ=1 时，α=1，反应区参数值恰好对应于 C–J 面爆轰值，其 x 值即反应区宽度 x_0，即

$$\begin{cases} V_2 = \dfrac{\gamma V_0}{\gamma+1} \\[2mm] p_2 = \dfrac{\gamma+1}{\gamma}\rho_0 \\[2mm] p_2 = \dfrac{\rho_0 v_{\mathrm{D}}^2}{\gamma+1} \\[2mm] u_2 = \dfrac{v_{\mathrm{D}}}{\gamma+1} \\[2mm] x_0 = \dfrac{v_{\mathrm{D}}}{\gamma+1}\left(\gamma-\dfrac{1}{2}\right) \end{cases}$$

而当 $\tau=0$ 时，$\alpha=0$，对应于冲击波波阵面参数为

$$\begin{cases} V_1 = \dfrac{\gamma-1}{\gamma}V \\[2mm] \rho_1 = \dfrac{\gamma}{\gamma-1}\rho \\[2mm] p_1 = 2p \\[1mm] u_1 = 2u \\[1mm] x = 0 \end{cases}$$

可见，气体受到冲击波压缩后，从 (p_0, V_0) 状态突跃到 (p_1, V_1) 状态，然后沿着 R 线出现高速化学反应，其压力逐渐下降，比容逐渐增加，直至 C–J 点状态 (p_2, V_2) 为止。

5.4　凝聚相炸药的爆轰机理

爆轰波 C–J 理论和 ZND 模型都是以理想状态为前提条件的。C–J 理论是理想地假设爆轰反应速度为无限大，爆轰波波阵面很薄，且对反应区的厚度不予考虑，此外还未考虑反应区内所发生的化学反应历程；ZND 模型也是理想地假设反应区内所发生的化学过程是均匀的，没有具体地考虑爆轰反应的机理。因此，它们都不能完全地解释爆轰波沿爆炸物（尤其是凝聚相炸药）传播过程中所出现的各种复杂现象。

一般凝聚相炸药发生爆轰时，爆轰波中化学反应的速度很快，在受到前沿冲击波的冲击压缩作用下，从反应开始到反应完成的时间为 $10^{-8} \sim 10^{-6}$ s，但是，由于炸药的化学组成以及装药的物理状态不同，造成爆轰波化学反应的机理不同。根据大量的实验研究，归纳出三种类型的凝聚相炸药爆轰反应机理：整体反应机理、表面反应机理和混合反应机理。

5.4.1　整体反应机理

整体反应机理又称均匀灼烧机理，它是指炸药在强冲击波的作用下，爆轰波波阵面的炸药受到强烈的绝热压缩，使受压缩炸药的温度均匀地升高，如同气体绝热压缩一样，化学反应是在反应区的整个体积内进行的。对于结构很均匀的固体炸药（如单质炸药）以及无气泡和无杂质的均匀液体炸药，它们在爆轰过程中所发生的高速化学反应机理是整体反应机理。

依靠冲击波的压缩使压缩层炸药的温度均匀地升高而发生的整体反应，需要在较高的温度下才能进行，一般情况下应达到 1 000 ℃ 左右。对于凝聚相炸药，由于压缩性较差，在受到绝热压缩时其温度的升高往往不明显，因此必须在较强的冲击波作用下才能引起整体反应。此外，凝聚相炸药随着密度的增大，其压缩性变差，这就需要更强的冲击波才能引起整体反应，而与之相对应的爆速也较高。例如，硝化甘油炸药在高速爆轰时，其冲击波压缩下炸药的薄层温度达到 1 000 ℃ 以上，在这样高的温度下，硝化甘油被激发并发生剧烈的反应，并且在 $10^{-7} \sim 10^{-6}$ s 的时间内完成化学反应，其爆轰波的传播速度达到 6 000～8 000 m/s。因此，在按照整体反应机理进行的爆轰反应中，炸药的爆速可达到 6 000～9 000 m/s，其爆轰波波阵面上的压力高达 104 MPa，在冲击波的压缩下，炸药薄层的温度可突升至 1 000 ℃ 左右。

5.4.2　表面反应机理

表面反应机理又称为不均匀的灼烧机理，它是指自身结构不均匀的炸药，如松散多空隙的固体粉状炸药、晶体炸药和由这些粒状炸药压制成的炸药药柱，以及含有大量气泡或杂质的液体炸药或胶质炸药等，在冲击波的作用下受到冲击波强烈压缩时，整个压缩层炸药的温度并不是均匀地升高并发生灼烧，而是个别点的温度升得很高，形成"起爆中心"或"热点"，并先在"热点"处发生化学反应，然后再传到整个炸药层。也就是说，化学反应首先是在炸药颗粒的表面以及炸药层中含有气泡的周围形成"起爆中心"处进行的，因此这种反应机理称作表面反应机理。对于一些爆速为 4 000 m/s 的中等爆速炸药以及爆速为 2 000 m/s 或更低的炸药，它们在受到冲击波压缩时所发生的爆轰反应机理也属于表面反应机理。

在表面反应机理中，"起爆中心"形成的途径主要有以下三种，它们均已被实验所证实：

（1）炸药中含有的微小气泡（气体或蒸气）在受到冲击波压缩作用时的绝热压缩。

（2）由于冲击波经过时炸药的质点间或薄层间的运动速度不同而发生摩擦或变形。

（3）爆炸气体产物渗透到炸药颗粒间的空隙中而使炸药颗粒表面加热。

按表面反应机理的爆轰反应所需要的冲击波强度虽然比按整体反应机理时所需的冲击波强度低得多，但为了能激起炸药的快速反应，也必须给予一定强度的冲击波对其进行作用，这主要是为了既使炸药颗粒的表面达到一定的温度，同时又使炸药颗粒的内部也达到一定的温度。

例如，有人曾经对不含气泡的均匀硝基甲烷液体炸药进行起爆，实验表明需要 8.5×10^3 MPa 以上的冲击波压力才能使其实现爆轰；而以含有直径大于 0.6 mm 的气泡作为"起爆中心"的硝基甲烷，只需要很小的冲击压力即可实现爆轰。对于硝化甘油，气泡作为"起爆中心"的作用则更加明显。

5.4.3　混合反应机理

混合反应机理是物性不均匀的混合炸药，尤其是固体混合炸药所特有的一种爆炸反应机理。其特点是，反应不是在炸药的化学反应区整个体积内进行的，而是在一些分界面上进行的。

按照混合反应机理爆轰反应的炸药，其组成可以分为两类。一类是由几种单质炸药组成的混合炸药，它们在发生爆轰时首先是各组分的炸药自身进行反应，放出大量的热，然后是各反应产物相互混合并进一步反应生成最终产物。在这种情况下，爆轰反应主要取决于各组分中的自身反应，因此这类炸药的爆轰反应规律与单质炸药的相同，其爆轰传播速度是组成混合炸药的各单质炸药爆速的算术平均值。严格地说，这类炸药的混合机理是不明显的。另一类是反应能力相差悬殊的混合炸药，特别是由氧化剂和可燃剂或者由炸药与非炸药成分组成的混合炸药。它们在爆轰时，首先是氧化剂或炸药分解，分解产生的气体产物渗透或扩散到其他组分质点的表面并与之反应，或者是几种不同组分的分解产物之间相互反应。如硝铵炸药就是按这种方式进行化学反应的，其机理是硝铵炸药中的硝酸铵首先分解生成氧化剂 NO：

$$2NH_4NO_3 \longrightarrow 4H_2O+N_2+2NO+122.1 \text{ kJ}$$

然后 NO 与混合炸药中的其他可燃剂进行氧化反应并放出绝大部分的化学能。

对于按混合机理进行化学反应的炸药，其爆轰过程受各组分颗粒度的大小以及混合均匀程度的影响很大。各组分越细，混合均匀度越高，则越有利于反应的进行；反之，颗粒度越大，混合越不均匀，则越不利于化学反应的扩展，也会使爆速下降。此外，装药的密度过大，会使炸药各组分间的空隙变小，不利于各组分气体产物的渗透、扩散和混合，反应速度将下降。

综上所述，凝聚相炸药的爆轰反应可以按照炸药的化学组成以及物理结构的不同分为整体反应机理、表面反应机理和混合反应机理，并相应地得到解释。应该注意的是，凝聚相炸药的爆轰反应并不都是严格按照上述三种反应机理中的某一种机理进行的，而往往是两种机理共同作用的结果，如绝大多数工业混合炸药以及由氧化剂和可燃剂、富氧成分或缺氧成分组成的混合物等就是如此。

5.5　凝聚相炸药爆轰参数的计算

5.5.1　爆轰产物的状态方程

在研究气态爆轰过程的基础上建立起来的 C–J 理论以及爆轰波传播的 ZND 模型，对于凝聚相炸药的爆轰具有一定的适用性，由于在凝聚相炸药爆轰时仍然存在着 C–J 条件，因此可以将气相爆轰的流体动力学理论用于研究凝聚相炸药的爆轰过程，并以此建立凝聚相炸药的爆轰参数方程，即

$$v_D = V_0 \sqrt{\frac{p_2 - p_0}{V_0 - V_2}} \qquad (1)$$

$$u_2 = (V_0 - V_2) \sqrt{\frac{p_2 - p_0}{V_0 - V_2}} \qquad (2)$$

$$e_2 - e_0 = \frac{1}{2}(p_2 + p_0)(V_0 - V_2) + Q_V \qquad (3)$$

$$v_D = u_2 + c_2 \text{ 或 } \frac{p_2 - p_0}{V_0 - V_2} = -\left(\frac{\partial p}{\partial V}\right)_{S,M} \qquad (4)$$

$$p = p(\rho, T) \qquad (5)$$

$$(\text{V})$$

但是，由于凝聚相炸药的密度以及爆压均比气体炸药的大得多，它们的爆轰参数差别也很大，只考虑理想气体状态方程以及范德华方程来描述爆轰产物的状态显然是不合适的，必

须建立相应的能正确描述的热力学状态方程，才能满足研究凝聚相炸药爆轰过程的需要。

爆轰产物的状态方程是压力、密度以及温度的复杂函数，在高温和高压情况下很难用实验方法直接确定其状态方程。国内外许多学者在大量深入研究的基础上，建立了一些近似的模型，提出了许多经验和半经验的状态方程，应用这些方程计算出的结果在较大程度上与实验结果是相符合的。因此，它们对凝聚相炸药爆轰过程的研究具有一定的价值，本节主要介绍几种具有代表性的状态方程。

1. 阿贝尔（Abel）余容状态方程式

在凝聚相炸药爆轰过程中，如果考虑分子自身的容积，作为实际气体，则可以运用阿贝尔余容状态方程式计算：

$$p(V-\alpha)=nRT \tag{5-53}$$

或者

$$p=\rho nRT/(1-\alpha\rho) \tag{5-54}$$

式中　α——余容；

n——气体产物平均相对分子质量的倒数，即 $n=\dfrac{1}{M_n}$；

R——气体常数。

大量的实验已经表明，应用阿贝尔余容状态方程式对高密度真实气体爆轰参数计算出的结果与实测值是比较接近的。此外，研究还表明，阿贝尔余容状态方程式只适用于计算较低密度下的凝聚相炸药，特别是当炸药密度小于 0.5 g/cm³ 时，计算值与实验结果相当一致。这是因为低密度装药时，装药密度对爆速的影响较小，但当炸药的密度较大时，由于装药密度对爆速的影响较大，这时的余容就不能再作为常数了，若仍用阿贝尔余容状态方程式计算，则必然与实测值相差很大。对于军用炸药，由于它们的密度较大，都在 1.65 g/cm³ 以上，这样，阿贝尔余容状态方程式在这类炸药上的应用就受到了限制。

为此，人们对阿贝尔余容状态方程进行修正，提供了两种形式。

（1）取余容 α 为比容的函数

$$\alpha=\mathrm{e}^{-\frac{a}{V}}$$

则

$$p\left(V-\mathrm{e}^{-\frac{a}{V}}\right)=RT$$

式中　a——与炸药组成和性质有关的常数。

（2）取余容 α 为压力的函数

$$\alpha=b+cp+dp^2$$

则

$$pV=RT+bp+cp^2+dp^3$$

式中　b,c,d——与炸药组成和性质相关的常数。

将上述修正方程用于太安、吉纳、梯恩梯、黑索今等猛炸药爆轰参数的计算，其结果与实验数据的符合程度较好。

2. 泰勒–维里型展开式

在马克思维尔–博尔茨曼有关光滑球状分子的动力学理论和博尔茨曼有关密度的展开式的基础上，泰勒采用了维里状态方程式：

$$pV=nRT\left(1+\frac{b}{V}+0.625\frac{b^2}{V^2}+0.287\frac{b^3}{V^3}+0.193\frac{b^4}{V^4}\right) \tag{5-55}$$

或者

$$p=\rho nRT(1+b\rho+0.625b^2\rho^2+0.287b^3\rho^3+0.193b^4\rho^4) \tag{5-56}$$

该式是与变余容方程式相似的状态方程式，其中 b 等于分子体积与阿伏伽德罗常数乘积的 4 倍，称之为气体混合物的维里系数：

$$b=\sum n_ib_i \tag{5-57}$$

式中　n_i——第 i 种爆轰产物的物质的量；

　　　b_i——第 i 种产物的摩尔系数或第二维里系数。

高温条件下计算出的一些爆轰产物的第二维里系数如表 5.3 所示。

表 5.3　高温时爆轰产物的 b_i 值

气体名称	$b_i/$（$cm^3 \cdot mol^{-1}$）	气体名称	$b_i/$（$cm^3 \cdot mol^{-1}$）
氨	15.2	一氧化氮	37.0
二氧化碳（转动）	63.0	氮	34.0
二氧化碳（不转动）	37.0	一氧化二氮	63.9
一氧化碳	33.0	水蒸气	7.9
氢	14.0	甲烷	37.0
氧	35.0		

应用该方程式可以无须实验而方便地直接进行计算，但计算的结果误差较大，用该方程式计算太安、梯恩梯、黑索今和硝化甘油等炸药的爆轰参数，计算得到的爆速值与实测值相差约 15%。

3. BKW 状态方程式

该方程式首先是由贝克尔（Becker）在 1922 年提出来的，后来经过凯斯塔科夫斯基（Kistiak-owski）和威尔逊（Wilson）多次修正而确定，因此该方程式又称为 BKW 方程式。它是目前计算凝聚相炸药爆轰参数应用最广泛的状态方程，其出发点是将爆轰产物看成是非常稠密的气体来处理。

BKW 状态方程式如下：

$$\left.\begin{array}{l} pV_m=nRT(1+xe^{\beta x}) \\ x=K\sum x_ik_i/V_m(T+\theta)^\alpha \end{array}\right\} \tag{5-58}$$

式中　p——气体爆轰产物的压力；

　　　V_m——气体爆轰产物的摩尔体积；

　　　n——气体爆轰产物的物质的量；

　　　x_i——爆轰产物中第 i 种气体的质量分数；

　　　k_i——第 i 种爆轰产物的余容因子；

　　　α, β, θ——由经验确定的常数。

1963 年，曼德尔（Mader）根据 BKW 方程式对 30 多种含 C、H、O、N 元素的炸药的爆轰参数用电子计算机进行了计算，他根据实验数据在计算中选择了状态方程中的 α、β、θ、k 的值，并将参数 α、β、θ、k 分成两套，一套用来计算黑索今以及与黑索今相似的炸药的爆轰参数，其特点是爆轰产物中不生成或很少生成固体碳，称之为"适用于黑索今的参数"；另一套用来计算梯恩梯类型炸药的爆轰参数，其特点是爆轰产物中生成大量的固体碳，称之为"适用于梯恩梯的参数"。BKW 方程式中各参数及主要产物的余容如表 5.4 所示。

表 5.4　BKW 方程式中各参数及主要产物的余容

参数组	α	β	θ	K	产物余容/（$cm^3 \cdot g^{-1}$）							
					H_2O	CO_2	CO	N_2	NO	H_2	O_2	CH_4
适用于黑素今的参数	0.50	0.16	400	10.91	250	600	390	380	386	180	350	520
适用于梯恩梯的参数	0.50	0.958 5	400	12.68								

4. 兰道–斯达纽柯维奇方程式

该方程式是由兰道（Пандау）和斯达纽柯维奇（Станюкобич）提出来的。他们将凝聚相炸药的爆轰产物看成与固体结晶相似，其状态方程的一般形式为

$$p=\varphi(V)+f(V)T \tag{5-59}$$

式中　$\varphi(V)$——由于分子相互作用而产生的压力，它只与物质的密度 ρ 有关；

$\quad f(V)T$——与分子热运动和振动有关的压力。

对于理想气体，$\varphi(V)=0$，则

$$p=f(V)T=\frac{nR}{V}T \tag{5-60}$$

对于一般物质，当物质的分子十分靠近时，分子间既有引力作用，同时又有斥力作用，则

$$\varphi(V)=AV^{-\gamma}-BV^{-m} \tag{5-61}$$

式中　$AV^{-\gamma}$——斥力（弹性压力）；

$\quad BV^{-m}$——引力。

由于凝聚相炸药爆轰产物的密度很大，即分子间的距离 r 很小，因此引力项 BV^{-m} 的值可以忽略，故方程式（5–59）可写成下式：

$$p=AV^{-\gamma}+f(V)T \tag{5-62}$$

如果令函数 $f(V)=\dfrac{b}{V}T$，则状态方程式的最终形式为

$$p=AV^{-\gamma}+\frac{b}{V}T \tag{5-63}$$

式中　$\dfrac{b}{V}T$——爆轰产物分子热运动所产生的压力（热压强）；

$\quad A, b$——与炸药性质有关的常数；

$\quad \gamma$——多方绝热指数。

如果凝聚相炸药的初始密度 $\rho_0=1.0\sim1.6\ g/cm^3$，则爆轰压力中弹性压力是主要的，此时

的状态方程式可写成

$$p=AV^{-\gamma} \qquad (5-64)$$

即可近似地认为爆轰压力只取决于爆轰产物的比容或密度，而与温度无关，在低压范围 $\gamma=1.2\sim1.4$，在高压范围 $\gamma=3$。

5. LJD 方程式

该方程式是 1937 年由列纳德（Lennard）、琼斯（Jones）和迪冯斯勒（Devanshile）提出来的，因此又称之为 LJD 方程式。它是将爆轰产物的状态作为液体处理，这是介于稠密气体模型和固定模型之间的一种模型，其状态方程式如下：

$$\left(p+\frac{N_A^2 d}{V_m^2}\right)[V_m-0.781\,6(Nb)^{1/3}V_m^{2/3}]=RT \qquad (5-65)$$

式中　　V——摩尔体积；

　　　　N——阿伏伽德罗常数；

　　　　b——摩尔余容，为摩尔体积的 4 倍；

　　　　d——液体中一对相邻分子中心之间的平均距离。

从大量的实验研究结果中发现，应用这种模型建立起来的状态方程式对初始密度 $\rho_0 <$ 1.3 g/cm³ 的炸药的爆轰参数进行计算是适合的，但对于高密度炸药的爆轰参数进行计算的结果与实测值相差较大。

5.5.2　凝聚相炸药爆轰参数的计算

5.5.2.1　理论计算

对凝聚相炸药的爆轰参数进行计算，首先必须选定某个具体形式的状态方程，然后根据爆轰参数方程组中的五个方程式进行计算。计算采用尝试法（又称试差法），即先假定某一对参数值，通过一系列的计算后，将该假定值与已知条件中的给定值进行比较，如果两值相符，则用假定的参数值计算其他的未知参数值；如果两值不相符，则必须重新假定，再通过相应的计算和比较，直到计算值与已知条件中的给定值相符为止。具体步骤如下：

（1）根据炸药的初始密度 ρ_0 计算其爆轰产物的雨果尼奥方程：先假定一对参数 p、T 的值，根据已知的状态方程运用炸药热化学的有关方法确定爆轰产物的组成以及各组分的物质的量 n_i、爆热 Q_V 和内能 e。由于 e 包括热内能和弹性内能两部分，因而它可以表示为比容 V 和温度 T 的函数，$e=e(V,T)$，因此有

$$de=\left(\frac{\partial e}{\partial T}\right)_V dT+\left(\frac{\partial e}{\partial V}\right)_T dV=c_V dT+\left(\frac{\partial e}{\partial V}\right)_T dV \qquad (5-66)$$

根据热力学第一定律得到

$$de=Tds-pdV$$

因此

$$\left(\frac{\partial e}{\partial V}\right)_T=T\left(\frac{\partial s}{\partial V}\right)_T-p \qquad (5-67)$$

根据自由能函数的定义 $F=e-Ts$，微分得到

$$dF=de-Tds-sdT=-pdV-sdT \tag{5-68}$$

因此可以得到

$$\left(\frac{\partial F}{\partial V}\right)_T=-p$$

$$\left(\frac{\partial F}{\partial T}\right)_V=s$$

$$\left(\frac{\partial p}{\partial T}\right)_V=-\frac{\partial^2 F}{\partial V\partial T}=\left(\frac{\partial s}{\partial V}\right)_T$$

故有

$$\left(\frac{\partial e}{\partial V}\right)_T=T\left(\frac{\partial p}{\partial T}\right)_V-p \tag{5-69}$$

将式（5-69）代入式（5-66）得到

$$de=c_V dT+\left[T\left(\frac{\partial p}{\partial T}\right)_V-p\right]_T dV \tag{5-70}$$

积分得到

$$e_2=\int_{T_0}^{T_2}c_V dT+\int_{V_0}^{V_2}\left[T\left(\frac{\partial p}{\partial T}\right)_V-p\right]_T dV \tag{5-71}$$

式（5-71）右边的第一项为热内能，第二项为弹性内能。

$$\int_{T_0}^{T_2}c_V dT=\overline{c_V}(T_2-T_0)$$

$$=(T_2-T_0)\left(\sum_{i=1}^{m}n_i\overline{c_{V_i}}+nc\overline{c_{V_C}}\right) \tag{5-72}$$

式中　$\overline{c_{V_i}}$——气体爆轰产物第 i 组分的平均定容热容；

$\quad\quad\overline{c_{V_C}}$——产物中固体碳的平均定容热容；

$\quad\quad n_i$——第 i 种气态产物的物质的量；

$\quad\quad n_C$——固体碳的物质的量；

$\quad\quad m$——气态产物的种类数。

在爆轰产物状态方程已知的条件下，可以确定表达式 $T\left(\frac{\partial p}{\partial T}\right)_V-p$ 的具体形式，并进行具体的计算。

（2）确定爆轰产物的体积。根据炸药爆轰产物的组成，将生成的气态产物总物质的量代入状态方程便可以计算出气态产物的体积 $V_{\text{气}}$，由于每摩尔原子碳的比容为 $V_C=5.4\ \text{cm}^3/\text{mol}$，故产物的体积应为气态成分体积与固态成分体积之和，即

$$V_2=V_{\text{气}}+V_C=V_{\text{气}}+5.4n_C \tag{5-73}$$

（3）计算 V_0。如果忽略 e_0，将 e_2、Q_V 代入方程组（Ⅴ）中的式（3），就可以计算出 V_0：

$$V_0=\frac{2(e_2-Q_V)}{p_2}+V_2 \tag{5-74}$$

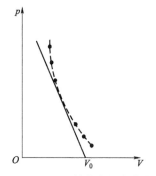

图 5.14　根据计算作出爆轰产物的雨果尼奥曲线并确定 C–J 点

●—计算点；虚线—计算点的连线，即产物的雨果尼奥曲线；斜直线—米海尔逊线

如果计算出的 V_0 值与给定炸药的初始密度 ρ_0 ($V_0 = \dfrac{M}{\rho_0}$，M 为炸药的相对分子质量) 不一致，则需要重新假定参数 p、T 的值，然后再按照上面的步骤重复进行计算，直到计算出的 V_0、ρ_0 值相符合为止。

（4）作图。按照上面的方法可以计算出一系列满足雨果尼奥方程的 p、V 值，并在 p–V 图上作出雨果尼奥曲线，如图 5.14 所示，以初始状态点 ($p_0=0$, V_0) 为起始点作雨果尼奥曲线的切线，得到满足方程组（V）中式（1）的 C–J 点。

（5）计算 v_D 和 u_{C-J}。根据 C–J 点对应的压力 p_{C-J} 和比容 V_{C-J}，计算爆轰波的爆速 v_D 和产物质点 u_{C-J}。

$$v_D = \frac{1}{\rho_0}\sqrt{\frac{p_{C-J}M}{V_0 - V_{C-J}}} \tag{5-75}$$

$$u_{C-J} = \sqrt{\frac{p_{C-J}(V_0 - V_{C-J})}{M}} \tag{5-76}$$

（6）求 c_{C-J}。应用 C–J 条件关系式 $v_D = u_{C-J} + c_{C-J}$，可求出 C–J 点所对应产物的声速 c_{C-J}。

（7）计算 T_{C-J} 和 e_{C-J}。将 p_{C-J}、c_{C-J} 代入状态方程中可计算出爆温 T_{C-J}，将 p_{C-J}、v_{C-J}、V_0 和 Q_V 代入方程组（V）中的式（3）可计算出相应爆轰产物的内能 e_{C-J}。

通过上面的计算，可以确定爆轰波的五个参数：p_{C-J}、v_{C-J}、u_{C-J}、T_{C-J} 和 e_{C-J}，但是由于计算过程相当复杂，因而一般均采用电子计算机进行计算，而在工程上通常采用近似计算法估算爆轰波的有关参数。

5.5.2.2　近似计算法

根据凝聚相炸药爆轰产物的固体模型理论，其状态方程如下：

$$p = AV^{-\gamma} + f(V)T$$

在实际常用的凝聚相炸药中，由于它们的密度 $\rho_0 > 1\ \text{g/cm}^3$，因此，爆轰产物中的弹性压力的影响较大，而热压强 $f(V)T$ 的影响较小，可忽略，因此上式可以写成：

$$p = AV^{-\gamma} = A\rho^{\gamma} \tag{5-77}$$

式（5-77）即凝聚相炸药爆轰产物的近似状态方程，由于它与 p、T 无关，故式（5-77）也是爆轰产物的等熵方程。

已知的 C–J 条件为

$$-\left(\frac{\partial p}{\partial V}\right)_s = \frac{p}{V_0 - V_2}$$

由式（5-77）求导数得

$$-\left(\frac{\partial p}{\partial V}\right)_s = \gamma AV_2^{-\gamma-1} = \gamma\frac{AV_2^{-\gamma}}{V_2} = \gamma\frac{p_2}{V_2}$$

因此有

$$\frac{p_2}{V_0 - V_2} = \gamma \frac{p_2}{V_2}$$

即

$$V_2 = \frac{\gamma}{\gamma + 1} V_0 \quad 或 \quad \rho_2 = \frac{\gamma}{\gamma + 1} \rho_0 \tag{5-78}$$

将式（5-78）代入方程组（Ⅴ）中的式（1）并忽略 p_0 得

$$p_2 = \frac{1}{\gamma + 1} \rho_0 v_D^2 \tag{5-79}$$

将式（5-78）、式（5-79）代入方程组（Ⅴ）中的式（2）得

$$u_2 = \frac{1}{\gamma + 1} v_D \tag{5-80}$$

由方程组（Ⅴ）中的式（4）得

$$c_2 = v_D - u_2 = \frac{\gamma}{\gamma + 1} v_D \tag{5-81}$$

根据热力学第一定律以及有关方程可以推导出凝聚相炸药爆速 v_D 的表达式如下：

$$v_D = \sqrt{2(\gamma^2 - 1)Q_V} \tag{5-82}$$

阿平等还提出了计算爆温的经验公式：

$$T_2 = 4.8 \times 10^{-8} p_2 V_2 (V_2 - 0.20) M_r \tag{5-83}$$

式中　T_2——C-J 面上产物的温度，K；

　　　p_2——C-J 面上的压强，Pa；

　　　V_2——C-J 面上的比容，cm^3/g；

　　　M_r——爆轰产物的平均相对分子质量。

（1）根据爆轰产物的组成确定 γ 值。

阿平和瓦斯卡包埃尼科夫指出，凝聚相炸药爆轰产物的多方绝热指数 γ 值可以用下式进行近似计算：

$$\frac{1}{\gamma} = \sum \frac{x_i}{\gamma_i} \tag{5-84}$$

式中　x_i——爆轰产物中第 i 成分的摩尔分数；

　　　γ_i——爆轰产物中第 i 成分的多方绝热指数。

凝聚相炸药各主要产物成分的多方绝热指数如下：$\gamma_{H_2O} = 1.9$，$\gamma_{CO_2} = 4.5$，$\gamma_{CO} = 2.85$，$\gamma_{O_2} = 2.45$，$\gamma_{N_2} = 3.7$，$\gamma_C = 3.35$。

爆轰产物的组成按 H_2O-CO-CO_2 型确定，即炸药中的氧首先使氢氧化成 H_2O，然后使碳氧化成 CO，剩余的氧再使 CO 氧化成 CO_2。

例如梯恩梯的爆轰产物组成如下：

$$C_7H_5O_6N_3 \longrightarrow 2.5H_2O + 3.5CO + 3.5C + 1.5N_2$$

则 γ 值为

$$\frac{1}{\gamma} = \frac{2.5}{11} \times \frac{1}{1.9} + \frac{3.5}{11} \times \frac{1}{2.85} + \frac{3.5}{11} \times \frac{1}{3.35} + \frac{1.5}{11} \times \frac{1}{3.7}$$

$$\gamma = 2.80$$

[例 1] 求装药密度 $\rho_0 = 1.80 \text{ g/cm}^3$，爆速 $v_D = 8\,830 \text{ m/s}$ 的黑索今的爆轰参数。

黑索今的爆轰反应方程式为

$$C_3H_6N_6O_6 \longrightarrow 3H_2O + 3CO + 3N_2$$

确定 γ 值：

$$\frac{1}{\gamma} = \sum \frac{x_i}{\gamma_i} = \frac{1}{9}\left(\frac{3}{1.9} + \frac{3}{2.85} + \frac{3}{3.7}\right)$$

$$\gamma = 2.60$$

确定 ρ_2：

$$\rho_2 = \frac{\gamma+1}{\gamma}\rho_0 = \frac{2.6+1}{2.6} \times 1.80 = 2.49 \quad (\text{g/cm}^3)$$

确定 p_2：

$$p_2 = \frac{1}{1+\gamma}\rho_0 v_D^2 = \frac{1}{2.6+1} \times 1\,800 \times 8\,830^2 = 3.9 \times 10^{10} \,(\text{Pa})$$

确定 u_2：

$$u_2 = \frac{1}{\gamma+1}v_D = \frac{1}{2.6+1} \times 8\,830 = 2\,470 \quad (\text{m/s})$$

确定 T_2：

$$T_2 = 4.8 \times 10^{-8}\frac{p_2}{\rho_2}\left(\frac{1}{\rho_2} - 0.20\right)M_r$$

$$= 4.8 \times 10^{-8} \times \frac{3.9 \times 10^{10}}{2.49}\left(\frac{1}{2.49} - 0.20\right) \times \frac{(18+28+28) \times 3}{9}$$

$$= 3\,738 \,(\text{K})$$

实验测得的结果为：$p_2 = 3.9 \times 1\,010 \text{ Pa}$，$T_2 = 3\,700 \text{ K}$，$u_2 = 2\,410 \text{ m/s}$，因此上述计算的结果与实测值是相当符合的。

（2）由 v_D 或 ρ_0 的实验值反推 γ 值。

由方程组（V）中的式（1）得到

$$p_2 = \rho_0^2 v_D^2\left(\frac{1}{\rho_0} - \frac{1}{\rho_2}\right) \tag{5-85}$$

根据对凝聚相炸药爆速 v_D 和装药密度 ρ_0 之间相互关系的大量研究可以得出如下关系：

$$v_D = b\rho_0^a \tag{5-86}$$

如果令 $\rho_0 = \dfrac{\rho_2}{h}$，则式（5-85）可写成

$$p_2 = b^2 \frac{h-1}{h^{2(a+1)}}\rho_2^{2a+1} \tag{5-87}$$

将式（5–87）与式（5–77）相比较可以得到

$$\left.\begin{array}{l} \gamma = 2a+1 \\ A = b^2 \dfrac{h-1}{h^{2(a+1)}} \end{array}\right\} \tag{5–88}$$

实验数据已经表明，一般凝聚相炸药的 a 值为 $0.65\sim1.00$，因此通过对 γ 值的计算可以计算出有关的爆轰参数。

5.5.3　利用 Kamlet 公式计算炸药的爆速与爆压

Kamlet 公式发表于 1967—1968 年，可用来计算 CHNO 系列的爆速和爆压。该公式也被称为康姆莱特公式，由于计算公式中以所提出的 N、$\overline{M}$、Q 值为基础，因此也叫作 $N-\overline{M}-Q$ 公式，它适用于装药密度大于 $1\ \mathrm{g/cm^3}$ 的情况。用 Kamlet 经验公式对多种密度的单质炸药和混合炸药的爆速值进行了计算，绝大部分的计算值与实验值的误差在 3%以内。说明 Kamlet 公式计算一般的 CHNO 系列炸药是比较精确的。但是，用于硝酸酯及叠氮化物两类炸药以及硝基胍、硝基氨基胍的爆速计算则会产生很大误差。另外，若用于含有其他元素的炸药，首先遇到的问题是爆轰产物的生产顺序，还有许多化合物生成热的计算值与实测值有很大差别，这对于设计一个新的化合物是不方便的。

5.5.3.1　Kamlet 公式与 N、$\overline{M}$、Q 值

Kamlet 根据 BKW Ruby 代码的计算结果，归纳出了计算 CHON 系列炸药爆速与爆压的简易经验公式。Ruby 代码的计算是建立在 Mader 的最新参数和余容因子的基础上的，在计算中所给的参数有装药密度 ρ_0、炸药的生成热 ΔH_f^0。用 Ruby 代码可算出爆轰反应的化学能 ΔE_0，即爆轰波头的能量改变量、每克炸药爆轰气体产物的总分子数和 C–J 密度 ρ_J 等，这就是与 Kamlet 的经验公式相关的理论基础。

Kamlet 认为可以简化某些参数的依赖关系，将爆轰性能仅仅归结在以下四个参数的关系上，即单位质量炸药爆轰气体的摩尔数、爆轰气体的平均摩尔质量、爆轰反应的化学能和装药密度，从而提出了计算爆压和爆速的 Kamlet 计算公式。

$$p = 1.558\rho_0^2\varphi \tag{5–89}$$

$$v_\mathrm{D} = 1.01\varphi^{\frac{1}{2}}(1+1.30\rho_0) \tag{5–90}$$

$$\varphi = 0.489N\overline{M}^{\frac{1}{2}}Q^{\frac{1}{2}} \tag{5–91}$$

式中　p——C–J 爆轰压力，GPa；

$\quad\ v_\mathrm{D}$——爆速，km/s；

$\quad\ \rho_0$——炸药的装药密度，$\mathrm{g/cm^3}$；

$\quad\ \varphi$——炸药的特性值；

$\quad\ N$——每克炸药气体爆轰产物的摩尔数，mol/g；

$\quad\ \overline{M}$——气体爆轰产物的平均摩尔质量，g/mol；

$\quad\ Q$——炸药的爆热，即单位质量的最大爆热值，J/g。

为了计算 N、$\overline{M}$、Q 值，Kamlet 对爆轰计算进行了分析，并作出了一些假定。他认为炸

药爆轰时，爆轰产物的组分取决于以下两个化学反应的平衡：

$$2CO \rightleftharpoons CO_2 + C + 172.5\,kJ \tag{5-92}$$

$$H_2 + CO \rightleftharpoons H_2O + C + 131.5\,kJ \tag{5-93}$$

在较高的装药密度下，认为上述两个化学平衡都向右移动，并规定爆轰产物的组成以最大放热原则计算：氧首先与氢反应生成水，剩余的氧再与碳反应生成二氧化碳。多余的氧以氧分子存在。如有多余的碳，则形成固态碳。$C_aH_bO_cN_d$ 炸药的 N、$\overline{M}$、Q 值的计算可分为以下三种情况。

（1）当 $c \geq 2a + \dfrac{b}{2}$ 时，爆炸反应方程式为

$$C_aH_bO_cN_d \longrightarrow \frac{1}{2}dN_2 + \frac{1}{2}bH_2O + \frac{1}{2}\left(c - \frac{1}{2}b - 2a\right)O_2$$

炸药的摩尔质量为

$$M = 12a + b + 16c + 14d$$

$$N = \frac{1}{4M}(b + 2c + 2d)$$

$$\overline{M} = \frac{4M}{b + 2c + 2d}$$

$$Q = \frac{28.9b + 94.1a - 0.239\Delta H_f^0}{M} \times 4.184 \times 10^3$$

式中　ΔH_f^0——炸药的生成热，kJ/mol。

（2）当 $2a + \dfrac{b}{2} > c \geq \dfrac{b}{2}$ 时，爆炸反应方程式为

$$C_aH_bO_cN_d \longrightarrow \frac{1}{2}dN_2 + \frac{1}{2}bH_2O + \frac{1}{2}\left(c - \frac{1}{2}b\right)CO_2 + \left[a - \frac{1}{2}\left(c - \frac{1}{2}b\right)\right]C$$

炸药的摩尔质量为

$$M = 12a + b + 16c + 14d$$

$$N = \frac{1}{4M}(b + 2c + 2d)$$

$$\overline{M} = \frac{56d + 88c - 8b}{b + 2c + 2d}$$

$$Q = \frac{28.9b + 94.1\left(\dfrac{c}{2} - \dfrac{b}{4}\right) - 0.239\Delta H_f^0}{M} \times 4.184 \times 10^3$$

（3）当 $\dfrac{b}{2} > c$ 时，爆炸反应方程式为

$$C_aH_bO_cN_d \longrightarrow \frac{1}{2}dN_2 + cH_2O + \frac{1}{2}(b - 2c)H_2 + aC$$

炸药的摩尔质量为

$$M = 12a + b + 16c + 14d$$

$$N = \frac{1}{2M}(b + d)$$

$$\overline{M} = \frac{2b + 32c + 28d}{b + d}$$

$$Q = \frac{57.8c - 0.239\Delta H_f^0}{M} \times 4.184 \times 10^3$$

部分反应产物的生成热数据如表 5.5 所示。

表 5.5　部分反应产物的生成热数据

物质	相对分子质量	相态	生成热/ (kcal[①] · mol⁻¹)	生成热/ (kJ · mol⁻¹)
C	12.011	气	−171.3	−716.72
C	12.011	固	0	0
CO	28.011	气	26.4	11.046
CO_2	44.011	气	94.1	393.71
HF	20.008	气	64.8	271.12
H_2O	18.016	气	57.8	241.84
H_2O	18.016	液	68.3	285.77
Al_2O_3	85.96	气	94.6	395.97
Al_2O_3	85.96	固	400.4	1 675.27
CH_4	16.043	气	17.89	74.85
HCl	36.465	气	22.06	92.31

5.5.3.2　φ 值与缓冲平衡

炸药的特性值 φ 是 N、$\overline{M}$、Q 值的函数，φ 值的计算应该与 Kamlet 初始的假设有关，即化学平衡式（5-92）和式（5-93）是向右进行的，爆轰产物是水和二氧化碳，也称之为 $H_2O - CO_2$ 规则。但是根据 BKW 状态方程式的 Ruby 代码计算，平衡式（5-93）始终向右进行，而平衡式（5-92）只有在装药密度大于 1.7 g/cm³ 时，才以向右为主。按照 Le-Chatelier 的原理，这时爆轰产物产生的高压是有利于这两个平衡向右移动的，并放出能量。

实际上除了式（5-92）和式（5-93）平衡反应外，还存在其他的平衡反应，因而，就会引起 N、$\overline{M}$、Q 值的变化。根据 Kamlet 的研究，N、$\overline{M}$、Q 值并不是孤立的，三者之间有关联。N 值增大，同时带来了 $\overline{M}$、Q 值的减小；反之，N 值的减小却引起 $\overline{M}$、Q 值的增大。这样，在不同的情况下，三者的数值都有变化，但是 φ 值计算所带来的相互影响却可以相互抵消。这样所计算出的 φ 值较为恒定，变化很小，而由 φ 值进一步计算得到的爆速和爆压变

---

① 1 kcal=4.184 kJ。

化也是很小的。他们将这种现象称为缓冲平衡。所以按照 H_2O-CO_2 规则所计算出的爆速和爆压的数值不会与实测情况产生大的误差。

由于缓冲平衡可使 φ 值比较恒定，因此可将 φ 值作为炸药的某种特征常数来看待，而且由 Kamlet 公式很明显地看出，爆速 D 与 $\varphi^{\frac{1}{2}}$ 成比例关系，而爆压 p 与 φ 值直接相关。因此，若炸药的 φ 值大，在密度相同的条件下，其爆速和爆压也大，而 φ 值是直接由炸药的爆轰基本参数 N、$\overline{M}$、Q 求出的，所以 φ 值在某种程度上反映了炸药的爆轰性能特征。

5.5.3.3 爆速和爆压计算举例

［例 2］ 黑索今 $(C_3H_6O_6N_6)$ 的标准生成焓 $\Delta H_f^0 = -65.5\,\text{kJ/mol}$，以 $N-\overline{M}-Q$ 公式计算其在装药密度为 $1.786\,\text{g/cm}^3$ 时的爆速和爆压。

黑索今的摩尔质量为 222.1，符合条件 $b/2 \leqslant c \leqslant 2a+b/2$，由此可得到爆炸反应方程式

$$C_3H_6O_6N_6 \rightarrow 3N_2 + 3H_2O + 1.5CO_2 + 1.5C$$

$$N = \frac{1}{4M}(b+2c+2d) = \frac{6+2\times6+2\times6}{4\times222.1} = 0.033\,77 \ (\text{mol/g})$$

$$\overline{M} = \frac{56d+88c-8b}{b+2c+2d} = \frac{56\times6+88\times6-8\times6}{6+2\times6+2\times6} = 27.2 \ (\text{g/mol})$$

$$Q = \frac{28.9b+94.1\times\left(\dfrac{c}{2}-\dfrac{b}{4}\right)-0.239\Delta H_f^0}{M}\times4.184\times10^3$$

$$= \frac{28.9\times6+94.1\times\left(\dfrac{6}{2}-\dfrac{6}{4}\right)-0.239\times(-65.5)}{222.1}\times4.184\times10^3$$

$$= 6\,220.52 \ (\text{J/g})$$

$$\varphi = 0.489N\overline{M}^{\frac{1}{2}}Q^{\frac{1}{2}} = 0.489\times0.033\,77\times\sqrt{27.2}\times\sqrt{6\,220.52} = 6.790\,4$$

$$v_D = 1.01\varphi^{\frac{1}{2}}(1+1.30\rho_0) = 1.01\times6.709\,4^{\frac{1}{2}}(1+1.30+1.786) = 8.743 \ (\text{km/s})$$

$$p = 1.558\rho_0^2\varphi = 1.558\times1.786^2\times6.790\,4 = 33.75 \ (\text{GPa})$$

爆速的测试值为 8.712 km/s（$\rho_0 = 1.786\,\text{g/cm}^3$），误差为 0.36%。

5.5.3.4 Kamlet 公式与炸药分子的组成与构成

炸药的爆轰性能与其分子结构关系的研究是极其重要的，对新炸药的合成工作具有实际的意义。事实上，不同结构类别的炸药，其爆轰性能是有差异的，如炸药的爆速就是这样。由 Kamlet 计算爆速的公式可以知道，计算时所使用的基本参数 ρ_0、N、$\overline{M}$、Q 等值并不是孤立的参量，它们都与分子的元素组成和分子的化学结构有密切的关系，因此，φ 值也与元素组成、化学结构密切相关。现以 Kamlet 公式来阐明爆速与元素组成和化学结构的关系。

1. 爆速与元素组成的关系

关于炸药的元素组成和 N、$\overline{M}$、Q 值及 φ 值之间的关系，云主惠曾进行过较详细的讨论。他以 CHON 系列炸药为例，这类炸药的主要爆轰产物为 H_2O、CO、CO_2、N_2、O_2 或 C。分

别对这些产物考虑它们的 N、$\overline{M}$、Q 和 φ 值，其结果如表 5.6 所示。

表 5.6　以爆轰产物计算的 N、$\overline{M}$、Q、φ 值

主要爆轰产物	H_2O	CO	CO_2	N_2	O_2	C	H_2
$N/(mol \cdot g^{-1})$	0.055 5	0.035 7	0.022 7	0.035 7	0.031 25	0	0.500
$\overline{M}/(g \cdot mol^{-1})$	18	28	44	28	32	12	2
$Q/(J \cdot g^{-1})$	13 434	3 869	8 941				
φ	13.343	5.745	6.961				
$\varphi^{\frac{1}{2}}$	3.653	2.397	2.638				

2. 某些爆轰参数与分子结构的关系

在 N、$\overline{M}$、Q 公式中，炸药的装药密度是一个重要的参数，虽然所使用炸药的装药密度都达不到炸药结晶密度，但从理论上探讨结晶密度下的最大爆轰速度是具有一定意义的。云主惠研究了在一定爆速值的条件下，各种分子结构单元所需要的密度值以及 φ 值，为炸药分子设计提供了一定的参考。

以 CHON 系列炸药分子、可燃剂结构单元（C—H、C—C、C=C、C—N、N—H、C≡C、C=N 和 C≡N 等）、氧化剂基团（C—NO₂、C(NO₂)₂、C(NO₂)₃、N—NO₂ 和 C—ONO₂等）为例，按零氧平衡条件计算出相应的 φ 值和一定爆速值的要求下所需要的密度数据，从而分析各种类型的结构单元对爆速贡献的规律。

现以 C—H 为例，以 C—NO₂ 为氧化剂，则完全氧化 C—H 键时，需要 2/3 个 C—NO₂，这样分子式可写为 $C_{\frac{5}{12}}H_1N_{\frac{2}{3}}O_{\frac{4}{3}}$，摩尔质量为 36.67。

计算出的 N 和 $\overline{M}$ 值为

$$N = 0.034\ 09\ mol/g$$

$$\overline{M} = \frac{1}{N} = 29.33\ g/mol$$

若不考虑化合物的生成热，则 Q 值计算为

$$Q = 6\ 552\ kJ/kg$$

$$\varphi = 0.489 N \overline{M}^{\frac{1}{2}} Q^{\frac{1}{2}} = 0.489 N^{\frac{1}{2}} Q^{\frac{1}{2}} = 7.306$$

$$\varphi^{\frac{1}{2}} = 2.703$$

当爆速为 9.5 km/s 时，所需的密度 ρ_0 为

$$\rho_0 = \frac{D/1.01\varphi^{\frac{1}{2}} - 1}{1.3} = \left(\frac{9.5}{1.01 \times 2.703} - 1 \right) \div 1.3 = 1.908\ (g/cm^3)$$

以 C—NO₂、C(NO₂)₂、C(NO₂)₃、N—NO₂ 和 C—ONO₂ 等作为氧化剂完全氧化一些基团及化学键时，达到一定爆速值所需的密度值是不同的。对密度的要求按以下顺序递增：

$$N—H < C—H < C≡C < C=C < C—N < C≡N < C=N < C—C$$

这种顺序的存在是不难理解的，由于键的爆轰产物中含有的 CO_2 量较多，其 N 值和 φ 值较低，因此达到一定爆速时所要求的密度较高。而 N—H 键含有一部分氢，爆轰时生成水，其 N、Q 以及 φ 值均较高，所以达到一定爆速时所要求的密度较低。

不同组织和结构的炸药，在氧化基团相同而且密度相同时，含氮、氢元素的结构单元可达到较高的爆速，而含碳的结构大都爆速较低。而其他的氧化基团在相同密度下比 C—CO_2 类的爆速要高，或同样的爆速时，对其他氧化基因的密度要求要低一些，这是由于它们的爆热较高。

将 154 种 CHON 系列和 17 种含氟炸药的实测密度和爆速的数值代入 Kamlet 的爆轰计算公式中，求出相应的 φ 值，从中可得到以下初步规律：

（1）在其他条件相近的情况下，φ 值随含碳量增加而降低，含碳量每增加 10%，φ 值约平均下降 1。

（2）在其他条件相近时，φ 值随含氮量增加而增大。氮在炸药分子中可以 C=N、C≡N 和 N=N、N≡N 的形式存在。

（3）元素组成相近的炸药，生成焓低的，如硝酸盐、铵盐或含有 $\underset{\text{C}}{\overset{\text{O}}{\|}}$—C— 和 —OH 等基团的化合物，$\varphi$ 值也低。

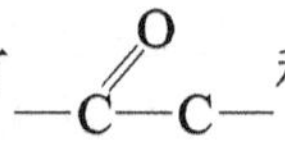

（4）零氧平衡的炸药并不具有最高的 φ 值，往往稍微为负氧一些的炸药，φ 值最高，氧平衡偏正时，φ 值下降。

（5）含氟炸药在所对比的炸药中属于中等水平。

综上所述，不论是从理论分析还是以实测爆速为依据，利用 Kamlet 公式分析炸药的化学组成和分子结构的关系都得到一致的结论。这说明该公式及其所反映的规律有较好的客观性。根据对这些规律的认识，可以为合成高爆速的炸药提供初步有用的理论依据。

5.6　爆轰波参数的实验测定

5.6.1　炸药爆速的测定

1. 道特里什法

这种测试炸药爆速的方法是由道特里什（Dautriche）首先提出的，是最古老的一种测量爆速的方法。其原理是利用与已知爆速的导爆索进行比较的方法测量未知炸药的爆速。

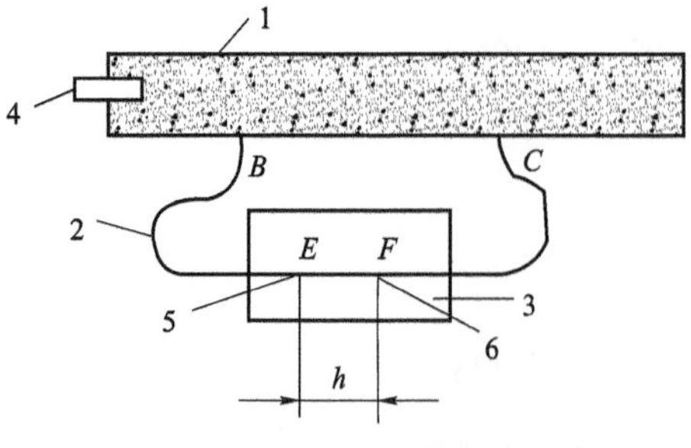

该方法的实验装置如图 5.15 所示。

实验方法是：将一定量的被试炸药装在钢管或纸筒内，长 200～500 mm，要求装药密度均匀。在柱形装药外壳上开两个小孔，第一个孔的位置与管的距离不小于药柱直径的 4 倍（至少不少于100 mm），两孔间的距离为 100～400 mm，准确测量至 1 mm。将导爆索的两端插入 B、C 两孔内，深度一致。导爆索长约 1.5 m，将中间部位固定在

图 5.15　道特里什法测量爆速的装置

1—柱形装药；2—导爆索；3—验证钢板；4—起爆雷管；
5—导爆索中点位置；6—爆轰波对撞位置

铅板（长 500 mm、厚 5 mm、宽 50 mm）上，铅板安装在钢板上，导爆索中点固定在铅板的 E 点，并在 E 处的铅板上刻一标志线。当炸药柱被雷管引爆后，爆轰波沿药柱传播，先后在 B、C 处引爆导爆索，导爆索中两个相反方向的爆轰波在 F 处相遇，并在铅板上打下一个明显的痕迹，测出点 E 和点 F 的距离 h。再根据导爆索的爆速和 B、C 之间的距离 l，就可以算出药柱中 B、C 两点间的平均爆速。

爆轰波由 B 到 E 再到 F 的时间 τ_1 是

$$\tau_1 = \frac{BE + EF}{v_{D,1}} = \frac{0.5l + h}{v_{D,1}}$$

爆轰波由 B 到 C 再到 F 的时间 τ_2 是

$$\tau_2 = \frac{BC}{v_{D,2}} + \frac{CF}{v_{D,1}} = \frac{l}{v_{D,2}} + \frac{0.5l - h}{v_{D,1}}$$

由于爆轰波经过 BEF 与 BCF 的时间相等，因此

$$\frac{0.5l + h}{v_{D,1}} = \frac{l}{v_{D,2}} + \frac{0.5l - h}{v_{D,1}}$$

则
$$v_{D,2} = \frac{l}{2h} v_{D,1} \tag{5-94}$$

式中 $v_{D,1}$——导爆索的爆速；

  $v_{D,2}$——炸药柱 B、C 两点间的平均爆速；

  l——导爆索的全长；

  h——导爆索中点刻线 E 与炸痕 F 之间距离。

据资料介绍，也有用塑料导爆管取代导爆索测量炸药爆速的。

2. 离子探针测时仪法

这种方法的基本原理是利用炸药爆轰时爆轰波波阵面的电离导电特性或压力突变，测定爆轰波依次通过药柱内（或外）各探针所需的时间，从而求得平均爆速。这种方法的优点是操作简单方便、精确度高、受试药卷不需要很长，且测定的数据可以直接以数字显示，必要时还可以与计算机联用，因此在生产检测和科研工作中被广泛采用。

BS-1 型爆速仪的工作原理如图 5.16 所示。

在被测药柱或药卷上 A、B 两点各插一对电离探针，爆炸产物由于高温高压而发生电离，在爆轰波经过 A 点时，导通第一对探针并形成启动信号，信号经倒相整形后使控制器翻转而输出高电位，开启计数门，于是晶体振荡器的振荡信号便进入计数器，并开始计时。当爆轰波传到 B 点时，同样使第二对探针导通，形成停止信号，信号经倒相整形后，使控制器再翻转过来而输出低电位，将计数门关闭，于是振荡器的振荡信号不再进入计数器，计时停止。在计数器上显示出的数字即爆轰波传经药卷 l 长度的时间 τ，因此爆速为

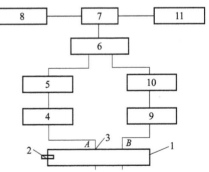

图 5.16 BS-1 型爆速仪的工作原理

1—药卷；2—雷管；3—探针；4—启动信号；
5，10—倒相整形；6—控制器；7—计数门；
8—振荡器；9—停止信号；11—计数码显示

$$v_D = \frac{1}{\tau} \qquad (5-95)$$

应该注意的是，往药柱上安装探针时，要使探针位于药柱的直径上，各对探针在药柱上的位置要一致，以保证弯曲的爆轰波波阵面能在相同的位置接通探针。测定工业炸药的爆速时，离起爆端安装的探针最小距离应不小于 70～80 mm，以保证探针所接收到的爆轰波是稳定的爆轰波。

采用该法的技术要点是探针的结构和安装。测试精度的影响因素，一是探针间距离的准确测量；二是测时仪的时间精度。目前已有多种高精度、多通道的测时仪，一次可以测得多个数据，测时精度最高可在 10^{-9} s（1 ns），适用于小药量、高精度的爆速测定及不稳定爆轰的研究。而用于工业炸药或低爆速炸药的测试时，一般只需精度为 0.1 μs 的单通道或多通道测时仪，这些仪器体积和质量小，可用电池作电源，价格也很便宜，适于野外测试现场使用。

3. 高速摄影法

该方法是利用爆轰波沿炸药传播时的发光现象，用高速摄影机将爆轰波沿药柱移动的光感光到与爆轰方向做垂直运动的胶片上，两个速度合成后在胶片上得到一条曲线，根据曲线的斜率即可测定爆轰波在药柱中各点的爆速。

转镜式高速摄影机的原理如图 5.17 所示，炸药引爆后爆轰波波阵面上的光经过两组长焦距的物镜后聚集在高速旋转的转镜上，经过反射，将影像投影在以转镜轴为圆心的弧形高感度胶片上。

当爆轰波由 A 传播到 B 时，反射到胶片上的光点由 A' 移动到 B'。高速摄影机摄得的测定爆速的胶片如图 5.18 所示，转镜转动的扫描方向是胶片的水平方向，爆轰波的传播方向是胶片的竖直方向，扫描线则是爆轰波传播速度与转镜转速的合成曲线。

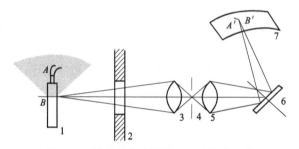

图 5.17 转镜式高速摄影机测试爆速示意图

1—炸药粒；2—防爆玻璃墙；3，4，5—狭缝物镜组；6—转镜；7—胶片

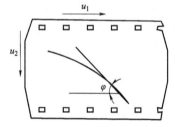

图 5.18 胶片上的扫描曲线

设扫描点在胶片水平方向移动的速度是 u_1，扫描点在竖直方向移动的速度是 u_2，扫描线在某点与水平线之间的夹角为 φ，则

$$\tan \varphi = \frac{u_2}{u_1} \qquad (5-96)$$

水平扫描速度 u_1 可以根据转镜的转速和扫描半径确定。因为光线的入射角等于反射角，因此反射光点旋转的角度是转镜转动角的 2 倍。或转镜的转速是 n，扫描半径为 R，则光线通过转镜反射到胶片上的水平速度为

$$u_1 = 4\pi R n \qquad (5-97)$$

竖直扫描速度 u_2 可以根据爆轰波向下传播的速度和摄影机的放大系数确定。设爆轰波沿炸药柱的传播在测试点处速度为 v_D，摄影机放大系数为 β，则光线在胶片上对应点的竖直速度为

$$u_2=\beta v_D \tag{5-98}$$

将 u_1 和 u_2 代入式（5-96），得

$$v_D = \frac{4\pi Rn}{\beta}\tan\alpha \tag{5-99}$$

对于某一高速摄影机，由于 n、R、β 都是常数，故令 $C=4\pi Rn/\beta$，C 为仪器参数。因此，爆速为

$$v_D=C\tan\varphi \tag{5-100}$$

用转镜高速摄影法可以测得炸药柱爆轰的瞬时速度，因而有利于深入研究爆轰的过程和本质，但操作复杂，仪器贵重，必须在专门的实验室进行测试。

由于数码技术和计算机技术的发展，目前在科研中常用高速分幅摄像法直接观察爆轰波的传播过程。这种仪器也相当昂贵。

5.6.2　炸药爆压的测定

炸药爆轰时 C-J 面的压力 p 是其爆轰性能的重要示性数，它的精确测定将为检验爆轰理论提供根据，因而具有重要意义。但是由于爆轰波传播极快，凝聚相炸药爆压高达 10^{10} Pa 数量级，具有强烈的破坏作用，故实验测定时在技术上遇到了困难。直至 20 世纪 50 年代才逐渐建立了测定炸药爆压的实验方法。目前测定爆压比较成熟的方法有自由表面速度法、水箱法和电磁法三种。自由表面速度法是测定在炸药爆炸作用下金属板的自由表面速度，然后反推出炸药的爆压；水箱法是测定炸药在水中爆炸后所形成的初始冲击波的速度，然后反推出炸药的爆压；电磁法是直接测定爆轰产物的质点速度，再用以计算炸药的爆压。

1. 自由表面速度法

1）基本原理

自由表面速度法的实验装置如图 5.19 所示。在被测药柱上端放置平面波发生器，被测药柱下端放置金属板。当一维平面爆轰波沿药柱传播到药柱末端与金属板 3 的交界面上时，形成两个方向相反的冲击波，即传入金属板中的冲击波 v_m 和向产物反射的冲击波 v_r。爆轰波作用于金属板后，相互作用分界面两侧的参数如图 5.20 所示。

运用质量守恒方程和动量守恒方程，分别考察三个界面波前、波后的参数之间关系如下：

爆轰波通过炸药柱传播为

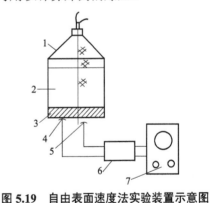

图 5.19　自由表面速度法实验装置示意图
1—平面波发生器；2—被测药柱；3—金属板；
4，5—探针；6—信号发生器；7—脉冲示波器

$$\rho_0 v_D=p(v_D-u) \tag{5-101}$$

$$p-p_0=\rho_0 v_D u \tag{5-102}$$

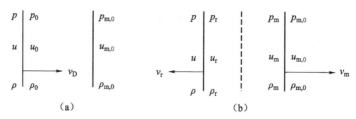

图 5.20 爆轰波与金属板的作用情况

(a) 爆轰波与金属板作用前；(b) 爆轰波与金属板作用后

ρ_0，u_0，p_0—炸药的初始密度、质点速度和压力，其中 $u_0=0$，$p_0=10^5$ Pa；v_D—炸药的爆速；ρ，u，p—炸药爆轰波的 C-J 参数；ρ_r，u_r，p_r—反射冲击波通过后爆轰产物的参数；$\rho_{m,0}$，$u_{m,0}$，$p_{m,0}$—金属板的初始密度、质点速度和压力，其中 $u_{m,0}=0$，$p_{m,0}=10^5$ Pa；ρ_m，u_m，p_m—冲击波通过后金属介质的参数。

同理，对于沿金属板传播的冲击波 v_m，有

$$\rho_{m,0} v_m = \rho_m (v_m - u_m) \tag{5-103}$$

$$p_m - p_{m,0} = \rho_{m,0} v_m u_m \tag{5-104}$$

对于沿产物反向传播的反射冲击波 v_r，有

$$\rho(v_r+u) = \rho_r(v_r+u_r) \tag{5-105}$$

$$p_r - p = \rho(v_r+u)(u-u_r) \tag{5-106}$$

由于在分界面处压力和质点速度是连续的，即 $p_r = p_m$，$u_r = u_m$，因此可以用 p_m 代替 p_r，用 u_m 代替 u_r，这样式（5-101）和式（5-102）可改为

$$\rho(v_r+u) = \rho_r(v_D+u_m) \tag{5-107}$$

$$p_m - p = \rho(v_r+u)(u-u_m) \tag{5-108}$$

由于 p_0 和 $p_{m,0}$ 与 p 和 p_m 相比可以忽略，由式（5-102）、式（5-104）得

$$u = \frac{p}{\rho_0 v_D}$$

$$u_m = \frac{p_m}{\rho_{m,0} v_D}$$

代入式（5-107）、式（5-108）中，经整理后可得

$$\frac{p_m}{p} = \frac{\rho_{m,0} v_m}{\rho_0 v_D} \left[\frac{\rho_0 v_D + \rho(v_r+u)}{\rho_{m,0} v_m + \rho_d(v_r+u)} \right] \tag{5-109}$$

由于爆轰产物具有较高的密度和压力，当爆轰波通过固体壁后，反射冲击波在沿爆轰产物传播的过程中产物的熵值增加较小，可以看作等熵过程，因此可以应用冲击波的声学近似理论，取

$$\rho_0 v_D = \rho(v_r+u_d) \tag{5-110}$$

代入式（5-109）可得

$$\frac{p_m}{p} = \frac{2\rho_{m,0} v_m}{\rho_{m,0} v_m + \rho_0 v_D} \tag{5-111}$$

式中　$\rho_0 v_D$，$\rho_{m,0} v_m$——炸药和金属板的冲击阻抗。

该式描述了炸药的爆轰参数与金属板内所形成的冲击波参数之间的匹配关系，称之为冲

击阻抗匹配公式。

由于 $p_m=\rho_{m,0}v_m u_m$，即

$$u_m = \frac{p_m}{\rho_{m,0}v_m}$$

代入式（5-111）可得

$$p = \frac{1}{2}u_m(\rho_{m,0}v_m + \rho_0 v_D) \tag{5-112}$$

由此式可以看出，炸药爆轰波 C-J 压力的测定可以归结为测定炸药在金属板中所形成的冲击波参数 v_m 和 u_m。

2）金属板内冲击波参数的测定

与质点速度 u_m 相比，直接测定金属板内冲击波的速度 v_m 比较容易，而 u_m 的直接测定在技术上是困难的。测定 v_m，可以采用如图 5.19 所示的装置进行。当冲击波沿着金属板传播时，通过安装在金属板中不同深度的两对探针测定冲击波到达金属板不同位置的时间，从而计算出冲击波的速度 v_m。

对于绝大多数密实介质，根据大量的实验数据，可以将冲击波速度与波后质点速度之间的关系归纳为线性形式：

$$v_m=a+bu_m \tag{5-113}$$

式中　a，b——与材料性质有关的常数。一些常用材料的 a、b 值如表 5.7 所示。

表 5.7　常用材料的 a、b 值

材料名称	密度$\rho_{m,0}/（g \cdot m^{-3}）$	$a/（m \cdot s^{-1}）$	b	压力范围/GPa
铜	8.90	3 940	1.489	240
铁	7.80	3 574	1.920	270
铝	2.70	5 320	1.338	120
镁	1.74	4 492	1.263	80
钛	4.50	5 220	0.767	106
钨	19.20	4 029	1.237	270
碳化硅	3.12	8 000	0.950	110
碳化钨	15.00	4 920	1.339	200
聚乙烯	0.92	2 900	1.481	50
聚苯乙烯	1.04	2 746	1.319	14
聚氯乙烯	1.68	1 952	1.660	20
环氧塑料	1.20	2 678	1.520	20
酚醛塑料	1.37	2 847	1.404	65
聚四氟乙烯	2.15	1 682	1.819	22
石蜡	0.90	2 960	1.531	55
有机玻璃	1.18	2 870	1.880	10
花岗岩	2.63	2 100	1.630	40
大理石	2.70	4 000	1.320	13
石灰岩	2.60	3 500	1.430	16
混凝土	1.16	2 336	1.318	56
水	1.00	1 700	1.700	114

因此，测得 v_m 后，可以通过式（5-113）和表 5.5 所示 a、b 值计算出 u_m，然后一同代入式（5-112），计算出被测炸药的爆压 p。

3）用测定自由表面速度计算爆压

当冲击波以速度 v_m 通过金属介质后，质点速度为 u_m；当冲击波到达金属板与空气相接触的自由表面时，马上向金属板中反射回一束膨胀波，迅速使金属板内的压力与外界大气压相平衡，由于向板内传入膨胀波的作用，金属板自由表面处的质点又获得了一个与膨胀波反向的运动速度 u_r，如图 5.21 所示。这时自由表面的运动速度为

$$u_{f,s}=u_m+u_r \tag{5-114}$$

在冲击波不太强的情况下，理论计算和实验数据都具有

$$u_m \approx u_r \tag{5-115}$$

因此

$$u_{f,s}=2u_m \tag{5-116}$$

式（5-116）称为自由表面处质点速度倍增公式。对于绝大多数固体材料而言，当压缩程度 $\rho_m/\rho_{m,0}<1.4$ 时，应用式（5-116）引起的误差只有 1%～2%。

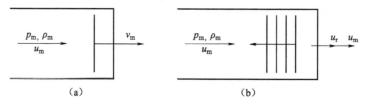

图 5.21　自由表面（金属板）的波系

将式（5-116）代入式（5-112），得到用自由表面速度表示的爆压公式

$$p=\frac{1}{4}u_{f,s}(\rho_0 v_D + \rho_{m,0}v_m) \tag{5-117}$$

通过实验的方法测出自由表面速度 $u_{f,s}$ 后，再通过式（5-113）计算出冲击波速度：

$$v_m=a+\frac{b}{2}u_{f,s} \tag{5-118}$$

从而可以按式（5-112）计算被测炸药的爆压。

测定金属板自由表面速度的装置和方法有很多种，如电探针法、光探针法和激光干涉法等，在此不作详述，可参见有关书籍。

表 5.8 给出了用自由表面速度法测定的几种炸药的爆压。

表 5.8　用自由表面速度法测定的几种炸药的爆压

被测炸药	黑索今	梯恩梯	黑索今/梯恩梯
炸药密度 $\rho_0/$（g·cm^{-3}）	1.767	1.637	1.713
炸药爆速 $v_D/$（m·s^{-1}）	8 639	6 942	8 018
金属板密度 $\rho_{m,0}/$（g·cm^{-3}）	2.788	2.790	2.791
自由表面速度 $u_{f,s}/$（m·s^{-1}）	3 693	2 462	3 379
炸药爆压 $p/$（×10^{10} Pa）	3.379	1.891	2.922

2. 水箱法

1）基本原理

水箱法的基本原理与自由表面速度法相似，所不同的是水箱法是通过测定炸药爆炸后所形成的水中冲击波参数来求爆压的。

对于炸药–水体系，由冲击波阻抗公式（5–112）可以得到以下公式：

$$p=\frac{1}{2}\,u_{\mathrm{w}}(\rho_{\mathrm{w,0}}v_{\mathrm{w}}+\rho_0 v_{\mathrm{D}}) \tag{5–119}$$

式中　u_{w}——水在冲击波通过后的质点速度；

　　　$\rho_{\mathrm{w,0}}$——水的初始密度，在标准状态下取 1 g/cm³；

　　　v_{w}——水中的冲击波速度。

其余符号意义同前。

根据莱斯（Rice）和沃尔什（Walsh）的实验测定，当水中冲击波压力 $p_{\mathrm{w}}<45$ GPa 时，v_{w} 和 u_{w} 有以下关系：

$$v_{\mathrm{w}}=1.483+25.036\lg\left(1+\frac{u_{\mathrm{w}}}{5.19}\right) \tag{5–120}$$

由此可知，只要测得炸药在水中爆炸后所形成的冲击波初始速度 v_{w}，可按式（5–120）计算水的质点速度 u_{w}；将 v_{w}、u_{w} 以及炸药的爆速 v_{D} 代入式（5–119），即可求得被测炸药的爆压 p。

2）实验装置与方法

水箱法测爆压的实验装置如图 5.22 所示，其实验功能为测定水中爆炸冲击波的初始速度。

在透明的水箱中充以蒸馏水，被测药柱爆炸后，当爆轰波到达与水相接触的药柱端面时，向水中传入冲击波。冲击波所到之处，水层受到压缩，水的密度增大，水的透明度降低。这样随着冲击波的传播，在水中就显示出一个暗层从药柱顶端向水深部移动。为了使暗层的轨迹能用照相机记录下来，在照相机视线方向上水箱的另一侧设置一个与被测药柱爆炸同步的爆炸光源。当被测药柱爆炸时，光源药柱同时爆炸，后者爆炸形成的冲击波冲击氩气发出强光，而水中移动着的暗层遮蔽住亮光，这样在胶片上就记录下一个暗层移动的轨迹。

图 5.23 表示高速照相机记录的扫描曲线，其中曲线 1 是爆轰波的扫描轨迹，曲线 2 是水中冲击波的扫描轨迹。在两扫描线的交接点处，测量出水中冲击波扫描线与水平线的夹角 φ，应用前述求爆速的方法，可求得水中冲击波的速度 v_{w}，再应用式（5–119）和式（5–120）就可以计算出所测炸药的爆压 p。

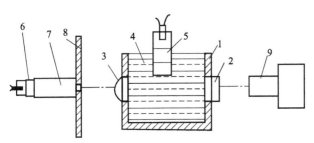

图 5.22　水箱法测爆压的实验装置

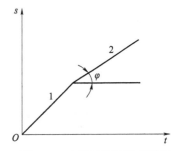

图 5.23　水箱法测试的扫描线

1—水箱；2—光学玻璃；3—光学透镜；4—蒸馏水；5—实验药柱；

6—光源药柱；7—白纸筒；8—木拦板；9—高速扫描照相机

表 5.9 列出了水箱法测得的几种炸药的爆压值。

表 5.9　水箱法测得的几种炸药的爆压值

炸药	密度 ρ_0/（g·cm^{-3}）	爆速 v_D/（m·s^{-1}）	爆压 p/GPa
梯恩梯	1.587	6 827	18.86±0.28
梯恩梯	1.638	6 920	20.1
黑索今	1.700	8 415	29.39±0.68
奥克托今	1.751	8 542	32.46
黑索今/梯恩梯（65/35）	1.708	7 909	28.57±0.74

水箱法是一种简单易行的方法，且实验结果可靠，重复性较好，精度约为 2%。该法实验药量小，这对于新炸药配方研究很有利。近年来，有报道称采用硫黄探针法代替光测法也取得了良好的效果。

水箱法的主要问题是水的动力阻抗与炸药的动力阻抗差别较大，因而阻抗失配现象较严重。要解决这个问题，必须用其他透明液体代替水，使阻抗达到匹配。研究表明，用二碘甲烷（CH_2I_2）溶液代替水，可以达到阻抗匹配。

3. 电磁法

1）基本原理

电磁法是将金属箔 Π 形传感器直接嵌入炸药柱内，药柱爆轰时，铝箔框做切割磁力线运动，由电磁感应产生感应电动势，直接测量得到爆轰产物质点的运动速度，然后利用动量守恒定律求算被测炸药爆压的方法。

由动量守恒定律

$$p=\rho_0 v_D u \qquad (5-121)$$

可以看出，只要能测出爆轰产物 C-J 面的质点速度 u、炸药的爆速 v_D，炸药的爆压就可由式（5-121）直接得到。

炸药的爆速是很容易准确测得的，爆轰产物 C-J 面的质点速度可根据法拉第电磁感应定律测定。

由法拉第电磁感应定律得知，当金属导体在磁场中做切割磁力线的运动时，在与导体两端相连接的电路中会产生感应电动势，电动势的大小由下面公式确定：

$$E=BLv \qquad (5-122)$$

式中　E——感应电动势，V；

　　　B——磁感应强度，T；

　　　L——切割磁力线部分导体的长度，m；

　　　v——导体的运动速度，m/s。

如果将厚度为 0.01～0.03 mm 的金属箔做成 Π 形传感器并嵌入炸药柱内，再将实验样品放在均匀磁场中（互相垂直方向），则当爆轰波传播到传感器时，Π 形传感器就和产物质点一起运动。由于传感器的质量很小，所以它的惯性也小，可以假设传感器的运动速度 v 和 C-J 面上的产物质量速度 u 相等，代入式（5-122），便得到

$$u = \frac{E}{BL} \tag{5-123}$$

再代入式（5-121），就可得到计算被测炸药爆压的公式：

$$p = \rho_0 v_{\mathrm{D}} \frac{E}{BL} \tag{5-124}$$

可见，用电磁法测爆压关键是测定感应电动势 E。

2）实验装置与方法

电磁法的实验装置如图 5.24 所示。Π 形传感器是关键元件，通常用厚 $0.01 \sim 0.03$ mm、宽 $1 \sim 5$ mm 的铝箔条，再折成框底边宽 $5 \sim 10$ mm 的传感器，嵌在炸药中，使框底与药柱端面平行，框平面与磁场方向垂直，铝箔引线由电缆连接到高压示波器。

雷管起爆后，通过平面波发生器向被测炸药中传入平面爆轰波，当稳定的平面爆轰波到达 Π 形铝箔框时，框底立即获得与爆轰产物质点相同的运动速度，并与爆轰产物一起运动，由于铝框底做切割磁力线方向的运动，因而在回路中产生一个感应电动势 E，通过电缆传输到示波器，由示波器记录下电动势波形。典型的感应电动势波形如图 5.25 所示，波形最高点相应于铝箔以化学反应区末端面处爆轰产物质点速度运动时所产生的电动势。表 5.10 列出了用电磁法测得的几种炸药产物的质点速度和爆压。

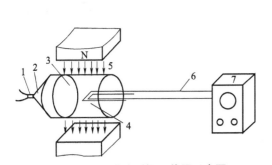

图 5.24　电磁法测爆压装置示意图

1—雷管；2—平面波发生器；3—被测炸药；4—铝箔传感器；

5—均匀磁场；6—电缆；7—高压示波器

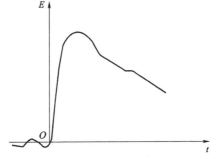

图 5.25　典型的感应电动势波形

表 5.10　用电磁法测得的几种炸药产物的质点速度和爆压

炸药	密度 ρ_0/（g·cm^{-3}）	质点速度 u/（m·s^{-1}）	爆压 p/GPa
梯恩梯	1.60	1 810	20.272
梯恩梯	1.55	1 770	18.573
梯恩梯	1.47	1 710	16.389
梯恩梯	1.31	1 580	12.522
梯恩梯	1.00	1 320	6.732
黑索今/梯恩梯（50/50）	1.68	2 030	26.090

5.7 爆轰波传播的影响因素

凝聚相炸药的爆轰过程一般要借助于热冲量、机械冲量，或依靠雷管或传爆药等起爆器材作用来引发，在爆炸形成和传播的过程中，主要取决于炸药的化学性质、起爆初始冲量和装药条件等因素。

5.7.1 炸药的化学性质

炸药的爆轰传播速度首先取决于自身的化学性质，其中主要是炸药的能量。对于 $C_aH_bC_cN_d$ 类单质炸药来说，其爆热和比容越大，爆轰反应区的压力和温度越高，爆速就越大，如表 5.11 所示。

表 5.11　几种单质炸药的爆热、比容和爆速

炸药	$Q_V/(kJ \cdot kg^{-1})$	$V_0/(L \cdot kg^{-1})$	$\rho_0/(g \cdot cm^{-3})$	$v_D/(m \cdot s^{-1})$
梯恩梯	4 184	740	1.60	7 000
特屈儿	4 561	740	1.60	7 319
硝基胍	2 699	1 076	1.66	7 920
黑索今	5 774	900	1.60	8 200
太安	5 858	800	1.60	8 281

5.7.2 起爆初始冲量

实验表明，用冲击波起爆炸药时能否引爆被发装药，这与起爆冲击波的强度有关，而起爆冲击波的强度通常是用主发装药的爆速来表征的。对于任何一种炸药装药，若要引起它爆轰，则要求起爆冲击波的速度必须不低于某个临界值，即炸药的临界爆速 $v_{D,cr}$，用图 5.26 中的水平线表示。若低于该临界爆速，则由于所对应的爆轰压力太低，难以引发炸药自行加速的化学反应，此时，冲击波由于无化学能的支持而迅速衰减并变成波，这种情况与冲击波沿惰性介质传播的速度类似，如图 5.26 中曲线 1 所示。

若起爆冲击波的速度超过了临界速度，并且在适当的条件下（起爆冲击波作用的时间足够长，适当的装药长度、直径和孔隙度等），则在被发装药中激起的爆轰将逐渐成长，经过一定距离后便达到在该条件下的稳定爆轰，如图 5.26 中曲线 2 所示。

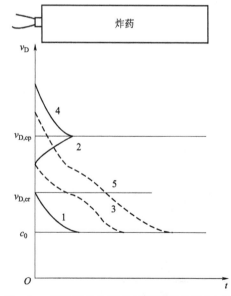

图 5.26　爆轰产物直接作用而引发的爆轰过程

但是往往会出现另一种情况，即虽然在被发装药中能够引起爆轰过程，但由于存在装药直径较小或者是冲击波持续的时间不够长等不利条件，爆轰只在装药一定长度的区段上以较低的速度传播，并逐渐衰减直到熄灭，如图 5.26 中曲线 3 所示。

若在良好的条件下，特别是当有足够大冲量的起爆冲击波，或者是冲击波的速度超过了被发装药的稳定爆速时，则会出现两种可能，一种是逐渐衰减为稳定爆速，另一种是在不利的条件下爆轰熄灭并衰减为声波，如图 5.26 中曲线 4 和曲线 5 所示。

因此，可以得出结论：引发爆轰的第一个必要条件是起爆的冲击波速度必须高于被发装药的临界爆速，它取决于主发装药的性能和实验条件，如果起爆炸药的爆速很高，则很容易满足这个要求；引发爆轰的第二个必要条件是化学反应中所放出的能量使起爆冲击波波阵面保持必要的压力，它与被起爆装药的直径和外壳的性质有关。

应该指出的是，当冲击波的速度低于 $v_{D,cr}$ 时，虽然冲击波的作用不能直接引爆炸药，但由于存在起爆炸药爆轰产物的直接作用，有可能点燃被发装药，再由燃烧转变为爆轰。

5.7.3　装药条件

1. 装药直径的影响

在对炸药爆轰过程的研究中发现，炸药的装药直径对爆轰的传播过程有很大影响，只有当炸药的装药直径达到某一临界值时，爆轰才有可能稳定传播。习惯上称能够稳定传播爆轰的最小装药直径为临界直径，用 d_{cr} 表示，对应于临界直径的爆速称为临界爆速，用 $v_{D,cr}$ 表示。若装药直径小于其临界直径 d_{cr}，则无论起爆冲量有多强，炸药都不能达到稳定爆轰。习惯上称炸药装药的爆速达到最大值时的最小直径为极限直径，用 d_{cp} 表示；对应于极限直径的爆速极大值称为极限爆速，用 $v_{D,cp}$ 表示。炸药的爆速与装药直径的关系如图 5.27 所示。

对于军用单质炸药或混合炸药，它们的极限直径较小（如 $\rho_0=1.0$ g/cm^3 的黑索今的 d_{cp} 为 3~4 mm），而实际装药的 d 一般超过 d_{cp}，即 $d>d_{cp}$，由于爆轰是在极限直径以上发生的，爆速很快就达到了极限爆速，从而产生稳定的理想爆轰，如图 5.27 所示大于 d_{cp} 段的爆轰曲线，此时的爆轰速度取决于爆轰时的放热量及装药密度。实验证明，理想爆速约与爆轰反应热效应的平方根成正比，并随密度的增大成比例地增大。

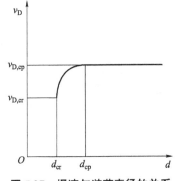

图 5.27　爆速与装药直径的关系

对于工业炸药，它们的极限直径很大，临界直径较小（如 $\rho_0=1.0$ g/cm^3 的 2$^\#$岩石炸药的 d_{cp} 约为 100 mm，d_{cr} 为 20 mm），而实际使用过程中的装药直径处于临界直径以上、极限直径以下，此时，炸药发生稳定爆轰的爆速是难以达到极限爆速的，如图 5.27 中位于 d_{cr} 和 d_{cp} 间的爆轰，因此爆轰是非理想的。研究表明，非理想爆轰的爆速是装药直径的函数。

从工业炸药的组成上可以看出，绝大多数工业炸药是多种物质的混合物，或者含有在爆轰波中以高速分解的高活性单质炸药（如硝化甘油、梯恩梯、黑索今、太安等），或者含有活性低但仍具有爆炸性的化合物（如二硝基萘等）；此外，还含有活性低但却是工业炸药中重要的物质——氧化剂（如硝酸铵、硝酸钾等），非爆炸性的物质——可燃剂（如木粉、石蜡、油相材料等），有的甚至还含有在爆炸过程中不参与化学反应而只能发生相转换的物质（如水、惰性无机盐等）。因此，物理和化学的多相体系是工业炸药的主要特征之一，它还是动力学多相体系，具有典型的非理想性，与其他凝聚相炸药的典型爆轰理论具有一定的差异。

工业炸药在爆轰时的化学反应要经历几个阶段，它既不同于单质炸药的化学反应，又不同于猛炸药的混合物。工业炸药化学反应的典型方式是在爆轰区内进行的，首先是活泼的原组分物质分解或汽化，即所谓的"一次反应"；然后是已分解或汽化的产物之间或已分解的产物与原组分中尚未发生化学反应或相转变的物质之间发生相互作用，即所谓的"二次反应"。因此，与单质炸药相比，工业炸药爆轰的多段性强化了爆轰扩散的极限条件及爆轰参数与组分粒度的依赖关系。实验得出，在一定条件下，粒子的绝对尺寸和级配程度对其爆轰的极限条件和参数均有很大的影响。

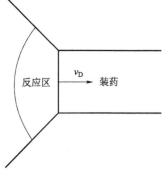

图 5.28　有侧向膨胀的爆轰

炸药之所以存在着一定的装药直径（临界直径和极限直径），主要是因为爆轰产物具有侧向膨胀特性。这是因为当圆柱形的装药在空气中发生爆轰时，除产生轴向膨胀波外，还会产生从装药侧表面向爆轰反应区内部传播的径向膨胀波，并使高压的爆轰产物向侧向膨胀，如图 5.28 所示。

对于一定量的炸药，若装药直径较小，则由于装药轴线处受侧向膨胀波的影响较大，爆速就降低得快，直到不能维持稳定爆轰，因而出现最小的装药直径即临界直径；反之，若装药直径较大，则装药中心的爆速受侧向膨胀波的影响较小，当装药直径加大时，轴线处的爆速便不受侧向膨胀波的影响，此时的爆速出现了极大值，这样装药直径也达到极限直径。由此分析可知，影响临界直径和极限直径的主要因素是炸药自身的化学性质和炸药的物理状态及装药条件。

长柱药包起爆过程如图 5.29 所示。设在药包左端起爆能激起炸药爆炸反应，爆轰波开始自起爆点沿药包向右端传播，药包无外壳约束。起爆以后，爆炸反应气态产物在药包轴向朝起爆方向的反向膨胀，形成的膨胀波向前传播，但其速度较爆轰波速度小。因此，爆轰波得以超前尾部膨胀波继续传播。与此同时，由于药包两侧爆轰气态产物向外扩散，膨胀波从侧向侵入。由爆轰波波阵面、侧向膨胀波和尾部膨胀波所围成的化学反应区的结构形状，随着爆轰波自起爆点开始向右传播的过程不断改变。起初，反应区结构呈一截锥形，其前峰和尾部均为曲面。当爆轰波继续传播时，反应区结构进一步变化，一直到侧向膨胀波向药包内侵入，并在药包轴线相交，最终形成一锥形反应区。自此以后，反应区以固定结构在药包中传播，爆轰波也就以恒定速度传播。

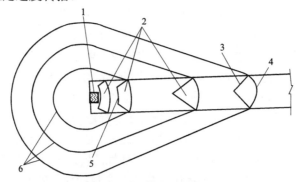

图 5.29　长柱药包起爆过程

1—起爆药柱；2—反应区；3—侧向膨胀波；4—爆轰波波阵面；5—尾部膨胀波；6—膨胀气体界面

工业炸药作为一种非均质炸药，其起爆过程具有明显的过渡阶段，并且一般来说都属于低速过渡阶段，同时过渡阶段的范围较大。这是工业炸药区别于单体猛炸药的一个重要特点。

2. 炸药自身化学性质的影响

由于炸药的临界直径和极限直径与爆轰时化学反应区的宽度有密切的关系，反应区窄则临界直径和极限直径小，反应区宽则临界直径和极限直径大。反应区的宽窄又与化学反应速度有关，而化学反应速度又与炸药的化学性质有密切的关系。一般来说，单质炸药的临界直径要比混合炸药的临界直径小得多。几种炸药的临界直径如表 5.12 所示。

表 5.12　几种炸药的临界直径（玻璃管外壳）

炸药名称	密度 ρ_0/（g·cm^{-3}）	药粒直径/mm	临界直径 d_{cr}/mm
叠氮化铅	0.90～1.02	0.05～0.20	0.01～0.02
太安	1.0	0.025～0.100	0.9
黑索今	1.0	0.025～0.150	1.2
硝化甘油（固体）	1.0	0.4	2.0
苦味酸	0.95	0.10～0.75	9.2
梯恩梯	0.85	0.07～0.20	11.2
硝酸铵	0.90～1.02	0.05～0.20	100
阿马托（79/21）	1.0	细粒硝酸铵、梯恩梯	12
2#岩石炸药	1.0	细粒硝酸铵、梯恩梯	20

3. 装药密度的影响

对于单质炸药以及由它们组成的混合炸药，d_{cr} 和 d_{cp} 都随装药密度的增大而减小，并且 d_{cp} 和 d_{cr} 之间相差的范围也随着装药密度的增大而减小。但若装药密度在结晶密度或接近结晶密度时，则会发现临界直径将增大，如梯恩梯的临界直径与装药密度的关系如图 5.30 所示。实验表明，压装梯恩梯的临界直径随装药密度的增大而减小，这是由于随着装药密度的增大，反应区中的压力和温度均升高，化学反应加快；而铸装梯恩梯的临界直径却增加很大，这是由于化学反应区中反应机理不同。在压装梯恩梯中，由于其结构的不均匀性，在强度不大的冲击波作用下便形成许多起爆中心并激起化学反应，反应过程是受这些起爆中心控制的，因而即使受到侧向膨胀波较大的影响却仍能够维持其稳定的爆轰。而在铸装特别是在单晶情况下，支配反应过程由原先的起爆中心反应变为均匀的整体反应，因此受侧向膨胀波的影响而使化学反应区支持爆轰波的能量减小，这样就影响了爆轰的稳定传播。实验还发现，大多数的注装或接近结晶密度的炸药，其临界直径接近于极限直径。

对于由氧化剂与可燃物或者由炸药与非炸药组成的工业混合炸药，如铵油、阿马托（硝酸铵/梯恩梯）等，它们的临界直径 d_{cr} 随装药密度的增大而增大，且密度增加越大，d_{cr} 增大也越迅速。硝铵类炸药的临界直径与装药密度的关系如图 5.31 所示。当装药密度为 1.2 g/cm³

时，基那蒙（硝酸铵/梯恩梯）的 d_{cr} 达 70 mm，且随着密度的增大其 d_{cr} 将变陡，而阿马托随着装药密度的增大其 d_{cr} 的增大较为缓慢。

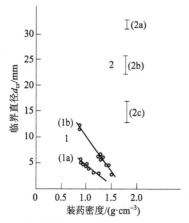

图 5.30　梯恩梯的临界直径与装药密度的关系

1—粉状和压装的梯恩梯，颗粒尺寸：（1a）0.01～0.05 mm，

（1b）0.07～0.2 mm；2—铸装梯恩梯：（2a）完全透明，

（2b）乳状体，（2c）含 10%粉末的乳状体

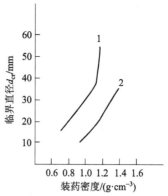

图 5.31　硝铵类炸药的临界直径与装药密度的关系

1—基那蒙（硝酸铵/泥煤：88/12）；

2—阿马托（硝酸铵/梯恩梯：80/20）

硝铵类炸药的临界直径随着装药密度的增大而增大，这主要是因为装药密度与爆轰时的化学反应有关，硝铵类炸药爆轰时的化学反应受各成分或其分解产物之间的渗透与扩散的难易程度影响较大，装药密度增大使渗透与扩散困难，化学反应速度降低，因此，d_{cr} 和 d_{cp} 都将增大。阿马托（硝酸铵/梯恩梯（80/20））的爆炸反应历程如下：

第一步：硝酸铵与梯恩梯受热分解。

$$2NH_4NO_3 \longrightarrow 4H_2O+N_2+2NO+121.2 \text{ kJ}$$

$$C_7H_5O_6N_3 \longrightarrow 2.5H_2O+3.5CO+1.5N_2+3.5C+948.9 \text{ kJ}$$

第二步：分解产物混合后进一步反应。

$$2NO+C \longrightarrow CO_2+N_2+574.8 \text{ kJ}$$

$$CO+NO \longrightarrow CO_2+0.5N_2+374.9 \text{ kJ}$$

基那蒙（硝酸铵/泥煤（88/12））的爆炸反应历程与阿马托的相似，只是在混合过程中硝酸铵的分解产物向泥煤颗粒的表面扩散，由于在装药密度过大时，扩散更困难，故 d_{cr} 随密度的增加而较快增大。

另一些单质炸药，如过氯酸铵、硝基胍、硝酸肼等，它们与上面的工业炸药类似，即随着装药密度的增大其临界直径也增大，这是由于这些炸药在爆轰时以颗粒燃烧为特征，装药密度的增大会阻止爆轰产物向未反应的炸药中渗透。

4. 炸药颗粒尺寸的影响

炸药的颗粒度越小，则 d_{cr} 和 d_{cp} 也越小，且 d_{cr} 和 d_{cp} 之间的差值也越小。这是由于炸药颗粒的尺寸越小，其反应速度越快，反应区的宽度越小，这种关系对单质炸药和混合炸药都是相同的。梯恩梯和苦味酸的 d_{cr} 和 d_{cp} 与颗粒尺寸的关系如表 5.13 所示。

表 5.13 炸药颗粒对 d_{cr} 和 d_{cp} 的影响

炸药名称	密度 ρ_0/（g·cm^{-3}）	颗粒尺寸/mm	d_{cr}/mm	d_{cp}/mm
苦味酸	0.95	0.10～0.75	9.0	17.0
苦味酸	0.95	0.01～0.05	5.5	11.0
梯恩梯	0.85	0.07～0.20	11.0	30.0
梯恩梯	0.85	0.01～0.05	5.5	9.0

5. 外壳的影响

当装药有外壳时，由于外壳能够限制侧向膨胀波向化学反应区的传播，因此 d_{cr} 和 d_{cp} 均减小，且外壳阻力越大，d_{cr} 和 d_{cp} 就越小。外壳的强度和惯性对 d_{cr} 和 d_{cp} 均有很大的影响，外壳未发生破裂前主要的影响因素是强度，外壳发生破裂后主要的影响因素则为惯性，因为惯性能限制膨胀的速度。对于混合炸药来说，外壳的影响更为显著。

5.8 高速爆轰与低速爆轰

5.8.1 炸药的高速爆轰和低速爆轰现象

早期人们在对炸药爆轰现象进行研究时就已发现，某些液体炸药（如硝化甘油等）以及以硝化甘油为基本成分的胶质炸药（如代那买特）和一些粉状炸药在受到不同的初始起能量和起爆方式作用时，它们可以以两种完全不同的速度稳定爆轰，而且两种爆轰的爆速相差较大。用不同的雷管起爆硝化甘油时的爆速如表 5.14 所示。

表 5.14 硝化甘油在各种直径玻璃管中的爆速

玻璃管直径/ mm	用不同雷管起爆时所得到的爆速/（m·s^{-1}）			
	2$^{\#}$雷汞雷管	6$^{\#}$雷汞雷管	8$^{\#}$雷汞雷管	8$^{\#}$布里斯卡雷管
6.3	890	810	1 350	8 130
12.7	2 530	1 940	1 780	8 100
19.0	2 130	1 970	1 750	8 250
25.4	2 190	202		8 130
32.0	1 760	1 780		8 140

深入研究发现，这些液体炸药、胶质炸药以及粉状炸药既可以以正常的 C–J 爆轰速度进行稳定的高速爆轰（HVD），又可以在装药结构不均匀或装药直径低于其极限直径，以及在受到弱起爆作用等一些特定条件下以比 C–J 爆速低得多的速度进行稳定的低速爆轰（LVD）。在高爆速与低爆速之间却没有稳定的中间速度。如塑态的爆胶在装药密度为 1.40 g/cm^3 时，若装药的直径大于 5 mm，它可以传递爆轰，且爆轰的形式可以是高速爆轰，也可以是低速爆轰；若装药直径小于 5 mm，它就不能传递爆轰。此外，所测得的高速爆轰速度值与理论计算

出的极限爆速很接近。高速爆轰与低速爆轰的情况如图 5.32 所示。

通过对单质炸药以及工业混合炸药的研究发现，在一定的条件下，它们均可以发生高速爆轰和低速爆轰。如在 1 g/cm³ 密度下颗粒状的黑索今、特屈儿、梯恩梯等单质炸药，当装药直径小于它们的某个临界值时，都能以低于 2 000 m/s 的速度进行低速爆轰。

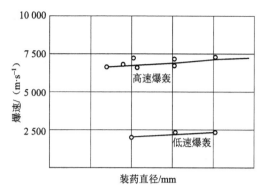

图 5.32　密度为 1.40 g/cm³ 爆胶的高速爆轰和低速爆轰

5.8.2　炸药低速爆轰的机理

对爆轰理论进行研究后知道，高速爆轰现象相当于爆轰的高速化学反应已在爆轰波反应区内全部完成，并且化学反应所放出的能量全部用来支持爆轰的稳定传播。而低速爆轰现象则是由于爆炸物在高速化学反应区中没有完全反应，因而用来支持爆轰传播的能量只是化学反应一部分的能量，剩余的相当一部分能量在爆轰波的 C–J 面之后的后燃烧阶段释放出来，而后燃烧所放出的能量对爆轰波的传播没有作出贡献，因此，低速爆轰传播的机理可以从表面反应机理中得到解释。

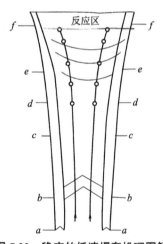

图 5.33　稳定的低速爆轰机理图解

如在液体炸药中起爆中心通常以空气泡的形式出现，甚至在很低的冲击波强度下该处也能够发生爆炸分解过程。这对于原来含有气泡的液体炸药是很容易解释的，但对于原来不含有气泡的液体炸药就存在着气泡是如何产生的问题。大量的实验表明，当液体炸药在管中受到低起爆能作用时，由于沿管传播的冲击波速度超过了液体炸药中传播的压缩波的速度，这样在爆轰反应区之间的液体炸药中必然会发生空化作用，并产生空化气泡，这就是维持低速爆轰传播的起爆中心。稳定的低速爆轰机理如图 5.33 所示。

从图 5.33 中可以看出，管壁的冲击波比反应阵面超前了一个可观的距离，管壁中的弹性冲击波是相当强的，且被反应区中增长的压力推动前进，这样管壁的侧向运动便形成了一个向炸药中传播的侧向冲击波。由于在炸药中心的反射和炸药径向膨胀的结果，便形成了空化气泡。这些气泡依次被从反应区直接传向炸药的轴向冲击波所击毁，同时根据上述机理再发生新的空化现象，于是又产生了新的活化中心。

对于固体炸药来说，低速爆轰通常发生在结构不均匀的粉状炸药或胶质炸药中，这是因为这些炸药中含有大量的空气隙，在受到冲击波的压缩时易形成热点，所以它们对冲击波都是比较敏感的。一般低速爆轰的传播速度约为 2 000 m/s，在这样的冲击波作用下，炸药的均匀加热和反应均不明显，甚至可以把有的炸药当作惰性材料看待。但对于含有气泡的炸药，由于气泡易变形和绝热压缩，这样强度的冲击波已足以引起气泡的绝热压缩并产生相当高的温度，由于炸药有一部分被加热而参加了反应，则可以把该部分炸药看作是活性物质并在 C–J 面以前的爆轰反应区内一直进行反应，使低速爆轰稳定地传播下去，其余部分则看作是惰性物质在 C–J 面以后的后燃烧中进行反应,这样就可以按流体动力学理论来讨论低速爆轰问题。

5.8.3 低速爆轰向高速爆轰的转化

在一定条件下,炸药的低速爆轰可以向高速爆轰转化。当一种炸药进行低速爆轰时,若增大其装药直径并使其足够大,则这种低速爆轰沿装药传播一定距离后便能自动转化为高速爆轰。例如,直径在 32 mm 以上的胶质基那米特炸药,在用 8# 雷管起爆后,最初以低速(2 535 m/s)爆轰,后来便自动转化为高速(5 890 m/s)爆轰。

在岩石的爆破实践中发现,当装药未将炮孔充满或药卷包装不好以及形状不规则,即在装药与炮眼之间存在较大空隙时,炸药有时会以低速爆轰,若装药完全填满炮眼,则炸药通常以高速爆轰。

研究还发现,装药外壳的性质对低速爆轰向高速爆轰转化的影响很大。如直径为 25 mm 且装在纸管中的基那米特炸药在激起低速爆轰后,其爆轰通常是可以稳定传播的,但若将它放在足够长的钢管中,或者在装药中间套有一段钢管时,则低速爆轰传入其中后便立即发生向高速爆轰的转化。

总之,对炸药的低速爆轰机理以及低速爆轰向高速爆轰转化条件及其影响因素的研究,为控制并避免低速爆轰现象提供了理论依据,继续对这一理论进行深入的研究具有重要的实际意义。

思考题

1. 简述压缩波与膨胀波各自的特点。

2. 声波的主要性质有哪些?

3. 推导声波声速公式(以弱膨胀波形式推导)。

4. 冲击波与声波的主要区别是什么?

5. 冲击波的主要性质证明。

① 冲击波波阵面上已扰动介质的状态参数主要与冲击波波速有关。

② 冲击波相对于未扰动介质是超声速的,即 $v_D - u_0 > c_0$;相对于已扰动介质是亚声速的,即 $v_D - u_1 < c_1$。

③ 冲击波速度大于介质的移动速度且与介质的运动方向相同。

④ 冲击波衰减最终变为声波。

⑤ 冲击波的冲击压缩过程是熵增大过程。

6. 爆轰波与冲击波的主要联系与区别是什么?

7. 简述爆轰波稳定传播的条件。

8. 试在 P–V 图上解释爆轰波冲击绝热曲线与波速线在爆轰过程中所处的状态各线段点的意义。

9. 爆轰波的主要性质证明。

① C–J 点处爆轰波相对于爆轰产物的传播速度等于爆轰产物中的声速,即 $v_D = u_2 + c_2$。

② 爆轰波相对于波前质点的速度为超声速,即 $v_D - u_0 > c_0$;爆轰波相对于波后质点的速度在强爆轰时为亚声速,即 $v_D - u_2 < c_2$;而在弱爆轰时为超声速的,即 $v_D - u_2 > c_2$。

10. 简述凝聚相炸药爆轰反应的机理。

11. 已知空气的初始参数 $p_0=1\times10^5$ Pa，$\rho_0=1.26$ kg/m³，$T_0=237$ K，$u_0=0$，$K=1.4$，当 $p_1=10^6$ Pa 时，计算空气冲击波参数（ρ_1，u_1，v_1，v_D，c_1，T_1）。

12. 已知空气介质的初始参数 $p_0=1.013\times10^5$ Pa，$\rho_0=1.226\times10^3$ g/cm³，$T_0=288$ K，$u_0=0$，取 $K=1.4$，测得空气中爆炸产生的冲击波传播速度 $v_D=1\,000$ m/s，计算冲击波参数（ρ_1，p_1，u_1，v_1，T_1）。

13. 由实验测得 RDX 在此 $\rho_0=1.69$ g/m³ 时爆速为 7 900 m/s，试求其他爆轰参数（ρ_2，v_2，p_2，c_2，u_2，T_2）。

第6章
炸药的起爆与感度

6.1 炸药的起爆及其原因

炸药是一种相对稳定的化学物质，在外界能量激发作用下能发生急剧化学变化。不同的炸药对外界作用的敏感程度是不同的，习惯上把炸药在外界作用下发生爆炸反应的难易程度称为炸药的敏感度，简称炸药的感度。激发炸药发生爆炸反应的过程称为起爆。能够激发炸药发生爆炸变化的能量可以是各种形式，如热能、电能、光能、机械能、冲击波能或辐射能，等等。激发炸药爆炸变化的最小外界能量称为引爆冲能。激发炸药爆炸所需的引爆冲能越小，则炸药的感度越大；反之，激发炸药爆炸所需的引爆冲能越大，则炸药的感度越小。在研究炸药感度时，根据外界作用的不同形式将炸药的感度分成若干类型，如热感度、火焰感度、静电感度、激光感度、等离子体感度、摩擦感度、撞击感度、冲击波感度和爆轰波感度等。

6.1.1 炸药起爆的原因

炸药在没有外界能量激发的条件下是稳定的，不会发生爆炸，只有在一定的引爆能量作用下，炸药才会发生爆炸，有关炸药稳定性和引爆能量之间的关系可以用图 6.1（a）所示的化学反应能栅图予以表示。在无外界能量激发时，炸药处在能栅图中 Ⅰ 位置，此时炸药处于相对稳定的平衡状态，其位能为 E_1；当受到外界一定的能量作用后，炸药被激发到状态 Ⅱ 的位置，此时炸药已吸收了外界的作用能量，同时自身的位能跃迁到 E_2，位能的增加量为 $E_{1,2}$；如果 $E_{1,2}$ 大于炸药分子发生爆炸反应所需要的最小活化能，那么炸药便发生爆炸反应，同时释放出能量 $E_{2,3}$，最后变成爆炸产物，处于状态 Ⅲ 的位置。炸药爆炸的能栅变化就像在位置 1 处放一个小球，如图 6.1（b）所示，小球此时处在相对稳定状态，如果给它一个外力使它越过位置 2，则小球就立即滚到位置 3，同时还产生一定的动能。从能栅图上可以看到，外界作用的能量 $E_{1,2}$ 既是炸药发生化学反应的活化能，又是外界用以激发炸药爆炸的最小引爆冲能，因此，$E_{1,2}$ 越小，该炸药的感度越大；$E_{1,2}$ 越大，

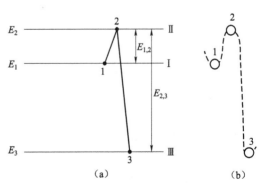

图 6.1 化学反应能栅图

Ⅰ—炸药稳定平衡状态；Ⅱ—炸药激发状态；Ⅲ—炸药爆炸反应状态

则炸药的感度越小。

6.1.2 炸药感度的选择性和相对性

应该指出的是,不仅不同的炸药发生爆炸变化时所需要的最小引爆冲能是不相同的,就是同一种炸药,在不同形式的能量激发下其最小引爆冲能也不是一个固定值,它与引爆冲能的作用方式以及作用速度等因素有关。例如,在静压作用下,必须具有很大的能量才有可能使炸药爆炸,但在快速冲击下则只需要较小的能量就可以使炸药发生爆炸。在迅速加热的条件下,炸药发生爆炸所需要的能量要小于它在缓慢加热时发生爆炸所需要的能量,此外,同一种炸药的各种感度之间不存在某种当量关系,表 6.1 中所示数据可以说明这个问题。

表 6.1 炸药感度的对比

炸 药	$t_E^{①}$ /℃	$h_{min}^{②}$ /cm
叠氮化钠	345	11
硝化甘油	222	15
黑索今	260	18
梯恩梯	475	100

注:① 5 s 爆发点。
② 撞击作用下最小落高,锤重 2 kg,药量 0.02 g,对应于 10 次试验中只爆炸一次的落高。

表 6.1 列举的数据表明,叠氮化钠相当耐热,爆发点高达 345 ℃,但对机械撞击却非常敏感。硝化甘油的感度也表现出了类似的不协调,梯恩梯对于热和机械作用的感度都较低,但和叠氮化钠相比,也有不一致处,5 s 爆发点相差 130 ℃,而最小落高却相差近 10 倍。这种现象表明,以热、机械撞击作用为例,上述几种炸药对热、机械作用的反应存在着选择性,即对某种作用反应敏感度高,对另一种作用则不一定敏感。

炸药感度的另一特性是相对性,相对性含义为:炸药的感度表示炸药危险性的相对程度;不同的场合对炸药感度有不同的要求。

例如在热的作用下,在同样温度下,尺寸小于临界值的炸药包或药柱是安全的,而尺寸超过了临界值的炸药包或药柱则可能发生热爆炸。可见,试图用某一个值来表示炸药的绝对安全程度是没有意义的。

感度相对性的另一个表现是,根据使用条件对某种炸药提出不同的感度要求。有些炸药需要较高的火焰感度,如点火器材;有些则需要较高的撞击感度,如底火中使用的击发药等。

炸药感度的大小不仅取决于炸药自身的物理、化学性质,同时还与炸药的物理状态以及装药条件等因素有关。

在生产、储运和使用过程中,人们希望炸药具有适当的感度。炸药在使用过程中具有高感度,以保证起爆和传爆的可靠性;而在生产、储存、运输等非使用场合,又具有尽量低的感度,以确保操作的安全性。由此可见,感度具有两重性,即实用性和危险性。为此,人们将炸药的感度分为实用感度和危险感度,前者和炸药的使用可靠性相联系,后者和炸药的安全性相联系。所谓"实用感度",是指在一定的起爆方式下,如果用它的最小起爆能量来引爆某种炸药，该炸药能顺利地起爆，不应该出现半爆或拒爆。从应用的角度来说，炸药具有适当的实用感度是很重要的，因为较好的实用感度可以减小炸药的拒爆概率，有效地防止意外事故的发生。危险感度，即在外界作用的能量低于炸药的最小起爆能时，炸药是安全的。低危险感度是人们对炸药的永恒追求，以在炸药的制造、运输以及使用等过程中，即使受到了一些机械或者其他形式的作用，也是安全的，不会发生意外爆炸事故。

掌握炸药的各种起爆机理，判别炸药对各种外界能量的感度，可以指导研究、生产、储存、运输和使用各个环节。例如生产或实验室研究中的定员定量、严禁烟火、轻拿轻放等规定，电雷管脚线短路，抗静电处理，过筛、湿混技术等措施都与起爆、感度相关。

6.2　炸药的起爆机理

6.2.1　热起爆机理（热爆炸理论）

热起爆是炸药起爆的最基本形式，其他各种形式的起爆均以此为基础，如机械起爆、冲击波起爆、电起爆、光起爆，都在一定程度上与热起爆相关。

热起爆机理的显著特点是自燃过程，这是由炸药化学反应的放热性能决定的。炸药系统在分解反应过程中会释放热量，同时还与周围环境发生热量传递，由于热产生速率与温度的关系是非线性的（通常符合阿伦尼乌斯关系式），而热损失速率与温度的关系则是近似线性或非线性的（如牛顿冷却定律），两者随温度的变化关系不一致。一旦系统的热产生速率大于热损失速率，系统就会因热积累而升高温度，其结果是使反应加速，产生更多的热量，系统温度因此会不断升高，如此循环，最终必然导致爆炸。

热起爆的研究已有 100 多年的历史。早期研究较引人注意的是范特荷甫（Van't Hoff）在 1884 年提出的论点，热自燃只有在反应所放出的热大于向周围的散热，体系热量不能维持平衡时才发生。这一论点尽管定性，但简明实用，沿用至今。1928 年，谢苗诺夫（Semenov）从热图出发，假设热损失速率用牛顿冷却定律表示，即 $\lambda_s(T - T_a)$，反应热产生速率服从阿伦尼乌斯定律。他通过热产生速率和热损失速率两曲线切点的存在关系，推导了热起爆的临界判据。

谢苗诺夫的热爆炸理论假设在整个系统内部各点的温度都相等，温度降全部发生在反应物边界上。之后，弗兰克-卡门涅斯基（Frank–Kamenetskii）提出了反应物边界温度等于环境温度，温度降全部发生在炸药内部，炸药中心的温度最高，温度分布逐渐降至边界的假设。Thomas 又将 Semenov 和 Frank–Kamenetskii 的假设作为一般边界条件的两种极端情况来处理，使假设的散热条件更接近实际情况。冯长根系统地研究了各个时期的热爆炸理论，并著有多部著作，推动了热爆炸理论在我国的发展。

1. 炸药爆炸热机理

从化学反应动力学的观点来看，炸药由缓慢的分解导致热起爆，关键是反应速率随温度的变化。

在有多种反应物和产物的情况下，根据质量作用定律，反应速率与反应物浓度的乘积成正比。对于某反应

$$aX = bY$$

式中　　Y——反应产物；

　　　　X——反应物；

　　　　a，b——化学反应方程式中各物质的计量系数。

则反应速率可表达为

$$\mathrm{d}C_Y / \mathrm{d}t = kC_X^a \tag{6-1}$$

式中　　k——化学反应速率常数。

　　　　k 与反应温度的关系服从阿伦尼乌斯公式：

$$k = Xe^{-E/(RT)} \tag{6-2}$$

式中　　E——活化能；

　　　　R——摩尔气体常数；

　　　　T——反应温度。

　　　　Z 为频率因子，并假设 Z 与温度无关。代入式（6-1），得化学反应速率

$$\frac{\mathrm{d}C_Y}{\mathrm{d}t} = C_X^a Ze^{-E/(RT)} \tag{6-3}$$

炸药温度上升是靠炸药分解反应放热而加热自身造成的。如果假设反应过程中没有热损失，以 Q 表示消耗每摩尔炸药所产生的热量，V 表示炸药体积，则反应的热产生速率为

$$q = VQC_X^a Ze^{-E/(RT)} \tag{6-4}$$

由式（6-4）可以看出，温度越高则反应速度越快，放热速率越大。

温度和反应速度的关系，范特荷甫在很早以前就根据实验归纳了一个近似规则：一般反应，当温度升高 10 ℃时，反应速度增大 2～4 倍。即

$$k_{T+10} / k_T = 2\sim4$$

温度升得越高，反应速度增加越快，呈指数关系，即

$$\frac{k_{T+10n}}{k_T} = (2\sim4)^n$$

炸药分解反应过程中，热量不断积累，使反应急剧加快，最后导致爆炸，这就是炸药爆炸的热机理。

对于炸药起爆来说，除热机理外，也有链锁反应机理。若链锁反应过程中产生的活化分子数比消耗的数量多，就会产生链分支反应，使反应链数增加，反应速度增大，最后也导致爆炸。对于氢氧类爆炸反应的实验结果，只有运用链锁反应动力学概念才能解释，它和热机理是各自独立发展的。本书只考虑炸药爆炸的热机理。

2. 热爆炸方程

热爆炸理论是以炸药系统反应时放热速率和散热速率之间的平衡为基础的，若前者大于后者，则爆炸可以发生，否则不能发生；前者比后者大得越多，则爆炸发生得越快。所以热爆炸理论要回答爆炸能否发生（临界条件）及什么时间发生（延滞期）的问题。要解决这两个问题，首先要建立热爆炸方程。

热爆炸方程本质上为能量守恒方程。对于均温系统，则是一个常微分方程。系统中的热量积累等于反应所产生的热量减去由于热传递所损失的热量，即单位体积炸药的热平衡方程为

$$\rho c \frac{\partial T}{\partial t} \underset{(I)}{} = \underset{(II)}{\rho Q Z \mathrm{e}^{-E/(RT)}} + \underset{(III)}{\lambda \nabla^2 T} \tag{6-5}$$

式中　ρ ——炸药密度；

　　　c ——炸药比热容；

　　　T ——温度；

　　　Q ——单位质量炸药的反应热；

　　　Z ——频率因子；

　　　E ——炸药活化能；

　　　λ ——炸药导热系数；

　　　∇^2 ——拉普拉斯算子。

该式为炸药热爆炸的基本方程。此式中左边项（Ⅰ）是炸药微元升温所需的热量，右边第一项（Ⅱ）是炸药微元化学反应释放的热量，右边第二项（Ⅲ）是炸药微元向周围环境散失的热量。爆炸的条件是

$$\rho c \frac{\partial T}{\partial t} \geqslant 0$$

第（Ⅱ）项化学反应放热量 q_1 是反应消耗的炸药量与单位质量炸药放热 Q 之积，即

$$q_1 = (1-\varepsilon)^n Z \mathrm{e}^{-E/(RT)} \rho Q$$

式中　ε ——反应分数；

　　　n ——反应级数。

假设炸药反应为零级反应，即 $n=0$，这表示反应过程中反应物浓度保持不变。尽管该假设有一定的局限性，但实践证明，在热爆炸以前，反应物的消耗很少，例如仅 1% 左右。加上热爆炸稳定性的理论比较简单，所以这一假设一直得到广泛的采纳和应用。即

$$q_1 = \rho Q Z \mathrm{e}^{-E/(RT)} \tag{6-6}$$

第（Ⅲ）项是炸药微元向环境散失的热量，这里假设散热主要是以热传导式进行。根据热传导定律：热流量与温度梯度成正比。如图 6.2 所示，由热传导而散失的热量 q_2 为

$$q_2 = \lambda \left(\frac{\partial^2 T}{\partial x^2} + \frac{\partial^2 T}{\partial y^2} + \frac{\partial^2 T}{\partial z^2} \right)$$

不同几何形状炸药的一维通式为

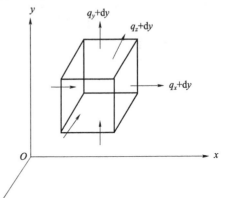

图 6.2　热传导单元

$$q_2 = \lambda \left(\frac{\partial^2 T}{\partial r^2} + \frac{j}{r} \cdot \frac{\partial T}{\partial r} \right)$$

式中　j ——炸药的几何形状因子：$j=0$，平板状；$j=1$，圆柱状；$j=2$，球状；

　　　r ——距离，球形与圆柱形时代表半径，平板时则表示平板两侧的间距之半。

这样，不同几何形状炸药的热爆炸方程可用通式表示为

$$\rho c \frac{\partial T}{\partial t} = \rho Q Z e^{-E/(RT)} + \lambda \left(\frac{\partial^2 T}{\partial r^2} + \frac{j}{r} \cdot \frac{\partial T}{\partial r} \right) \tag{6-7}$$

方程（6-7）表示炸药温度与反应时间的关系，解此方程可得爆炸发生时的温度（临界温度）和爆炸所需的时间（延滞期）。但此方程比较复杂，难以求解。研究热爆炸的重要目的之一在于，根据实际条件提出相应的近似假设，设计各种模型，运用各种方法求得具体条件下的解，以适应各种用途和要求，并验证所取得的结果与实验结果的一致程度。

3. 热爆炸方程的求解

热爆炸方程的求解是要解决爆炸临界判据的问题。热爆炸理论中，通过对基本方程求导并令 $\partial T / \partial t = 0$ 求临界条件。

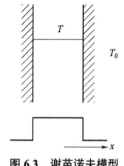

图 6.3　谢苗诺夫模型

1）谢苗诺夫理论

模型假设：

（1）炸药是均温的，则 $\partial T / \partial t = 0$，如图 6.3 所示。

（2）周围环境温度不随时间变化，T_0=常数。

（3）发生爆炸时炸药温度与环境温度 T_0 相近。

（4）炸药反应按零级反应进行，即在延滞期内不考虑炸药反应物的消耗。

（5）在炸药和环境接触的界面上，热传导遵守牛顿冷却定律，全部热阻力和温度降均集中于此界面上。

基本观点：

在一定条件下（温度、压力等），如果炸药在热分解的作用下反应放出的热量大于热传导（向外）所散失的热量，就能使炸药的内部发生热积累，从而使反应自动加速，温度升高，反应更快，温度更高，如此循环发展最后导致爆炸。

判据求解：

（1）图解法。

将炸药的得热项 q_1 和失热项 q_2 随炸药温度 T 的变化作图 6.4（a），图中 T_{01}、T_{02}、T_{03} 为三种环境的温度。

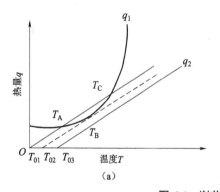
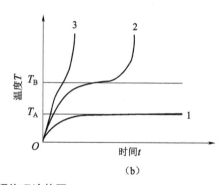

图 6.4　谢苗诺夫热爆炸理论热图

（a）q–T 图；（b）T–t 图

炸药系统放出的热量，即图 6.4（a）中得热曲线方程为

$$q_1 = \rho QZe^{-E/(RT)}$$

失热曲线方程因假设炸药是均匀的，所以炸药中的温度分布和其几何形状无关，即 $j=0$，q_2 简化为直线方程，即

$$q_2 = \lambda(T - T_0) \tag{6-8}$$

式中　λ——炸药表面换热系数。

从图 6.4（a）q–T 图中看出 q_1 和 q_2 两线有相交、不相交和相切三种相关的情况。

① 环境温度 T_{01} 低，q_2 和 q_1 相交于 T_A 时，主要看初温。初温低，在 T_A 点左边开始反应，$q_1 > q_2$，炸药升温，升到 T_A 点停止，此时 $q_1 = q_2$；初温高，在 T_A 点右边开始反应，$q_1 < q_2$，炸药降温，降到 T_A 点停止。结果炸药不论在什么温度开始反应，最终维持在 T_A 点，反应稳定、缓慢地进行，直至所有炸药反应完毕，反应速度不会自动加快。称 T_A 点为稳定平衡点。T_C 点是不能自动到达的平衡点。

② 环境温度 T_{03} 高，q_1 线在 q_2 线上方，炸药反应的得热始终大于失热，则炸药温度不断升高，最终导致爆炸。

③ 环境温度为 T_{02}，q_1 和 q_2 相切于 T_B 点时，T_B 点左右处炸药的得热均大于失热。在 T_B 点左边开始反应，因为 $q_1 > q_2$，炸药升温至 T_B 点，到 T_B 点后，炸药只要稍高于 T_B 点温度继续反应，就将剧烈加速而导致爆炸。称 T_B 点为不稳定平衡点，也是临界点。

图 6.4（b）所示为炸药温度随时间的变化图。曲线 1 表示炸药在环境温度为 T_{01} 时的升温状态，到 T_A 后温度再变化直至反应完毕，相当于图 6.4（a）中的 q_1 线和从 T_{01} 出发的 q_2 线组成的状态。T_A 为两线的交点。2 线表示在环境温度为 T_{02} 时，图 6.4（a）中 T_B 点前 q_1、q_2 线组成的温度状态，2 线表示到 T_B 点后继续反应时，q_1、q_2 线组成的温度状态，炸药急剧升温直至爆炸。3 线为环境温度为 T_{03} 时，炸药发生反应后的温度变化状态，急剧升温至爆炸。图 6.4（b）中曲线的斜率 dT/dt 是炸药温度升高的速率。

（2）解析法。

因为 $\dfrac{\partial T}{\partial t} = 0$，所以 $q_1 = q_2$，即炸药系统的放热等于炸药表面散热，为热爆炸临界状态。

则

$$\rho QZe^{-E/(RT)} = \lambda(T - T_0)$$

$$\lambda = \rho QZe^{-E/(RT)} / (T - T_0) \tag{6-9}$$

由图 6-4（a）切点 $dq_1/dT = dq_2/dT$，得

$$\lambda = \rho QZe^{-E/(RT)} / (RT^2) \tag{6-10}$$

由式（6-9）和式（6-10）得

$$T - T_0 = \frac{RT^2}{E} \approx \frac{RT_0^2}{E} \quad \text{（根据谢苗诺夫理论 } T \approx T_0 \text{ 假设）}$$

即

$$(T - T_0)E / (RT_0^2) \approx 1 \tag{6-11}$$

令量纲为 1 的温度 $\theta = (T - T_0)E / (RT_0^2)$，则爆炸临界条件是 $\theta = 1$。当 $\theta > 1$ 时，爆炸发生；当 $\theta < 1$ 时，爆炸不能发生。这样，从谢苗诺夫理论导出了爆炸临界判据 θ 值，它可用于计算爆炸时的临界温升。这点后来被弗兰克–卡门涅斯基所采纳。谢苗诺夫理论的主要缺点

是在建立模型时假设了炸药中无温度分布，因此只适用于不断搅动的流体炸药。即使在这种不停的流动的炸药中，也还会存在对流方式的热阻力，各点温度仍是难以均匀的。

1970年，格莱和波丁顿又将谢苗诺夫理论进行了再加工，他们采用谢苗诺夫数来表示热爆炸的临界判据。

谢苗诺夫数是由一定体积 V 炸药的热平衡方程导出的。

因为

$$V\rho QZe^{-E/(RT)} = \lambda s(T - T_0) \tag{6-12}$$

令

$$\varepsilon = RT_0 / E$$

变换

$$-E/(RT) = -E/(RT_0) + \theta/(1+\varepsilon\theta)$$

$$e^{-E/(RT)} = e^{-E/(RT_0)}e^{\theta/(1+\varepsilon\theta)}$$

代入式（6-12）并变换整理得

$$\theta e^{-\theta/(1+\varepsilon\theta)} = \rho VQEZe^{-E/(RT_0)}/(\lambda sRT_0^2) = \psi$$

ψ 被定义为谢苗诺夫数。

因 $E \gg RT_0$，所以 $\varepsilon \to 0$，$\varepsilon\theta \to 0$，故

$$\psi = \theta e^{-\theta} \tag{6-13}$$

已知谢苗诺夫的爆炸判据为 $\theta = 1$，即

$$\psi = e^{-1} = 0.367\,88$$

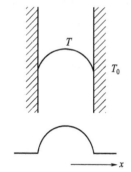

图6.5 弗兰克-卡门涅斯基系统温度空间分布

这样，谢苗若夫临界判据可以用 $\psi = 0.367\,88$ 来表示，ψ 大于此值，稳态被破坏，爆炸要发生；ψ 小于此值，可以出现两个交点，上交点是不稳定的，不能存在，下交点是稳定的，它表示炸药在该点的温度下反应完毕而不爆炸。用谢苗诺夫数 ψ 表示爆炸临界判据的优点是，可以和下面所述的其他理论的临界判据比较。

2）弗兰克-卡门涅斯基理论

模型假设：

该物理模型认为炸药是导热性不良的物质，对热传导有足够的阻力，因此炸药中的温度是空间分布的。弗兰克-卡门涅斯基认为热阻不在界面，而全分布在炸药中，如图6.5所示。

所以有如下假设：

（1）炸药不是均温的，中心温度最高，对称加热，所以有

$$r = 0, \quad \frac{\partial T}{\partial r} = 0$$

$$r = x, \quad \frac{\partial T}{\partial r} \neq 0$$

（2）反应物表面的温度等于环境温度，即

$$r = a, T = T_0$$

（3）$\dfrac{RT_0^2}{E} \ll 1$。

判据求解：

先引入量纲为 1 的参数 θ, τ, ξ。

温度：$\theta = \dfrac{E}{RT_0^2}(T - T_0)$；

时间：$\tau = \dfrac{RQZ}{cE}t$；

距离：$\xi = \dfrac{x}{a}$ 或 $\dfrac{r}{a}$。

因为 $e^{-E/(RT)} = e^{-E/(RT_0^2)}e^{\theta}$，将这些量纲为 1 的参数代入基本方程（6–7），并令

$$\delta = \dfrac{\rho QZEa^2}{\lambda RT_0^2}e^{-E/(RT_0^2)} \qquad (6\text{–}14)$$

式中　δ——弗兰克–卡门涅斯基理论的爆炸临界判据。

得

$$\dfrac{\rho c a^2}{\lambda} \cdot \dfrac{\partial \theta}{\partial \tau} = \dfrac{\partial^2 \theta}{\partial \xi^2} + \dfrac{j}{\xi}\left(\dfrac{\partial \theta}{\partial \xi}\right) + \delta e^{\theta} \qquad (6\text{–}15)$$

把稳定条件 $\partial \theta / \partial \tau = 0$ 代入式（6–15），得到

$$\dfrac{\partial^2 \theta}{\partial \xi^2} + \dfrac{j}{\xi}\left(\dfrac{\partial \theta}{\partial \xi}\right) = -\delta e^{\theta} \qquad (6\text{–}16)$$

边界条件：在中心位置 $\xi = 0, \partial \theta / \partial \tau = 0, \theta = \theta_{\mathrm{m}}$；在边界上 $\xi = \pm 1, \theta = 0$。

下面按不同的几何形状解式（6–16）。

（1）平板状炸药。$j=0$，此时式（6–16）简化为

$$\dfrac{\partial^2 \theta}{\partial \xi^2} + \delta e^{\theta} = 0 \qquad (6\text{–}17)$$

设 $\dfrac{\partial \theta}{\partial \xi} = u$，则

$$\dfrac{\partial^2 \theta}{\partial \xi^2} = \dfrac{\partial u}{\partial \theta}u$$

于是，式（6–17）变为

$$u\dfrac{\partial u}{\partial \theta} + \delta e^{\theta} = 0$$

积分，得

$$u^2\left(\dfrac{\partial \theta}{\partial \xi}\right)^2 = -2\delta e^{\theta} + C$$

代入边界条件，在中心 $\xi=0$ ， $\theta=\theta_m$ ， $\dfrac{\partial\theta}{\partial\xi}=0$ 后得

$$C=2\delta e^{\theta_m}$$

$$u^2=2\delta(e^{\theta_m}-e^{\theta})$$

$$u=\frac{\partial\theta}{\partial\xi}=\frac{1}{2}[2\delta(e^{\theta_m}-e^{\theta})]$$

再分离变量

$$\frac{\partial\theta}{\sqrt{e^{\theta_m}-e^{\theta}}}=\sqrt{2\delta}\partial\xi$$

积分得

$$\frac{1}{\sqrt{e^{\theta_m}}}\frac{\sqrt{e^{\theta_m}}-\sqrt{e^{\theta_m}-e^{\theta}}}{\sqrt{e^{\theta_m}}+\sqrt{e^{\theta_m}-e^{\theta}}}=\sqrt{2\delta}\xi+C' \qquad (6\text{-}18)$$

代入边界条件 $\xi=0$ ， $\theta=\theta_m$ 求得 $C'=0$ 。即炸药几何形状为平板（ $j=0$ ）时，判据是

$$\frac{1}{\sqrt{e^{\theta_m}}}\frac{\sqrt{e^{\theta_m}}-\sqrt{e^{\theta_m}-e^{\theta}}}{\sqrt{e^{\theta_m}}+\sqrt{e^{\theta_m}-e^{\theta}}}=\sqrt{2\delta}\xi \qquad (6\text{-}19)$$

此方程表示平板状炸药在稳定状态下（ $\partial T/\partial t=0$ 或 $\partial\theta/\partial\tau=0$ ）炸药中的温度分布。显然炸药温度 θ 的取值范围为 $0<\theta<\theta_m$ ，要维持此状态就要求 ξ 为负值。取边界条件 $\theta=0$ ， $\xi=-1$ ，则

$$\frac{1}{\sqrt{e^{\theta_m}}}\frac{\sqrt{e^{\theta_m}}-\sqrt{e^{\theta_m}-e^{\theta}}}{\sqrt{e^{\theta_m}}+\sqrt{e^{\theta_m}-e^{\theta}}}=-\sqrt{2\delta} \qquad (6\text{-}20)$$

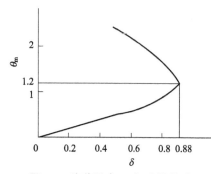

图 6.6 炸药温度 θ_m 与 δ 的关系

式(6-20)表示满足弗兰克-卡门涅斯基稳定条件下 θ_m 与 δ 的关系，按此式得到的 θ_m - δ 关系作图，如图 6.6 所示。

当 $\delta>0.88$ 时，方程无解，即 $\delta>0.88$ 时稳定条件被破坏，炸药发生爆炸，因此 δ 的临界值为 0.88。

在图 6.6 中通过曲线的转折点作横轴的平行线与纵轴相交，可得 $\delta=0.88$ 时的 θ 值，此值为 θ 的最大值 $\theta_m=1.2$ 。故 $j=0$ 时的临界条件为

$$\theta_m=1.2, \ \delta=0.88$$

由此值并根据量纲为 1 的温度和距离的定义，可求临界温度 T_c 和临界尺寸 x （或 r ）。

（2）圆柱形炸药。 $j=1$ ，则式（6-16）为

$$\frac{\partial^2\theta}{\partial\xi^2}+\frac{1}{\xi}\cdot\frac{\partial\theta}{\partial\xi}=-\delta e^{\theta} \qquad (6\text{-}21)$$

作变量替换，令 $y=\ln\xi$ ，代入式（6-21）得

$$\frac{\partial^2\theta}{\partial y^2}=-\delta e^{\theta+2y}$$

令

$$\varphi = \theta + 2y$$

则

$$\frac{\partial^2 \varphi}{\partial y^2} = -\delta e^\varphi \qquad (6-22)$$

式（6–22）和 $j=0$ 时的式（6–17）相同，可用同样的解法求得爆炸临界条件：

$$\delta_c = 2.00, \quad \theta_m = \ln 4 = 1.38$$

（3）球形装药。$j=2$，则式（6–16）成为

$$\frac{\partial^2 \theta}{\partial \xi^2} + \frac{2}{\xi} \cdot \frac{\partial \theta}{\partial \xi} = -\delta e^\theta \qquad (6-23)$$

令

$$\gamma = \theta_m - \theta, \quad \eta = \xi \sqrt{\delta e^{\theta_m}}$$

代入得

$$\frac{\partial^2 \gamma}{\partial \eta^2} + \frac{2}{\xi} \cdot \frac{\partial \gamma}{\partial \eta} = e^{-\gamma} \qquad (6-24)$$

由边界条件 $\xi=1$，$\eta = \sqrt{\delta e^{\theta_m}}$，并代入 $\theta=0$，$\gamma = \theta_m$，得

$$\delta = \eta^2 e^{-\gamma} \qquad (6-25)$$

微分

$$\frac{\partial \delta}{\partial \eta} = 2\eta e^{-\gamma} - \eta^2 e^{-\gamma} \frac{\partial^2 \gamma}{\partial \eta}$$

以 $\dfrac{\partial \gamma}{\partial \eta} = 0$ 求临界条件，得

$$\eta \frac{\partial \gamma}{\partial \eta} = 2 \qquad (6-26)$$

因为符合式（6–26）的 η 和 γ 值为

$$\eta = 4.08, \gamma = 1.61$$

代入式（6–25）得 $\delta_c = 3.32$，由 $\gamma = \theta_m - \theta$，$\theta = 0$，得 $\theta_m = 1.61$。

从以上推导结果可得出炸药在不同几何形状时的热爆炸临界判据，若已知各参数，还可通过 θ 和 δ 的表达式求得临界温度 T_c 和临界尺寸 a。

无限大平板：$j=0$, $\delta_c = 0.88$, $\theta_m = 1.22$；

无限长圆柱：$j=1$, $\delta_c = 2.00$, $\theta_m = 1.38$；

球：$j=2$, $\delta_c = 3.32$, $\theta_m = 1.61$。

炸药中心 $\xi=0$ 处温度最高，边界上 $\xi=1$ 处温度最低，温度分布如图 6.7 所示。

图 6.7 中细线是按谢苗诺夫理论所作的温度分布情况，炸药温度各点相同，$\theta_m = $ 常数。在 $\xi=1$ 处，温度突然下降到 $\theta=0$，即所有的热阻力均集中在表面层上。图 6.7 中的其他曲线是按弗兰克–卡门涅斯基理论所作的温度分布曲线，在 $\xi=0$ 处，$\theta = \theta_m$；在 $\xi=1$ 处，$\theta=0$；在 $\xi=1$ 和 $\xi=0$ 之间，θ 的值逐步下降，热阻力全分布在炸药中。

3）汤姆斯（Thomas）理论模型

汤姆斯理论认为温度降同时分布于炸药中和界面上，既考虑了炸药中的热阻又考虑了界面上的热阻。

模型假设：

K 为炸药界面的传热系数；λ 为炸药的导热系数；r 为炸药特性尺寸；B_i 为两种传热系

数之比，即

$$B_i = K / (\lambda / r) = Kr / \lambda \tag{6-27}$$

这样谢苗诺夫理论相当于 $\lambda = \infty$，故 $B_i = 0$；弗兰克-卡门涅斯基理论相当于 $K = \infty$，故 $B_i = \infty$；汤姆斯理论则相当于两传热系数比值为 $0 < B_i < \infty$。

现用 $j = 0$ 的条件绘得温度分布曲线，如图6.8所示。

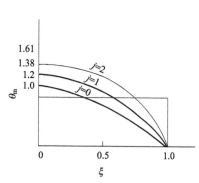

图6.7 平板（$j = 0$）、圆柱（$j = 1$）和
球形（$j = 2$）炸药的温度分布

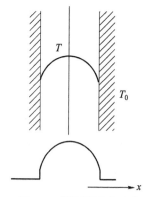

图6.8 汤姆斯温度分布

从温度降 $\Delta T = T - T_0$ 来看，图6.8中 ΔT 集中在界面上；ΔT 分布在炸药中，从炸药中心到表面连续变化，汤姆斯认为这是两种极端的情况，不论在炸药中还是在界面上都有热阻力存在，不应忽略任何一种，ΔT 同时存在于炸药中及界面上时，如图6.8所示。

汤姆斯的边界条件为

$$r = a, \lambda \frac{\partial T}{\partial r} + K(T - T_0) = 0 \tag{6-28}$$

其物理意义是：在边界处，热量从炸药表面传给环境的速率等于热量从炸药内部传至边界的速率。

用量纲为1的量来表达，式（6-28）可写为

$$\xi = 1, \frac{\partial \theta}{\partial \xi} + B_i \theta = 0 \tag{6-29}$$

判据求解：

（1）无限大平板装药。$j = 0$，临界条件时的热爆炸方程为

$$\frac{\partial^2 \theta}{\partial \xi^2} = -\delta e^{\theta}$$

其通解为

$$\theta = \ln A - 2\ln \cosh(\xi \sqrt{\delta A / 2} + C) \tag{6-30}$$

式中　A，C——积分常数。

在边界条件为 $\frac{\partial \theta}{\partial \xi} = 0$，$\xi = 0$ 时，$C = 0$，则

$$\theta = \ln A - 2\ln \cosh(\xi\sqrt{\delta A/2}) \tag{6-31}$$

令

$$D = \sqrt{\delta A/2}$$

以及

$$A = e^{\theta_0} = 2D^2/\delta$$

这样

$$D = \sqrt{\delta e^{\theta_0}/2}$$

将式（6-30）改写为

$$\theta = \ln(2D^2/\delta) - 2\ln \cosh(\xi D) \tag{6-32}$$

求导得

$$\frac{\partial \theta}{\partial \xi} = -2D \tanh(\xi D)$$

由式（6-29）及式（6-32）可得 $\xi = 1$ 处

$$2D \tanh D = B_i\theta，\text{或} \theta = (2D \tanh D)/B_i \tag{6-33}$$

由式（6-32）及式（6-33）给出 $\xi = 1$ 处

$$\ln \delta = \ln(2D^2) - 2\ln \cosh D - 2D \tanh D/B_i \tag{6-34}$$

式（6-34）就是满足边界条件式（6-29）的解。由式（6-34）可得

$$\frac{\partial \ln \delta}{\partial D} = \frac{2}{D} - 2\frac{\sinh D}{\cosh D} - \frac{2}{B_i}(\tanh D + D \operatorname{sech}^2 D)$$

令 $\partial \ln \delta/\partial D$ 为零，得到 δ 取极大值时 B_i 与 D 的关系：

$$B_i = \frac{D \sinh D \cosh D + D^2}{(1 - D \tanh D)\cosh^2 D} \tag{6-35}$$

确定一个 D 的值，式（6-35）可用来计算 B_i；式（6-34）可用来计算 δ；式（6-30）可用来计算 $\theta(\xi)$。由边界条件可得边界上的温度梯度，当 $B_i \to \infty$，有 $1 = D \tanh D$，解得 $D = 1.199\,679$，而当 $B_i \to 0$，可得 $D = 0$。这就是 D 的可取值范围，即

$$0 \le D_c \le 1.199\,679$$

（2）无限长圆柱装药。$j = 1$，临界条件时的热爆炸方程为

$$\frac{\partial^2 \theta}{\partial \xi^2} + \frac{1}{\xi} \cdot \frac{\partial \theta}{\partial \xi} = -\delta e^{\theta}$$

该方程解为

$$\theta = A - 2\ln(B\xi^2 + 1) \tag{6-36}$$

式中　A，B——积分常数。

为求得 A 和 B，可将式（6-36）微分后代入原方程，得

$$\theta = \ln \frac{8B}{\delta(B\xi^2 + 1)^2} \tag{6-37}$$

代入式（6-36）得

$$A = \ln \frac{8B}{\delta}$$

边界条件 $\xi = 1$，$\dfrac{\partial \theta}{\partial \xi} = -B_i\theta$，代入式（6-36），并求 δ 最大，得 $B_i = 1$，求出 $\delta_m = 2$。

代入式（6-37），求得

$$\theta = \ln \frac{8}{2(\xi^2 + 1)^2}$$

边界条件 $\xi = 0, \theta = \theta_m$ ，所以 $\theta_m = \ln 4 = 1.386$ 。

（3）球状装药。$j = 2$ ，引入变量

$$y = \theta_0 - \theta$$

$$x = \xi \sqrt{\delta e^{\theta_0}}$$

临界条件时的热平衡方程变为

$$\frac{1}{x^2} \frac{\partial}{\partial x} \left(x^2 \frac{\partial y}{\partial x} \right)_{\xi=1} = e^{-y} \tag{6-38}$$

边界条件为

$$B_i(\theta_0 - y_1) = \left(\frac{\partial y}{\partial x} \right)_{\xi=1} \cdot x_1 \tag{6-39}$$

其中

$$x_1 = \sqrt{\delta e^{\theta_0}} \tag{6-40}$$

下标 1 表示 $\xi = 1$ 。

$\xi = 0$ 时的边界条件变为

$$y = 0$$

$$\frac{\partial y}{\partial x} = 0$$

式（6-39）和式（6-40）合并整理得

$$\ln \delta = -y_1 + 2 \ln x_1 - \frac{x_1}{B_i} \left(\frac{\partial y}{\partial x} \right)_{\xi=1} \tag{6-41}$$

式（6-41）和式（6-38）结合，可得

$$B_i = \frac{x_1^2 \exp(-y_1) - x_1 (dy/dx)_{\xi=1}}{2 - x_1 (dy/dx)_{\xi=1}} \tag{6-42}$$

上述结果如图 6.9 所示。

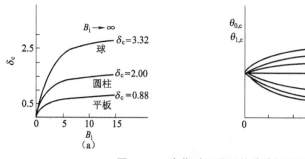

图 6.9　B_i 变化对不同形状装药的影响

如果已知 δ_c ，则临界温度 T_c 可按 δ_c 的定义求得

$$T_{\mathrm{c}} = \frac{E/R}{\ln\left(\dfrac{QEa^2\rho Z}{\lambda RT_{\mathrm{c}}^2\delta_{\mathrm{c}}}\right)} \tag{6-43}$$

此式只能用尝试法进行计算。

临界尺寸 a_{c} 也可通过 δ_{c} 的定义求得

$$a_{\mathrm{c}} = \left(\frac{\lambda R\delta_{\mathrm{c}}}{QE\rho Z}\right)^{1/2} T_0\, \mathrm{e}^{\frac{E}{2RT_0}} \tag{6-44}$$

以上讨论了热爆炸理论中三个最基本的理论,它们的区别在于所考虑的热阻力位置不同;相同的条件有环境温度不变、对称加热、三种标准的几何形状、不考虑爆炸前的炸药消耗、各种物理参数均不随温度变化等。

近年来,在热爆炸理论上有不少的进展,例如爆炸前有炸药消耗、不同的几何形状、不对称的加热,有外界热源的多相系统、开放流动系统,具有自催化等条件下的热爆炸等,都已有了各种近似的处理方法,可参考相关著作。

4. 爆炸延滞期

热爆炸理论要回答的第二个问题是爆炸什么时候发生,即求出爆炸延滞期。爆炸延滞期是指炸药开始受热到爆炸所需的时间。计算爆炸延滞期有两种模型,即绝热和不绝热条件下的计算方法。本书只讨论绝热条件下的求解。

本模型假设:炸药系统和环境之间不发生热交换,反应放出的热量全用于使炸药升温;在延滞期内炸药的消耗忽略不计;化学反应开始加速时,炸药温度 T 稍大于 T_0。

按照绝热条件计算延滞期,略去热平衡基本方程中的热损失项,则式(6-7)热爆炸方程简化为

$$c\rho\frac{\partial T}{\partial t} = \rho QZ\mathrm{e}^{-\frac{E}{RT}} \tag{6-45}$$

无量纲化后,式(6-45)成为

$$\frac{\partial\theta}{\partial t} = \frac{QZE}{cRT_0^2}\mathrm{e}^{-\frac{E}{RT_0}}\mathrm{e}^{\theta}$$

积分得

$$t_{\mathrm{e}} = \frac{cRT_0^2}{QZE}\mathrm{e}^{\frac{E}{RT_0}}\mathrm{e}^{\theta_{\mathrm{e}}-\theta_0} \tag{6-46}$$

式中 t_{e} ——爆炸延滞期;

θ_{e} ——爆炸开始温度。

按假设,T_{e} 和 T_0 相差不大,则 $(\theta_{\mathrm{e}}-\theta_0)\to 0$,代入上式得延滞期为

$$t_{\mathrm{e}} = \frac{cRT_0^2}{QZE}\mathrm{e}^{\frac{E}{RT_0}}$$

取对数

$$\ln t_{\mathrm{e}} = \frac{E}{RT_0} + A$$

式中
$$A = \ln \frac{cRT_0^2}{QZE}$$

因此，爆炸延滞期与环境温度成反比，与反应活化能成正比。

6.2.2　机械能起爆机理（热点理论）

炸药在机械作用下发生爆炸的机理是非常复杂的。20 世纪 50 年代，英国的布登在研究摩擦学的基础时提出的热点学说能较好地解释炸药在机械作用下发生爆炸的原因，并得到了人们的普遍认可。

1. 热点理论的基本观点

布登提出的热点学说认为：炸药在受到机械作用时，绝大部分机械能量首先转化为热能，由于机械作用不可能是均匀的，因此热能不是作用在整个炸药上，而只是集中在炸药的局部范围内，并形成热点，在热点处的炸药首先发生热分解，同时放出热量，放出的热量又促使炸药的分解速度迅速增加。如果炸药中形成热点的数目足够多，且尺寸又足够大，热点的温度升高到爆发点后，炸药便在这些点被激发并发生爆炸，最后引起部分炸药乃至整个炸药的爆炸。

2. 热点形成的原因

实验证明，在机械作用下热点形成的原因主要有三个方面。

（1）绝热压缩气泡形成热点。

一方面，炸药中的微小气泡可能是原来就存在于炸药中的，像固体炸药特别是粉状炸药。例如，用多孔粒状硝酸铵和燃料油相组成的铵油类炸药，在多孔粒状硝酸铵颗粒的内部就含有气泡；又如用表面活性剂对硝酸铵进行特殊的表面处理后制得的膨化硝酸铵具有多微气孔膨松的特性，且硝酸铵的晶体内部含有大量的微气孔，用这种膨化硝酸铵制得的粉状炸药，必然含有大量的微气孔。另一方面，炸药在受到撞击等机械作用时，很可能会将外界的气体带入炸药中而形成气泡。气泡中的气体既可以是空气，也可以是炸药或其他易挥发性物质的蒸气。这些气体在受到冲击时将被封闭住，由于气体具有较大的压缩性，因而在受到绝热压缩时气泡的温度必然升高，很容易形成热点，该热点可以使气泡中的炸药微粒以及气泡壁面处的炸药点燃和爆炸。

气体被绝热压缩时温度升高由下列公式计算：

$$\frac{T_2}{T_1} = \left(\frac{p_2}{p_1}\right)^{\frac{\gamma-1}{\gamma}} = \left(\frac{V_1}{V_2}\right)^{\gamma-1} \tag{6-47}$$

式中　T_1，p_1，V_1——初态的温度、压力和体积；

T_2，p_2，V_2——终态的温度、压力和体积；

γ——压缩指数。

实验证明，炸药中的气体能够增大感度，气泡产生热点与气体的热导率以及相应的热力学性质有关，气体的热导率越高，热点就越容易形成，在绝热压缩过程中气体所产生的热量就越容易传给气体周围的炸药，这样炸药的感度也越高。此外，如果气泡的体积越小，比表面积越大，则传出的热量也就越多，这样也使炸药的感度增大。

（2）摩擦形成热点。

如同摩擦可以生成热量一样，当表面不平整的固体相结合时，实际上真正接触的不是整个平面，而只是在部分突出点上发生接触，因此接触面积较小，在外界作用下，接触的各突出点之间便产生摩擦并出现变形，从而使物体发生相对滑动。在摩擦过程中，部分摩擦能转变成热能，并在这些点上聚集起来，因此，局部接触点上的温度可以上升较高。对于炸药来说，在受到外界机械作用时，炸药的晶体之间以及炸药与容器的内壁之间都会发生摩擦，形成热点进而发展到爆炸。

由于摩擦作用而使两物体之间局部温度升高，通过下列近似公式可以计算温度：

$$T - T_0 = \frac{\mu w v}{4r} \cdot \frac{1}{\lambda_1 + \lambda_2} \tag{6--48}$$

式中　T——物质的终态温度；

　　　T_0——物质的初始温度；

　　　μ——摩擦系数；

　　　w——作用于摩擦表面的负荷；

　　　v——滑动速度；

　　　r——圆形接触面的半径；

　　　λ_1, λ_2——两摩擦物体的导热系数。

炸药颗粒之间由于摩擦而形成的热点，能够达到的最高温度主要受炸药熔点的影响。由于大多数起爆药的熔点高于它的爆发点，以至于起爆药能在它的熔点以下发生爆炸，因此，起爆药在机械作用下，其结晶颗粒之间由于摩擦形成热点而发生起爆的机理是很显然的。但大多数猛炸药的熔点都低于它的爆发点，因而在摩擦作用下是先熔化，然后再爆炸，这样，猛炸药颗粒之间摩擦时就难以形成热点。

在机械作用下，如果炸药在达到热点分解温度时还没有熔化，那么它的硬度起到很重要的作用，此时应力都集中在个别硬且尖锐的颗粒上，就可能形成热点，并在较小的能量下使局部温度上升较快。如果颗粒比较软，则在摩擦时会发生塑性变形，这时的能量难以集中在个别点上，也难以形成热点。因此，在炸药中掺入部分熔点高、硬度大的物质（如铝粉等）有利于热点的形成，它的感度会增大；在炸药中掺入部分熔点低、可塑性大的物质（如石蜡、塑料等）将阻碍热点的形成，它的感度会减小，有的甚至不能发生爆炸。

在机械作用下，虽然有的炸药颗粒之间难以形成热点，但是炸药与容器的内壁，特别是与金属容器内壁之间的摩擦是可以形成热点的，在这种情况下形成热点所升到的最高温度除受炸药的熔点影响外，还与金属的熔点以及金属的导热性有关。实验表明，如果金属的熔点高于 570 ℃就能够形成热点。金属的导热性越低，则越容易形成热点，且热点可以达到较高的温度。

（3）黏滞流动形成热点。

炸药在机械作用下，如果机械冲击能很大，会使部分低熔点的炸药熔化，熔化的炸药液体将迅速在炸药固体颗粒之间发生黏滞流动。对于液体炸药和乳胶体炸药，在受到挤压后，其相碰的表面有可能因挤压而产生黏滞流动，并形成局部加热，温度升高，并引爆炸药。因此，黏滞流动所产生的热点是液体炸药、乳胶体炸药和低熔点炸药发生爆炸的原因。

炸药由于黏滞流动而引起温度的升高，可以用固定截面积的毛细管中因液体黏性流动而产生温度升高的近似公式来进行计算：

$$T = \frac{8l\eta v}{\rho c r^2}$$

（6-49）

式中　　T——升高的温度；

l——毛细管的长度；

η——黏滞系数；

v——平均流动速度；

r——毛细管的半径；

ρ——流体的密度；

c——液体比热。

从式（6-49）可以得到，流体的流动速度越大，黏滞系数越大，则黏滞流动所产生的热量就越大，温度上升越高，因此炸药也就越容易发生爆炸。

但是，炸药的毛细管运动并不是在冲击下引起爆炸的唯一原因。对于同一种炸药来说，形成热点的条件和概率与炸药在冲击下的形变性质有关，如果在相应压力下的形变是在炸药的封闭体积中产生的，则对形成热点起决定作用的是内部的局部形变过程（如微位移、气泡的绝热压缩、毛细管流动等）；如果在冲击能作用下炸药的装药发生形变，并在压力的影响下空气渗入炸药的空隙中，那么对起爆产生决定作用的是炸药的黏性流动过程，以及粒子间的摩擦效应；此外，炸药的吸热速度对炸药的感度也有一定的影响。

在机械作用下，炸药发生爆炸的过程是非常复杂的，其影响因素也很多，温度的升高除了与热点的形成有关外，还与高能粒（电子、α 粒子、中子）等轰击、静电放电、强光辐射及炸药晶体成长过程中存在的内应力、变形速度梯度、炸药的熔点以及变形的时间等一系列综合因素有关。

3. 热点的成长过程

热点的成长过程一般可分为以下四个阶段：

（1）热点的形成阶段：在此阶段热点刚刚出现。

（2）热点的成长阶段：它表现为一种快速的燃烧，即以热点为中心向周围扩展的阶段。

（3）快速燃烧转变为低速爆轰阶段：此阶段是由于热点处快速燃烧后，温度升高，炸药的分解反应速度加快，从而使燃烧产物的压力增大，当压力增大到某个极限值时，便转变为低速爆轰，此时的速度是超声速的。

（4）稳定爆轰阶段：该阶段由于出现了低速爆轰，炸药的反应速度将进一步加快，低速爆轰转变为更高的稳定爆轰阶段。

需要指出的是，像叠氮化铅等某些起爆药几乎从一开始就以爆轰的形式出现，且爆轰成长所需要的时间特别短，基本上不出现燃烧阶段，因此热点的成长过程不一定都要经过上述四个阶段。

4. 热点成长为爆炸的条件

通过分析知道，在机械作用下，炸药发生爆炸的首要条件是形成热点。但是并不是所有形成的热点都能够引起炸药的爆炸，这是因为除需形成热点外还必须具备另一些条件才能成长为爆炸，这些必要条件就是热点的温度、热点的尺寸、热点的分解时间及形成热点需要的热量等。

（1）热点的温度。

假设在机械作用下，炸药内部产生的热点是球形的，半径为 r，同时设炸药相对于热点而言是无限大的。在初始时刻，热点中所有各点的温度相同，环境温度为 T_0，热点中的温度比周围炸药的温度高出 θ_0，在时间 τ 内距中心 r 处的温度比周围炸药介质的温度高。用球面极坐标表示傅里叶热传导定律的方程如下：

$$\frac{\partial \theta}{\partial \tau} = \frac{\lambda}{\rho c}\left(\frac{\partial^2 \theta}{\partial r^2} + \frac{2}{r}\cdot\frac{\partial \theta}{\partial r}\right) \tag{6-50}$$

式中　λ——炸药的导热系数；

ρ——炸药的密度；

c——炸药的热容；

r——距热点中心的距离。

热传导的边界条件如下：

当 $\tau = 0$，$r > r_0$ 时，$\theta = 0$；

当 $\tau = 0$，$0 < r < r_0$ 时，$\theta = \theta_0$。

通过有关的计算和适当的代换，式（6-50）的解为

$$\theta = \frac{\theta_0}{\sqrt{\pi}}\int_{\frac{r-r_0}{2\sqrt{\lambda\tau/\rho c}}}^{\frac{r+r_0}{2\sqrt{\lambda\tau/\rho c}}} e^{-a}\mathrm{d}a - \frac{\theta_0\sqrt{\lambda\tau/\rho c}}{r\sqrt{\pi}}\left\{\exp\left[-\frac{(r-r_0)^2}{4\lambda\tau/\rho c}\right] - \exp\left[-\frac{(r+r_0)^2}{4\lambda\tau/\rho c}\right]\right\} \tag{6-51}$$

在 τ 时间内，热点传给周围炸药介质的热量为

$$q_1 = \int_0^\infty 4\pi r^2\theta\rho c\mathrm{d}r \tag{6-52}$$

在 τ 时间内，热点由于反应放出的热量为

$$q_2 = \frac{3}{4}\pi r_0^3\rho Q\tau A e^{-\frac{E}{RT}} \tag{6-53}$$

式中　Q——单位质量的反应热；

$Ae^{-\frac{E}{RT}}$——1 s 内单位体积中发生反应物质的质量，即化学反应速度。

热点的临界温度可以从热平衡的条件中求得，即

$$q_1 = q_2 \tag{6-54}$$

一些炸药在导热系数 $\lambda = 0.1$ W/（m·K），热容 $c = 1.25\times10^3$ J/（kg·K），密度 $\rho = 1.3$ g/cm^3 时形成热点的临界温度如表 6.2 所示。

表 6.2　某些炸药形成热点的临界温度（℃）

炸药名称	热点的半径/cm			
	$r_0 = 10^{-3}$	$r_0 = 10^{-4}$	$r_0 = 10^{-5}$	$r_0 = 10^{-6}$
太安	350	440	560	730
黑索今	380	485	620	820
奥克托今	405	500	625	805

炸药名称	热点的半径/cm			
	$r_0 = 10^{-3}$	$r_0 = 10^{-4}$	$r_0 = 10^{-5}$	$r_0 = 10^{-6}$
特屈儿	425	570	815	1 250
乙烯二硝胺	400	590	930	1 775
乙二胺二硝酸盐	600	835	1 225	2 225
硝酸铵	590	825	1 230	2 180

（2）热点的尺寸。

炸药受到机械冲击时，如果间隔的时间不同，则形成热点的尺寸也不同。根据式（6-54）热平衡的条件，可以计算出热点的尺寸，如果取炸药的导热系数 $\lambda=0.1$ W/（m·K），热容 $c=1.25\times10^3$ J/（kg·K），密度 $\rho=1.3$ g/cm^3，则在不同的时间 τ 内，热点的尺寸如下：

$$\tau = 10^{-4}\text{ s}, \quad r_0 = 10^{-3}\text{ cm}$$
$$\tau = 10^{-6}\text{ s}, \quad r_0 = 10^{-4}\text{ cm}$$
$$\tau = 10^{-8}\text{ s}, \quad r_0 = 10^{-5}\text{ cm}$$
$$\tau = 10^{-10}\text{ s}, \quad r_0 = 10^{-6}\text{ cm}$$

实验已经测定，炸药热点的半径一般为 $10^{-5}\sim10^{-3}$ cm，如实验测定太安热点爆炸时的温度为 430 ℃～500 ℃，则太安的热点半径为 $10^{-5}\sim10^{-4}$ cm；叠氮化铅在 330 ℃时发生爆炸的热点半径为 4.6×10^{-3} cm。

（3）热点的分解时间。

如果设炸药热点的初始质量为 m、密度为 ρ，则 $m=\dfrac{4}{3}\pi r_0^3\rho$，在时间 τ 内热点的分解量为 x，从动力学关系式中可以求出炸药在热点中的分解时间，其关系式如下：

$$\left.\begin{array}{l} mc\mathrm{d}T = (m-x)QA\mathrm{e}^{-\frac{E}{RT}}\mathrm{d}\tau - \lambda(T-T_0)\mathrm{d}\tau \\[2mm] \mathrm{d}x = (m-x)A\mathrm{e}^{-\frac{E}{RT}}\mathrm{d}\tau \end{array}\right\} \qquad (6-55)$$

即热点升高温度 $\mathrm{d}T$ 所需要的热量等于在 $\mathrm{d}\tau$ 时间内热点放出的热量与 $\mathrm{d}\tau$ 时间内由于热传导而损失的热量之差。

如果初始条件已知，则可以从数值的积分中求出时间 τ。例如，假设黑索今的 $r_0=10^{-3}$ cm，$T=400$ ℃，$k=259$ W/（m·K），$T_0=20$ ℃，则通过计算可以得出黑索今的热点反应时间 τ 为 $10^{-7}\sim10^{-4}$ s。

（4）形成热点需要的热量。

形成热点需要的热量可按下式计算：

$$Q_{\text{热点}} = mq = \frac{4}{3}\pi r_0^3\rho Q \qquad (6-56)$$

式中　Q——热点单位质量的反应热。

实验得出，形成热点需要热量的数量级为 $10^{-10}\sim10^{-8}$ J，如果设太安的热点半径 $r_0=1.0\times10^{-4}$ cm，$Q=5\,852$ J/g，$\rho=1.6$ g/cm^3，则形成热点所需要的热量如下：

$$Q_{热点} = \frac{4}{3}\pi r_0^3 \rho Q$$

$$= \frac{4}{3}\pi \times (1.0 \times 10^{-4})^3 \times 1.6 \times 5\,852$$

$$= 3.92 \times 10^{-8}\ (\text{J})$$

综上所述，炸药热点成长为爆炸必须具备以下条件：

（1）热点的温度为 300 ℃～600 ℃；

（2）热点的半径为 10^{-5}～10^{-3} cm；

（3）热点的作用时间大于 10^{-7} s；

（4）热点具有的能量为 10^{-10}～10^{-8} J。

6.2.3　冲击波起爆机理

冲击波起爆是研究炸药在冲击波及爆轰波作用下的引爆机理，它是炸药起爆的主要形式之一。炸药的正常爆轰和两个炸药柱间的爆轰是冲击波能起爆过程；飞片撞击、两个药柱间有惰性介质（如金属板、空气间隙等）时的起爆也属于冲击波能起爆过程。

冲击波是一种波阵面前沿非常陡峭的脉冲式压缩波，其主要参数是阵面压力 p 以及持续的作用时间 τ，它作用于物体时基本上也是热起爆，但是对均质物质和非均质物质，在起爆时有较大的差异。均质炸药受冲击波作用时，其冲击波波阵面上一薄层炸药均匀地受热升温，此温度如达到爆发点，则经一定延滞期后发生爆炸；非均质炸药受热升温发生在局部的热点上，爆炸由热点开始和扩大，然后引起整个装药的爆炸。

1. 均质炸药冲击波起爆

对于气态、液态（不含气泡、杂质等）以及单晶体等这类炸药的冲击引爆，多数研究者认为，被发炸药受冲击后，在初始冲击波波阵面后，炸药首先是受冲击而整体加热，然后出现化学反应，在炸药冲击加载时间最长的地点（即在冲击波最初冲击的炸药处），由于炸药的化学反应在极短时间内产生了超速爆轰，这种超速爆轰波赶上初始冲击波后在未经冲击的炸药内发展成稳定爆轰，这就是均质炸药引爆的经典机理。后来，发现只有在加载冲击波压力较高时，热爆炸才出现在接近加载交界面上。

典型例子之一是卡布尔（Campbell）等以高速摄影和探针法用压力传感器测定了硝基甲烷的冲击波起爆，实验装置如图 6.10 所示，实验结果如图 6.11 所示。

从图 6.10 可以看出，在硝基甲烷的初始冲击波压力 p=8 100 MPa 下，当冲击波进入炸药时，先以 4 500 m/s 的速度前进，此时冲击波波阵面以 1 620 m/s 的速度前进，当波阵面上的炸药经过一定延滞期后便开始发生爆炸反应，并在硝基甲烷中产生爆轰波。由于该爆轰波是在已经受到初始冲击波压缩的硝基甲烷中传播，因而它比正常爆轰速度高，比初始冲击波速度更高，达10 000 m/s，称为超速爆轰，它能很快赶上初始冲击波并与冲击波叠加达到 6 290 m/s 稳定爆速。

由于超速爆轰是在经压缩过的炸药中进行的，而且处在界面运动的情况，故超速爆轰速度 v_D^* 的计算式为

$$v_D^* = v_D + u_p + \Delta v_D \tag{6-57}$$

式中　　v_D^* ——超速爆轰速度，m/s；

　　　　v_D ——正常爆轰速度，m/s；

u_p ——界面质点运动速度，m/s；

Δv_D ——由于密度增大而增大的爆速 $\Delta v_D = k(\rho - \rho_0)$；

k ——速度的密度系数；

ρ ——冲击压缩后炸药的密度；

ρ_0 ——初始密度。

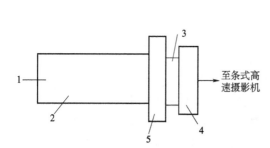

图 6.10 冲击波起爆实验装置示意图
1—平面爆轰波；2—RDX/TNT 炸药（60/40）；
3—硝基甲烷；4—有机玻璃隔板；5—有机玻璃片堆

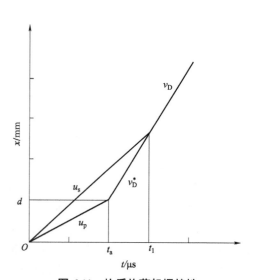

图 6.11 均质炸药起爆特性
u_s—初始冲击波速度；u_p—质点速度；v_D^*—超速爆
轰速度；v_D—正常爆轰速度；t_a—起爆延滞期；
t_1—达到正常爆轰时间；d—起爆深度

根据质量守恒定律

$$u_s \rho_0 = (u_s - u_p)\rho$$

故

$$\rho = \frac{u_s}{u_s - u_p} \rho_0 \tag{6-58}$$

式中　u_s——初始冲击波速度。

因此均相炸药的超速爆轰速度方程可用一般式表示为

$$v_D^* = v_D + k\frac{u_s}{u_s - u_p}\rho_0 + u_p \tag{6-59}$$

对于硝基甲烷，$v_D =6\,300$ m/s　$\rho_0 =1\,125$ g/cm³，$k=3\,200$，$u_s=4\,500$ m/s，$u_p=1\,600$ m/s，计算得 $v_D^* =9\,945$ m/s，与实验值相当。

这个方程式说明了均质炸药中超速爆轰发生的原因与计算。

2. 非均质炸药冲击波起爆

非均质炸药在烧铸、压装、结晶过程中所引起的密度不连续性（气泡、空穴、杂质等），是由人为掺入一些杂质或是多组分的混合炸药所引起的。实际应用的固体炸药多数是非均质炸药，对这类炸药的冲击引爆，目前公认的是在炸药中产生局部高温区。即在炸药中产生了热点，也就是当一个冲击压力脉冲进入被发炸药以后，由于入射冲击波和密度不连续处的相互作用，形成了射流，空穴崩溃，冲击波的分离、碰撞，等等，使热点附近的炸药颗粒出现了化学反应，其释放的能量又使入射冲击波得到加强。得到加强的冲击波和密度不连续性继续作用形成了高温热点，就使比较多的炸药得到分解，于是冲击波幅度值越来越大，以致释放越来越多的能量，直到冲击波加强，最终能使炸药产生爆轰。

爆轰成长有以下几个阶段：

（1）热点形成：多数学者认为冲击波和密度不连续性相互作用而产生射流、层裂或相互撞击形成热点。

（2）高速燃烧阶段：以热点为中心向周围发展往往是以高速燃烧形式向外传播。

（3）低速爆轰阶段：它是由燃烧变成爆轰的过渡阶段。

（4）发展为稳定爆轰阶段。

在楔形药柱实验中，由高速摄影所得到的爆轰轨迹如图 6.12 所示，爆轰过程曲线分为两个阶段，第一阶段基本上是初始冲击波轨迹，第二阶段是稳定爆轰轨迹，两个阶段之间有一平滑过渡区。

在图 6.12 所示的曲线上作两条相交的切线，可以得到类似于均质起爆过程的特性图，起爆深度 d 和起爆时间 t_e 随冲击波的增强而减小。

非均质炸药中爆轰过渡不如均质炸药那样突然，具体原因有不同的解释。卡布尔认为非均质炸药冲击波起爆过程的特点是：当较弱的冲击波进入炸药时，大部分炸药是不发生化学反应的，只是在炸药中产生许多不同的热点，这些热点分别以不同的延滞期发生爆炸反应，同时产生

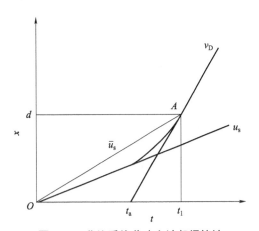

图 6.12　非均质炸药冲击波起爆特性

t_a—起爆延滞期；t_1—达到正常爆轰的时间；u_s—初始冲击波速度；$\bar{u}_s$—初始冲击波平均速度；v_D—正常爆轰速度；A—正常爆轰起始点；d—起爆深度

许多小的冲击波并追赶初始的冲击波以不断加强它，因此不可能出现均质炸药那样明显的突跃。

3. 冲击波起爆的临界能量

为了使冲击波的参数便于定量，通常用高速飞片的碰撞来产生冲击波，这种冲击波是一个方形波，它的波幅是冲击波波峰压力，波宽为该压力的作用时间，取决于飞片的厚度。1969 年，Walke 提出了临界起爆能量 E_c 的表示方法：

$$E_c = \mu p^2 \tau \qquad (6-60)$$

式中　μ——和炸药相关的参数；

　　　p——波压；

　　　τ——波的持续时间。

按这个方程用不同飞片厚度和速度得到 p 和 τ 的数据，在对数纸上作图可得出直线，不同炸药有不同的直线，即

$$\ln \tau_1 = -2\ln p + \ln E_c - \ln \mu \qquad (6-61)$$

直线之上为爆炸区，直线之下为不爆炸区，如图 6.13 所示。

用冲量 $p^2\tau$ 表示临界能量，也是飞片给炸药的能量，可由飞片的动能推导出来。

设飞片的动能

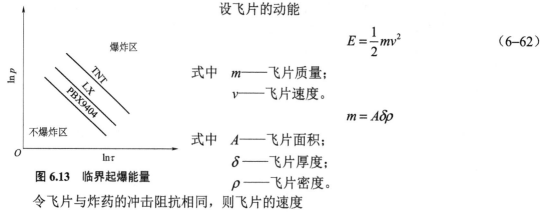

图 6.13 临界起爆能量

$$E = \frac{1}{2}mv^2 \qquad (6-62)$$

式中　m——飞片质量；

　　　v——飞片速度。

$$m = A\delta\rho$$

式中　A——飞片面积；

　　　δ——飞片厚度；

　　　ρ——飞片密度。

令飞片与炸药的冲击阻抗相同，则飞片的速度

$$v = 2u_p$$

式中　u_p——飞片和炸药碰撞后的质点速度。

将上式代入式（6-62），得

$$E_c = \frac{1}{2}A\delta\rho(2u_p)^2 \qquad (6-63)$$

当飞片撞击在炸药面上时，其雨果尼奥界面压力为

$$p = \rho v_D u_p \qquad (6-64)$$

所以

$$E_c = \frac{1}{2}A\delta\rho \times 4p^2/(\rho v_D)^2 = \frac{A}{\rho v_D}p^2\frac{2\delta}{v_D}$$

因为

$$\frac{2\delta}{v_D} = \tau$$

所以

$$\frac{A}{\rho v_D} = p^2\tau$$

或

$$\frac{E_c}{A} = \frac{1}{\rho v_D}p^2\tau \qquad (6-65)$$

式中　ρv_D——飞片的冲击阻抗，因为假设了飞片和炸药的冲击阻抗匹配，ρv_D 也表示炸药的冲击阻抗。

令 $\mu = \dfrac{1}{\rho v_D}$，则

$$E_c = \mu p^2\tau \qquad (6-66)$$

即冲击波起爆临界能量公式，式中 μ 因炸药不同而不同。

4. 起爆深度和起爆延滞期

对于均质炸药，起爆延滞期为初始冲击波进入炸药到爆炸发生的时间。冲击波起爆主要是压缩作用，Hubard 提出延滞期 τ 和冲击压缩的关系，采用方程式为

$$\frac{d\tau}{\tau} = \left(\tau - \frac{T_A}{T_0}\right)\frac{dT_0}{T_0} \qquad (6-67)$$

式中　T_A——活化温度，$T_A = E_A / R$，E_A 为炸药活化能；

　　　T_0——被冲击波压缩后的炸药温度，$T_0 = e / c$，e 为比内能，c 为热容。

对于均质炸药，起爆深度为从初始冲击波进入炸药到稳定爆轰在炸药柱中所经过的距离。对于非均质炸药冲击波起爆来说，初始冲击波进入后，炸药中就有局部的化学反应，经过不断加强后才达到稳定爆轰，从图 6.12 的起爆特性来看，初始冲击波从 O 点进入炸药，在 A 点达到稳定爆轰。在冲击波传播轨迹两端各作切线，分别表示初始冲击波速度 u_s 和炸药稳定爆轰速度 v_D，曲线 OA 间斜率的变化表示了稳定爆轰前冲击波速度的增长情况，直线 OA 是稳定爆轰前这段时间内冲击波的平均速度 s，其延滞期 t_a 为达到稳定爆轰前由于非正常爆轰而延长了的时间，即

$$t_a = t_b - \frac{d}{v_D} \tag{6-68}$$

式中　t_b——起爆时间，从初始冲击波进入炸药到稳定爆轰的时间；

　　　d——起爆深度，从初始冲击波进入炸药到稳定爆轰在炸药柱中所经过的距离。

从非均质起爆特性图上可见，当 u_s 沿曲线 OA 增大时，坐标原点向右上方移动，结果 t_a 减小，d 也减小，直到 $u_s = v_D$ 时，$t_a \to 0$，$d \to 0$；相反，当 u_s 沿曲线 OA 减小时，坐标原点向左下方移动，结果 t_a 增加，d 也增加；当 $u_s = v_D$ 时，相当于爆轰波在炸药中层层传递；当 $u_s > v_D$ 时，即大于炸药正常爆速的冲击波在药柱中传播，并迅速降为 v_D；当 $u_s < v_D$ 时，爆轰逐渐成长，随着 u_s 的减小，t_a 和 d 增大。如果起爆一定长度 L 的药柱，在 $d > L$ 时，药柱不能达到稳定爆轰。当 u_s 小到一定程度时，爆轰成长不起来，结果爆轰熄灭，可见对每种炸药 u_s 都有一临界值。

在非均质炸药冲击波起爆时，起爆深度和起爆压力可表示为以下关系：

$$\ln d = k_1 + k_2 \ln p \tag{6-69}$$

式中　d——起爆深度；

　　　p——起爆压力；

　　　k_1，k_2——和炸药性质及实验条件有关的系数。

由于非均质炸药反应是从面部"热点"处扩展开的，不像均质炸药反应需要能量均匀地分配在整个起爆面上，因此，同样起爆深度所需要的起爆压力非均质炸药比均质炸药要小。

在非均质炸药起爆中，装药密度和炸药粒度对冲击波起爆的影响较大，随着密度的增大，起爆深度增大，延滞期变长；粒度的影响在低密度时明显，随粒度的增大，延滞期变长，密度增大后，粒度对延滞期的影响会减小。

凡延滞期长的冲击波起爆，其起爆深度也大。

6.2.4　光起爆机理

炸药在光作用下的化学反应分为两种类型：一种是在弱光作用下发生分解变质，甚至失去爆炸性质，另一种是在强光作用下引起爆炸。本节主要阐述炸药在强烈的闪光和激光作用下的起爆问题。关于光起爆机理，到目前为止得到公认的仍然是光能转变为热能作用的热机理。光照射到炸药面上后，除去反射和透射的部分光外其余光能被炸药吸收，转变为热能使炸药升温达到爆发点而爆炸，至于光冲击、光电效应、光化学反应等，对引爆来说是次要的。

本节仍采用与热起爆类似的方法处理起爆过程。

1. 可见光起爆机理

可见光照射到炸药上，一部分被炸药表面吸收，另一部分被反射。由于炸药的反射系数较大，所以反射部分的光能是较大的。炸药吸收部分的光能，一般被认为转变为热能，然后按热爆炸的方式起爆，但对离子型（或半离子型）的起爆药（AgN$_3$、Ag$_2$C$_2$、Pb(N$_3$)$_2$），若入射光波长处于该炸药的吸收限内，则可由光子直接引起分解。如 N$_3^-$ 离子受到光子撞击后，其电子被光子轰出，产生光电效应。当叠氮化物受光作用失去电子后，在晶体上造成空穴，使子能带从价带升到导带。两个带空穴的 N$_3^-$ 相互结合产生 N$_2$ 分子，并放出热量，即

$$N_3^- \xrightarrow{\ hr\ } N_3^0 + e$$

$$N_3^0 + N_3^0 \rightarrow 3N_2$$

这种过程称为光分解。在光的波长不能引起分解的波段内，则认为光能直接转变为热能，按热起爆处理。从表 6.3 所列某些爆炸物热起爆温度和闪光起爆能量比较也可以看出，除爆炸物的颜色影响吸收外，光起爆次序类似于热起爆，也说明光起爆可近似按热起爆处理。

表 6.3　某些爆炸物热起爆温度和闪光起爆能量的比较

爆炸物	颜色	热起爆温度/℃	闪光起爆能量/（J·cm^{-2}）
Ag$_3$N	黑	100	0.20
CuC$_2$	棕	120	0.63
Ag$_2$C$_2$·AgNO$_3$	黄白	225	1.9
Pb(N$_3$)$_2$	黄白	350	2.0
Hg(N$_3$)$_2$	白	270	2.6
Hg(ONC)$_2$	浅灰	190	1.65
AgONC	白	170	2.1

根据热起爆的一维基本方程，加上吸收的光能得出光起爆基本方程：

$$\rho c \frac{\partial T}{\partial t} = \lambda \frac{\partial^2 T}{\partial x^2} + \rho Q Z e^{-E/(RT)} + a I_0 e^{-ax} \tag{6-70}$$

式中　x——照射面下炸药层的厚度；

　　　a——吸收系数；

　　　I_0——照度，单位时间照射到单位面积炸药上的能量。

为简化方程，把它归入热损失项处理。简化后的光起爆基本方程和热起爆基本方程形式相同，即

$$\rho c \frac{\partial T}{\partial t} = \lambda \nabla^2 T + \rho Q Z e^{-E/(RT)} \tag{6-71}$$

从基本方程可以得出，影响光起爆感度和延滞期的因素包括下列几个方面：

（1）炸药种类。炸药种类主要影响炸药对光的吸收和反射。不同炸药对光的吸收系数 a 不同；对同一种炸药来说，不同波长的光吸收系数 a 也不一样。吸收系数大，反射、透过率小，有

利于起爆。表 6.4 所示为起爆药的 50%闪光引爆所需能量。

表 6.4　起爆药 50%闪光引爆所需最小能量

起爆药	5 s 爆发点/℃	50%引爆距离/mm	50%引爆能量/(J·cm^{-2})
Ag_3N	127	>500	<0.1
CuN_3	217	387.86	0.222
$Cu(N_3)_2$	249	322	0.284
$Ag_2C_2 \cdot AgNO_3$	225	287.5	0.325
DDNP	173	180	0.54
LTNR	275	147.5	0.62
$Pb(N_3)_2$/LTNR（65/35）	310	95	1.064
$Ni(NH_2—NH_2)(NO_3)_2$	273	91.6	1.12
$Hg(ONC)_2$	180	78.3	1.284
$Pb(N_3)_2$	355	73.5	1.335

（2）化学动力学因素。E、Z 与起爆延滞期 t_a 的关系如图 6.14 所示。

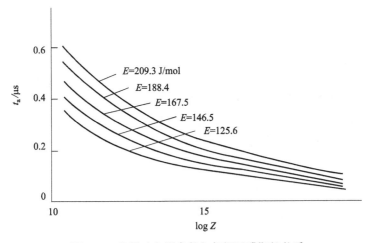

图 6.14　化学动力学参数与起爆延滞期的关系

由图 6.14 可以看出，E 从 125.6 J/mol 增加到 209.3 J/mol 时，延滞期大约增加一倍。Z 从 10^{10} 增加到 10^{20}，延滞期大约减小到原来的 1/7。

（3）反应热。实验证明，反应热对延滞期的影响很小，这证明延滞期内不考虑化学反应是可行的。

（4）初温。初温的影响很显著，初温增加，延滞期缩短，发火所需能量下降，感度增大。这说明用热起爆机理处理光起爆是可行的。图 6.15 所示为 $Pb(N_3)_2$ 光起爆能量和初温关系的实验曲线，Berchtold 从实验结果外推出光能为零时的起爆温度，$Pb(N_3)_2$ 是 400 ℃，$Ag_2C_2 \cdot AgNO_3$ 是 225 ℃，这些均和 30 s 延滞期的爆发点相近。

（5）炸药层厚度。炸药层厚度对延滞期的影响很小，因为一般光辐射加热层都限于炸药表面极薄的一层。实验测定 AgN_3 的加热层厚度为 0.4～40.0 μm，$Pb(N_3)_2$ 为 5.0 μm。

（6）杂质。主要是改变炸药的吸收系数。

① 金粉的敏光作用。将 AgN_3 结晶和金粉的混合物压成药饼，在闪光器和药饼间放石英板，以消除冲击波作用和热效应。闪光引爆结果表明爆炸所需的临界能量因金粉含量增加而减少，能量最低处含金粉重 28%，如图 6.16 所示。加入银粉及用 $Pb(N_3)_2$ 做实验，也有类似的现象。

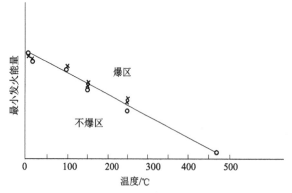

图 6.15　$Pb(N_3)_2$ 光起爆能量和初温的关系

×—爆炸；○—不爆

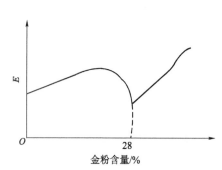

图 6.16　起爆能量与金粉含量的关系

② 染料的敏化作用。洛格斯用红色的四碘荧光素的钠盐使 AgN_3 着色，发现着色的 AgN_3 比不着色的约敏感 2.5 倍，这主要是改变了吸收波长的范围。

③ 杂质深入炸药结构时的作用。如在 $Pb(N_3)_2$ 反应罐内加入细石墨粉使炸药在其上沉淀，这时石墨粉均匀地混在炸药中，随着石墨含量的变化，光起爆能量发生变化。表 6.5 所示为含有四氮烯的 $Pb(N_3)_2$ 中加入石墨粉时光起爆所需最小发火能量。在有半导体性质的 $Pb(N_3)_2$ 和 AgN_3 中引入一些杂质离子，会改变它们的能带性质，如引入阳离子，一般可以提高感度。

表 6.5　石墨粉对光起爆能量的影响

四氮烯含量/%	石墨含量/%	最小发火能量/mJ
5	0	70
5	3	38
4	0	86
4	3	35

2. 激光起爆机理

激光是 20 世纪 60 年代初发展起来的新技术。由于激光集中性好、强度高、在空气中不衰减等性质，克服了闪光光束分散、光强度随距离增加而迅速衰减的缺点。激光作为一个新的能源应用于炸药起爆的技术研究正从理论走向实用阶段。

大多数研究者研究表明激光起爆倾向于热起爆机理，与闪光起爆热机理一致，所不同的就是光的强度大、能量集中、功率高，而且是单色光。激光照射到炸药上后，一部分被反射和损耗，剩余部分被一定深度的炸药层吸收而转换为热能，产生热击穿或形成热点引爆炸药。

提出的热平衡方程同闪光起爆：

$$\rho c \frac{\partial T}{\partial t} = \lambda \frac{\partial^2 T}{\partial x^2} + \rho Q Z e^{-E/(RT)} + aIe^{-\alpha x} \qquad (6-72)$$

式中　I——炸药表面处激光束的能量密度；

　　　a——炸药对激光的吸收系数。

初始条件：$t=0$，$T=T_0(x>0)$；边界条件：$x=0$，$\partial T/\partial x = 0(t>0)$。

假设激光呈矩形脉冲，经近似变换可推导求得发生爆炸时炸药表面临界温度 $T_{s,c}$、激光临界点火能量密度 I_c 和临界点火感应时间 $t_{i,c}$。对猛炸药和起爆药的计算结果分别列于表 6.6 和表 6.7 中。

表 6.6　猛炸药的计算结果

（$a = 5~\text{cm}^{-3}$，$t_0 = 0.1~\mu\text{s}$，$T_0 = 300~\text{K}$，Tetryle 用液态活化能值：$E_{活} = 250~\text{kJ/mol}$）

炸药	PETN	RDX	Tetryle	HMX
$I_c/(\text{J} \cdot \text{cm}^{-2})$	9.2	18.5	20.2	14.6
$T_{s,c}/\text{K}$	548	597	948	615
$t_{i,c}/\mu\text{s}$	133	123	215	106

表 6.7　起爆药的计算结果

（$a = 10^3~\text{cm}^{-3}$，$t_0 = 0.1~\mu\text{s}$，$T_0 = 300~\text{K}$）

炸药	$\text{Pb(N}_3)_2$	LTNR	雷汞	DDNP	AgN_3
$I_c/(\text{J} \cdot \text{cm}^{-2})$	0.12	1.21	0.77	0.92	0.27
$T_{s,c}/\text{K}$	385	1 045	715	1 094	411
$t_{i,c}/\mu\text{s}$	0.90	1.16	4.75	1.88	0.55

6.2.5　电起爆机理

电起爆是研究炸药在电能作用下激起爆炸的机理。20 世纪 50 年代，我国用于发火序列的最初几级火工品几乎全是采用机械能或火焰能起爆的，如针刺发火的火帽及针刺雷管。但发展到 20 世纪 70 年代，随着压电引信、无线电引信的研制使用，用电能作为炸药的初始激发能已越来越广泛。电起爆包括电能转换为其他能量起爆和电击穿起爆两种类型。

1. 电能转换起爆形式

（1）电能转变为热能。桥丝式电火工品靠电流通过有一定电阻的微细金属桥丝，电能按焦耳-楞次定律 $Q=0.24I^2Rt$ 产生热量，使桥丝升温达到灼热状态，加热桥丝周围的炸药并引爆，属热起爆机理。

（2）电能转变为冲击波能。利用高压强电流使金属迅速受热而汽化，产生高温高压等离子体，并迅速膨胀形成冲击波，以冲击波形式引爆炸药；或用金属汽化后的高压气体（或等离子体）推动薄片，使其高速飞出冲击炸药，即飞片起爆。两者均属于冲击波起爆机理。

2. 电击穿起爆形式

炸药晶体或混有少量空气的炸药装药，电阻率在 $10^{12}\sim10^{14}\ \Omega\cdot cm/m^2$ 之间，基本上是绝缘物质，因此炸药的击穿属电介质的击穿。

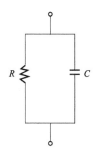

图 6.17　电介质等效电路

电介质的击穿是由于电场把能量传给了电介质，使其内部发生变化，从而失去介电性。对单一电介质，如果用等效电路来表示，如图 6.17 所示，犹如在两极间接了一个电阻和电容，当在两极间加电压时，击穿有三种形式。

（1）热击穿。在电介质两端接上电压后，尽管电阻很大，但仍有少量电流通过，称为漏导电流。有电流就会产生热效应，使电介质发热。因为电介质电阻具有负的温度系数，即 $dR/dT<0$，发热后 T 上升，R 降低，I 增大，发热量增大，进一步导致 R 降低，I 增大，达到一定温度后，介质被烧毁，失去介电性，称为热击穿。热击穿的特点和时间关系很大。开始时电流很小，随时间增长和积累热量而升温。热击穿的时间可长达几分钟。

（2）化学击穿。在电场作用下，介质吸收电场能量后发生化学变化，如电解成另一种物质而具有导电性，称为化学击穿。化学击穿也和温度及时间有关，电场作用时间越长，温度越高，化学反应越剧烈。

（3）电击穿。在强电场作用下，由于介质中自由电子的高速碰撞游离，造成电子数剧增，而使介质失去介电性的现象称为电击穿。电击穿是瞬时过程，时间在 $0.01\sim0.10\ \mu s$ 之间，它和温度的关系不大。电击穿的条件是电场强度达到击穿场强：

$$E_c = \frac{q}{\varepsilon\delta^2} = \frac{U}{\varepsilon\delta} \tag{6-73}$$

式中　E_c——击穿场强；

　　　q——电量；

　　　ε——介电常数；

　　　U——电压；

　　　δ——电极间距离。

在电击穿起爆过程中测定通过两极间的电流和电阻的变化时，曾发现高电压加到两极后，在几十纳秒的时间内，电阻和电流的变化都很剧烈。电阻可从 $10^{10}\ \Omega$ 以上突降到几个欧姆，电流可突升到几十甚至几百安培。如果能量足够，可以引爆炸药。

从物理学知识可知，两个不良导体相互摩擦，既会产生热，又有可能产生静电。由于绝大多数炸药的电阻率很大，超过了 $10^{14}\ \Omega/m$，因此可以认为炸药是绝缘物质，它和其他绝缘体一样，很容易摩擦带电，并且可以形成很高的电压。因此电起爆除外加电场外，还有炸药本身产生的静电引起爆炸的可能。炸药颗粒之间的摩擦以及炸药与其他物质之间的摩擦都会产生静电，当所带的静电量足够大时，在适当的条件下就会放电，并产生能量很大的电火花，这种电火花很容易使炸药燃烧和爆炸。

6.3　炸药的感度

为了判别炸药在各种刺激能量作用下发生爆炸变化的能力，设计出各种不同的感度实验方法，本节介绍几种常见的感度实验。

6.3.1　炸药的热感度（爆发点）

炸药在热作用下发生爆炸的难易程度称为炸药的热感度。

炸药热感度通常用爆发点来表示，爆发点是指在一定条件下炸药被加热到爆炸时加热介质的最低温度。显然，爆发点越高，说明该炸药的热感度越小。

从炸药的爆炸理论可以知道，要使炸药在热能的作用下发生爆炸反应，必须保证其化学反应过程中所放出的热量大于由于热辐射和热传导所失去的热量，这样才能保证炸药在爆炸前完成化学反应时自动加速所需的延滞期，并使反应过程中的速度达到炸药爆炸时相应的临界值，产生爆炸。

由此可见，炸药的爆发点与延滞时间有一定的关系，符合 Arrehnius 关系式，即

$$\tau = C \cdot e^{E/(RT)} \tag{6-74}$$

式中　　τ——延滞时间，s；

　　　　C——与炸药成分有关的常数；

　　　　E——与爆炸反应有关的炸药活化能，J/mol；

　　　　R——气体常数，8.314 J/（mol·K）；

　　　　T——爆发点，K。

如果用对数表示，则式（6-74）可写成

$$\ln \tau = A + \frac{E}{RT} \tag{6-75}$$

从式（6-75）可以看出，若活化能 E 减小或爆发点温度升高，则爆炸所需要的延滞时间将迅速减小，且 $\ln \tau$ 和 $1/T$ 之间呈线性关系，如图 6.18 所示。图上直线的斜率为 E/R，因此，通过测定炸药一系列的爆发点和延滞时间，可以求出炸药的活化能 E。

应该指出，由于爆发点与实验条件有密切的关系，因此测定炸药爆发点时必须在严格且固定的标准条件下进行。影响炸药爆发点的因素主要有：炸药的量、颗粒度、实验程序以及反应进行的热条件和自加速条件

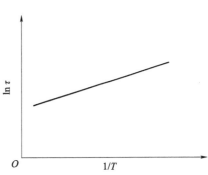

图 6.18　爆发点和延滞时间的关系

等，但在实际测定时，要准确地测定炸药每一时刻的爆发点是非常困难的，因此常采用测定炸药 5 min、1 min 或 5 s 延滞期的爆发点，即加热介质的温度，并以此表示炸药的热感度。

测定炸药爆发点的两种方法：

（1）将一定量的炸药从某一初始温度开始等速加热，同时记录从开始加热到爆炸的时间和介质的温度，爆炸时的加热介质温度即炸药的爆发点。由于这种方法比较简单而且直接，

因而在实际工作中广泛采用。

（2）测定炸药延滞时间与加热介质温度之间的关系，并将实验结果根据 Arrehnius 关系式用曲线表示。由于这种方法准确度较高，因而主要应用在炸药研究工作中。

1. 炸药爆发点实验

实验在具有低熔点（约 65 ℃）、高沸点（大约 500 ℃）的伍德合金浴中进行，伍德合金浴的主要成分为铋 50%、铅 25%、锡 13%、铬 12%。实验装置如图 6.19 所示，夹层用电阻丝加热，实验时称取一定质量的炸药（药量：猛炸药 0.05 g，起爆药 0.01 g）放入带有铜制塞子的铅雷管壳中，塞上塞子，将装药试管插入已加热至恒温的合金浴锅中，同时用秒表记录发火的延滞时间 τ。改变合金浴锅中的恒温 T，记录与之相对应的点火延滞时间 τ。根据所得到的数据，作出 T 与 τ 以及 $\ln\tau$ 与 $\dfrac{1}{T}$ 的关系曲线，并从相应的关系曲线上找出与 5 s 相对应的温度，该温度就是 5 s 延滞期的爆发点。此外，根据曲线再通过相应的计算可以得出炸药的活化能 E 的值。

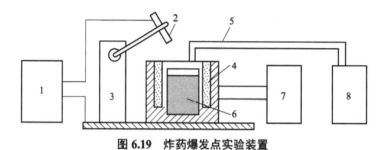

图 6.19　炸药爆发点实验装置

1—数字式记录仪；2—带有铜制塞子的铝雷管壳；3—支架；4—电加热器；5—测温热电偶；

6—伍德合金浴；7—温度控制器；8—数字式测时仪

实验测定的某些炸药 5 s 延滞期的爆发点如表 6.8 所示。表 6.8 中的数据是在一定条件下测定的，但是由于爆发点并不是炸药的特性常数，它与实验条件以及散热、反应速度增长等影响因素有关，因此，它只能作为炸药热感度相对比较，而不能作为炸药的危险温度。

表 6.8　常见炸药 5 s 延滞期的爆发点（按 GJB 772A 测定）

炸药	爆发点/℃	炸药	爆发点/℃
硝化甘油	222	结晶叠氮化铅	345
太安	225	雷汞	210
梯恩梯	475	DDNP	180
苦味酸	322	硝酸肼镍	283
特屈儿	257	K·D 复盐起爆药	263
黑索今	260	GTG 起爆药	367
硝化棉（13.3%N）	230	D·S 共沉淀（65:35）	25～267
		斯蒂酚酸铅	265

2. 工业含水炸药的热感度测定——铁板法

类似乳化炸药的热感度一般不用 5 s 爆发点的方法测定，因为该类炸药是含水炸药，用 GJB 772A—1997 标准规定的 5 s 爆发点法测定时，往往很难准确判定终点。除乳化炸药外，水胶炸药也有类似的问题，目前常用的方法称为铁板法，实验装置如图 6.20 所示。

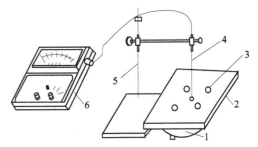

图 6.20　含水炸药的热感度铁板法实验装置
1—电炉；2—加热铁板；3—试孔；
4—感温热电偶；5—实验架；6—控温仪

该方法的原理是：将一定质量的炸药在定温度下恒温一定的时间，观察炸药是否有燃烧或爆炸现象，从而评估乳化炸药的热感度，实验标准程序由 GB 18095—2000 乳化炸药标准规定。实验时采用一块标准铁板，将铁板加热至（200 ± 5）℃并恒温；称取炸药样品 1 g，平均分为 4 份，分别置于规定的铁板四个位置并立刻开始计时，观察在 20 min 内炸药是否有燃烧或爆炸现象发生。目前常用含水炸药的热感度一般要求三次实验均不燃不爆为合格。

除乳化炸药和水胶炸药外，其他配方的含水炸药也可参考使用该方法评定热感度。

6.3.2　炸药的火焰感度

炸药在明火作用下发生爆炸反应的能力称为炸药的火焰感度。在敞开的环境中，军用猛炸药、工业炸药以及火药在用火焰点燃时都可以发生一定程度的燃烧反应，而起爆药遇到火焰时则发生爆炸反应。

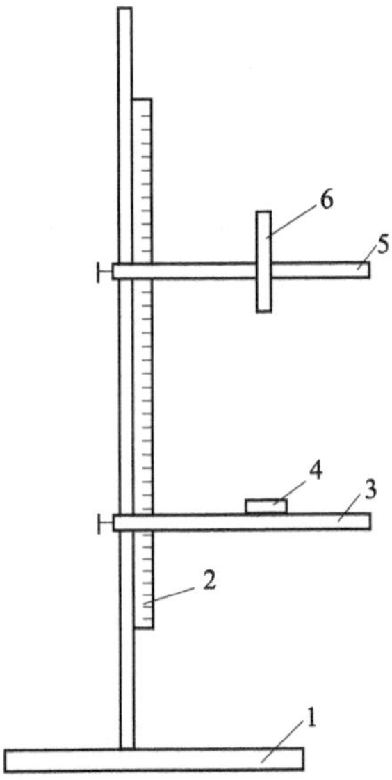

测定炸药火焰感度的方法较多，最常用的装置之一如图 6.21 所示。

实验步骤如下：准确称取 0.05 g 炸药样品，装入火帽壳内，在火帽架上固定火帽壳，改变导火索（或黑火药柱）的固定架以调节上、下两个固定架间的距离，点燃导火索（或黑火药柱）并观察火焰对样品的点燃情况，测定样品 100% 发火时的最大距离（上限）和 100% 不发火时的最小距离（下限），用上、下限的高度来表示炸药火焰感度的大小。根据上限的大小可以比较炸药发火的难易程度，而下限的大小可以作为火焰安全性的比较。

图 6.21　火焰感度测定装置
1—铁架台；2—刻度尺；3—火帽架；4—装药火帽壳；5—导火索固定架；6—导火索

由于炸药只是局部的表面受到火焰作用，因此局部的表面在接受了火焰传给的能量后，温度将升高，同时局部的表面所吸收的能量还要向未受火焰作用的相邻表面和炸药内部传递，从而使炸药表面层的温度升高。这样，在火焰的作用下炸药表面层的温度能否上升到发火温度并发生燃烧，主要取决于它所吸收的火焰传给能量的能力以及它的导热系数的大小。显然，炸药的上限越大，则火焰感度也越大；下限越小，则火焰感度也越小。由于实验中存在各种误差，特别是用导火索作为发火源时，由于导火索药芯的颗粒度和密度都有可能存在差异，它的发火能量就存在差异，因此实验结果便会出现误差，其实验值只能作为相对比较的参考数据。

对于钝感炸药，还有赤热铁棒法（日本）、酒精喷灯燃烧法（美国）、加燃料油点燃法（美国）、热丝点火法（中国）、烤燃法（中国）、黑火药引燃法（德国）、煤粉包覆法（法国）、爆燃臼炮法（中国）等实验方法。

6.3.3 炸药的机械感度

炸药的机械感度是指炸药在机械作用下发生爆炸的难易程度。

机械作用的形式很多，如撞击、摩擦、针刺、惯性作用等，常见的有垂直的撞击作用和水平的滑动作用两种情况，而与之相对应的炸药感度称为炸药的撞击感度和摩擦感度。由于炸药在生产、运输以及使用过程中不可避免地会受到撞击、摩擦和挤压等作用，炸药在这些作用下的安全性如何，弹药和爆破器材在机械引发时能否可靠地引爆，这些都与炸药的机械感度有关。因此，从实验方法和起爆机理等方面对炸药的机械感度进行深入的研究，对于正确确定炸药的应用范围、保证炸药处理过程中的安全性都具有十分重要的意义。本节主要介绍炸药的撞击感度和摩擦感度。

1. 炸药的撞击感度

1）卡斯特立式落锤仪实验

测定猛炸药撞击感度的实验通常是借助卡斯特立式落锤仪进行的，实验的实质在于测定炸药发生爆炸、拒爆或者两者之间有一定比例关系时所需的撞击作用功。测定的基本步骤是将一定质量和颗粒度的炸药样品放在撞击装置的立式落锤仪的两个击柱之间，让一定质量的落锤从一定高度自由落下，撞击被测炸药样品，经多次实验后，计算该炸药样品发生爆炸的概率。

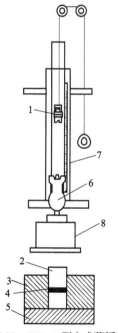

图 6.22　WL–1 型立式落锤仪

1—卡子；2—击柱；3—导向套；4—被测样品；
5—底座；6—落锤；7—导轨；8—击砧

目前，世界上各国测定炸药撞击感度均采用立式落锤仪，但测试的条件以及撞击感度的表示方法不一样。我国采用的是 WL–1 型立式落锤仪，如图 6.22 所示。

它是由固定的且相互平行的两个立式导轨以及可以在导轨上自由滑动的重锤组成的，重锤的质量有 10 kg、5 kg、2 kg 等几种。测试时，先将重锤固定在某一高度，然后让它沿导轨自由落下，撞击击柱间的被测样品，再根据火花、烟雾或者声响结果来判断炸药是否发生爆炸，并计算样品爆炸的概率。

在对炸药撞击感度影响因素的研究中发现，除了炸药药量以及颗粒度对其撞击感度有影响外，撞击材料、加工精度、导轨的平行性和垂直度等都会影响撞击感度。因此，为了提高测试的精度，对仪器和实验条件都要严格控制，并保持相对的一致性，此外，要在相同的条件下进行多次实验，以便消除偶然因素所造成的误差。

炸药撞击感度的表示方法有很多，常见的有爆炸百分数法、上下限法、50%爆炸的特性落高法等，最常用的是爆炸百分数法。

（1）用爆炸百分数表示炸药的撞击感度。

该方法是将一定质量的重锤从一定的高度落下后撞击炸药，通过发生爆炸的百分数来比较各种炸药的撞击感度。爆炸的百分数越大，则炸药的撞击感度越大；爆炸的百分数越小，则炸药的撞击感度越小。实验条件一般是：落锤的质量为 10 kg、5 kg 和 2 kg，落高为 25 cm，以 25 次实验结果为一组，且必须有两组以上的平行数据，最后计算出炸药的爆炸百分数。

应该注意的是，如果实验条件不同，则选择的参照标准也不同。若实验条件为落锤 10 kg、落高 25 cm，则选用爆炸百分数是（48±8）%的特屈儿作为参照标准；若是测定工业炸药的撞击感度，在落锤为 2 kg 时，以发生爆炸时最小落高为 100 cm 的梯恩梯作为参照标准。某些炸药的撞击感度如表 6.9 所示。

表 6.9　几种常用炸药的撞击感度*

炸药名称	炸药百分数/%	炸药名称	炸药百分数/%
梯恩梯	4～8	2#岩石炸药	20
黑索今	75～80	2#煤矿炸药	5
太安	100	3#煤矿炸药	40
苦味酸	24～32	阿马托	20～30
特屈儿	50～60	硝酸铵/梯恩梯（80/20）	16～18
注："*"表示落锤 10 kg、落高 25 cm、样品 0.05 g。			

（2）用上下限表示炸药的撞击感度。

撞击感度的上限是指炸药 100%发生爆炸时的最小落高，下限则是指炸药 100%不发生爆炸时的最大落高。实验测定时先选择某个落高，再改变落高，观察炸药的爆炸情况，得出炸药发生爆炸的上限和不发生爆炸的下限，以 10 次实验为一组。实验得出的数据可作为安全性能的参考数据。

（3）用 50%爆炸特性落高（临界落高）表示撞击感度。

临界落高是指一定质量的落锤使炸药样品发生 50%爆炸概率时的高度，常用 h_{50} 来表示。

用 50%爆炸特性落高表示撞击感度的方法是先找出炸药的上下限，然后在上下限之间取若干个不同的高度，并在每一高度下进行相同数量的平均实验，求出爆炸的百分数。最后在坐标纸上以横坐标表示落高、纵坐标表示爆炸百分数作图，画出感度曲线，并在感度曲线上找出爆炸百分数为 50%时的落高 h_{50}，如图 6.23 所示。近代常采用数理统计方法来计算爆炸百分数为 50%时的 h_{50}，最常用

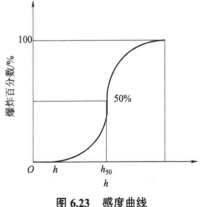

图 6.23　感度曲线

的方法是"布鲁斯顿的上下法"，由于这种方法可以测出各种不同感度炸药的特性高度，并能够比较出它们感度的大小，克服了爆炸百分数法可比范围小的缺点，因此得到广泛的应用。

布鲁斯顿的上下法又称升降法，是根据数理统计理论提出的一种在平均值左右变化而进行的实验方法。采用这种方法时应按次序进行实验，先要确定开始时间的水平值 h 以及间隔值 d，d 的值应按等间隔配置，且接近标准偏差的值，即将变量固定在按等差数列级数分布的一序列水平上，下一次实验时的落高则根据上一次的实验结果决定。例如，第一次实验在落高 h 处进行，如果发生爆炸，用符号"×"表示，下次实验就应在落高为 $h-d$ 处进行；如果 h 处的实验结果是未爆炸，则用符号"。"表示；下次实验就应在 $h+d$ 处进行，依此类推。也就是说，发生爆炸的实验应降低落高，不发生爆炸的实验应增加落高。将实验的结果记录在有关的表格中，如图 6.24 所示。

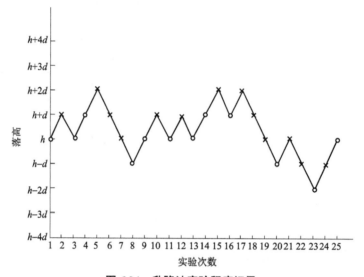

图 6.24　升降法实验程序记录

布鲁斯顿的上下法实验样本数一般以 25 发为一组，当样本量 N 为 100 发时就可以得到很满意的结果，但样本量不能少于 20 发，同时应除掉无效实验次数。

由于布鲁斯顿上下法可以将实验自动地集中在平均值的附近，一般情况下能使实验次数减少 30%～40%，并且能够提高测试的精度，因此该方法在制定炸药的感度以及其他测试工作中已越来越广泛地被采用。

值得注意的是，应用布鲁斯顿的上下法进行实验的前提条件是所选择的变量必须服从正态分布的规律。如果变量不服从正态分布，则首先要把它变换成具有正态分布的变量，否则就不能应用该法进行实验。实验已经证明，撞击感度落高的对数值（$\lg h$）是服从正态分布的变量，因此在实验中落锤下落的高度应按对数等间隔分布。

布鲁斯顿的上下法实验结束后，应该对实验数据进行有关处理，计算步骤如下：

根据实验记录表，分别统计实验结果中发生爆炸的总数 $N(×)$ 和未发生爆炸的总数 $N(\circ)$，在进行数据处理时取两总数中小的那个，如果两个总数相等则可以任取一个进行计算。

50%爆炸临界落高的对数值可用下列式子计算得到：

$$h_{50} = C + d\left[\frac{1}{N(\circ)}\sum in_i(\circ) + \frac{1}{2}\right]$$

$$h_{50} = C + d\left[\frac{1}{N(\texttt{x})}\sum in_i(\texttt{x}) - \frac{1}{2}\right]$$

式中　h_{50}——50%爆炸临界落高对数值；

　　　C——零水平时的落高值；

　　　d——水平间隔值；

　　　$N(\circ)$——未发生爆炸的总数；

　　　$N(\texttt{x})$——发生爆炸的总数；

　　　i——水平数，从零开始的自然数；

　　　$n_i(\circ)$——i 水平时未爆炸的次数；

　　　$n_i(\texttt{x})$——i 水平时爆炸的次数。

实验水平 h 应按从小到大的顺序排列，因此 50%爆炸临界落高 $h_{50}=10^m$。

实验的标准偏差 σ 由下式计算：

$$\sigma = 1.62d\left[\frac{\sum i^2 n_i}{N} - \left(\frac{\sum in_i}{N}\right)^2 + 0.029\right] \tag{6-76}$$

一些炸药 50%爆炸临界落高如表 6.10 所示。

表 6.10　以 50%爆炸临界落高表示炸药的撞击感度*

炸药名称	临界落高/cm	炸药名称	临界落高/cm
太安	13	梯恩梯	200
黑索今	24	阿马托	116
奥克托今	26	复合推进剂	15～41
特屈儿	38	硝酸铵	>300
注："*"表示落锤 2.5 kg，炸药样品 0.035 g。			

2）弧形落锤仪实验

由于起爆药的撞击感度很高，其撞击感度通常用弧形落锤仪进行测试，如图 6.25 所示。

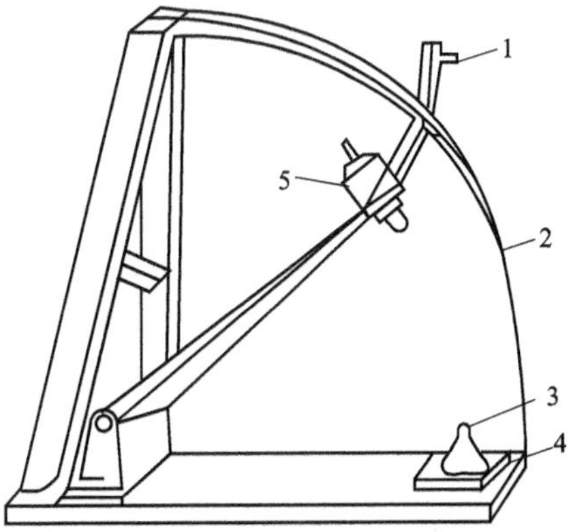

弧形落锤仪的落高刻在一弧形架上，这样就可以使落高刻度放大，读数更加精确，同时落锤的质量可以改变。

实验步骤如下：将 0.02 g 起爆药放入枪弹的火帽内，用锡箔或铜箔覆盖，在 30～50 MPa 的压力下压药，将火帽放在定位器内并放入击针，然后让落锤在不同的落高处落下撞击，根据声响来判断是否发火。

应该注意的是，在同一落高处必须进行 6 次平行实验，并用落高的上下限表示起爆药的撞击感度，落锤质量通常为 0.5～1.5 kg。一些起爆药的撞击感度如表 6.11 所示。

图 6.25　弧形落锤仪示意图

1—手柄；2—有刻度的弧形架；3—击针；
4—固定击针和火帽的装置；5—落锤

表 6.11 落锤 0.4 kg 时起爆药的撞击感度

起爆药名称	上限/cm	下限/cm
雷汞	9.5	3.5
叠氮化铅	33	10
斯蒂酚酸铅	36	11.5
二硝基重氮酚	6	3

由于在使用过程中要求起爆药具有适当的机械感度，因此，通过它的上限值可以选择使其准确发生爆炸时所需要外界作用力的大小，而通过它的下限值可以确定其生产过程中的安全性。

弧形落锤仪也有一定的缺点：由于锤头质量的增加可能出现锤头摇摆现象，因此砝码的质量不宜过大。有些国家也采用立式落锤仪来测定起爆药的撞击感度。

2. 炸药的摩擦感度

炸药在机械摩擦作用下发生爆炸的能力称为炸药的摩擦感度。

炸药在加工或者使用过程中，除了可能受到的撞击外，还经常受到摩擦作用，或者受到摩擦和撞击的共同作用。有些被钝化的炸药和某些复合推进剂，它们可能具有较低的撞击感度，但却表现出较高的摩擦感度，因此，从安全的角度考虑，研究和测定炸药的摩擦感度有非常重要的意义。

用于测定炸药摩擦感度的仪器有很多种，目前常用的是柯兹洛夫摩擦摆。它主要是由打击部分、仪器本体和油压系统组成的，如图 6.26 所示。

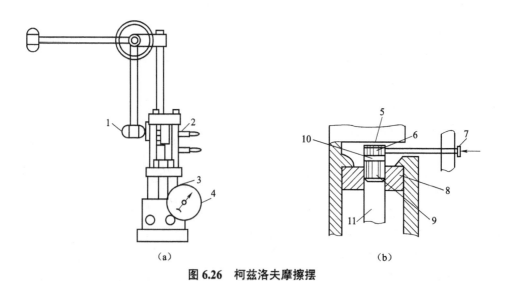

图 6.26　柯兹洛夫摩擦摆
（a）摩擦摆；（b）爆炸室
1—摆体；2—仪器本体；3—油压机；4—压力表；5—上顶板；6—上击柱；7—击杆；
8—导向套；9—下击柱；10—炸药；11—顶杆

实验步骤：将 20 mg 的炸药样品均匀地放在上下两个钢制圆击柱之间，开动油压机，通过顶杆将上击柱从击柱套中顶出并用一定的压力压紧，压力大小可根据压力表的读数以及仪器活塞和击柱的截面积计算得到。将摆锤从一定摆角处落下并打击击杆，使上击柱迅速平移 $1\sim2$ mm，两击柱间的炸药样品便受到强烈的摩擦作用，根据声响和分解等情况来判断炸药样品是否发生爆炸。

实验结果的表示方法有两种：

（1）用爆炸百分数表示摩擦感度。

如果是感度较高的炸药，则实验条件为：挤压压强 39.2 MPa，摆角 90°，药量 0.02 g；如果是感度较低的大颗粒炸药，则实验条件为：挤压压强 49.0 MPa，摆角 96°，药量 0.03 g。在上述实验条件下，可用标准的特屈儿来校准实验仪器。

（2）用不同压强下爆炸百分数的感度曲线表示摩擦感度。

由于压力的变化，作用在炸药样品上的摩擦力也会随之变化，因此，根据不同压力下炸药爆炸百分数的不同可以比较出炸药摩擦感度的大小，其感度曲线如图 6.27 所示。

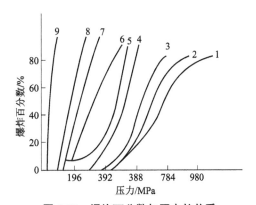

图 6.27　爆炸百分数与压力的关系

1—梯恩梯；2—二硝基苯；3—三硝基苯；4—特屈儿；
5—黑索今；6—太安；7—硝化棉；8—叠氮化铅；9—雷汞

6.3.4　炸药的静电感度

炸药在静电火花作用下发生爆炸的难易程度称为炸药的静电感度。

炸药的静电感度在静电火花感度仪上测量，装置示意图如图 6.28 所示。

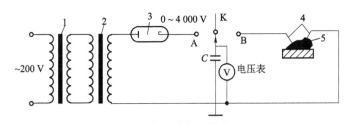

图 6.28　炸药静电感度测量装置示意图

1—自耦变压器；2—升压变压器；3—高压整流管；4—尖端放电电极；5—被测炸药试样

实验步骤：先将 220 V 的交流电通过自耦变压器的调压和升压变压器的升压，并经高压整流管整流后变成高压直流电，然后将开关 K 合到 A 的位置使电容器充电；待电容器的电压稳定后（此时的电压为 U），再将开关 K 从 A 处断开并合到 B 处，尖端电极立即放电，产生静电火花；静电火花作用在两个尖端电极间的被测炸药试样上，观察炸药是否发生爆炸，以燃烧和爆炸的百分数或 0、50% 或 100% 发火率时的能量 E_0、E_{50}、E_{100} 表示炸药的静电感度。

静电火花能量的计算公式如下：

$$E = \frac{1}{2}CU^2 \qquad\qquad (6-80)$$

式中　E——火花放电的能量；

　　　C——放电电容；

　　　U——放电电压。

几种常用炸药的静电感度列于表 6.12 和表 6.13 中。

表 6.12　不同能量下几种炸药的静电感度（爆炸百分数*）

炸药名称	能量/J							
	0.013 (0.5 kV)	0.050 (1.0 kV)	0.113 (1.5 kV)	0.200 (2.0 kV)	0.313 (2.5 kV)	0.450 (3.0 kV)	0.613 (3.5 kV)	0.800 (4.5 kV)
梯恩梯	18	50	68	83	100	100		
黑索今	0	13	38	38	55	85	100	100
特屈儿	10	37	100	100	100			

注："*"表示电容 $C=0.1$ μF，电极距离 $d=1$ mm，药量 $m=20$ mg。

表 6.13　几种炸药的静电感度 $E_0^{①}$、$E_{50}^{②}$、$E_{100}^{③}$

炸药名称	E_0/J	E_{50}/J	E_{100}/J
梯恩梯	0.004	0.050	9.374
黑索今	0.013	0.288	0.577
特屈儿	0.005	0.071	0.195

注：① E_0 为零发火率时所需的最大静电火花能量；
② E_{50} 为50%发火率时所需的静电火花能量；
③ E_{100} 为100%发火率时所需的最小静电火花能量。

静电感度除了对药剂的火花放电感度外，还有对火工制品的静电起爆点火感度实验。尤其是电爆装置的静电感度及抗静电能力是现代电火工品中一项重要的安全指标。

（1）产生静电的影响因素。

① 设备接地性能。

② 炸药或物体之间的摩擦力。

③ 炸药的粒度与药量。

④ 空气湿度及炸药含水量。

（2）静电事故的预防措施。

① 设备接地良好。

② 铺设导电胶皮或喷涂导电材料。

③ 增湿造潮。

④ 使用添加剂（抗静电剂）。

⑤ 其他方法,如中和法。

⑥ 增加静电泄放通道和静电隔离。

6.3.5 炸药的冲击波感度

炸药在冲击波作用下发生爆炸的难易程度称为炸药的冲击波感度。

在实际爆破技术中,经常用一种炸药产生的冲击波并通过一定的介质去引爆另一种炸药,这就是利用了冲击波可以通过一定介质传播的性质。由于炸药爆炸时所产生的冲击波是一种脉冲式的压缩波,当它作用在物体上时,物体就会受到压缩并产生热量,如果受冲击的是均质炸药,则冲击面上一薄层炸药就会均匀地受热升温,当温度升到爆发点时炸药就会发生爆炸;如果受冲击的是非均质炸药,由于炸药受热升温的不均匀性,就会在局部高温处产生"热点",这样,爆炸首先从热点处开始并扩展,最后引起整个炸药发生爆炸。

1. 隔板实验

隔板实验是测定炸药冲击波感度最常用的方法之一,实验装置如图 6.29 所示。

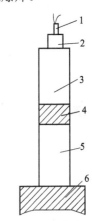

实验步骤:将雷管、各种药柱和隔板装好,传爆药常选用特屈儿,这主要是为了使主发药柱形成稳定的爆轰。主发药柱的装药密度、药量以及药柱的尺寸应按标准严格控制。隔板可用铝、铜等金属材料或塑料、纤维等非金属材料,其大小应与主发药柱的直径相同或稍大些,厚度应根据实验要求进行变换,实验所用主发药柱和被测药柱的直径应相等。

当雷管起爆传爆药柱后,传爆药柱便引爆了主发药柱,主发药柱发生爆轰并产生一定强度的冲击波通过隔板传播,隔板的主要作用是衰减主发药柱产生的冲击波,以调节传入被测药柱冲击波的强度,使其强度刚好能引起被测药柱的爆轰,

图 6.29 隔板实验示意图
1—雷管;2—传爆药柱;3—主发药柱;
4—隔板;5—被测药柱;6—钢座

同时还能够阻止主发药柱的爆炸产物对被测药柱的冲击加热。根据爆炸后钢座的状况判断被测药柱是否发生爆轰,如果实验后钢座验证板上留下了明显的凹痕,说明被测药柱发生了爆轰;如果没有出现凹痕,则说明被测药柱没有发生爆轰;如果出现一不明显的凹痕,则说明被测药柱爆轰不完全。另外,为了提高判断爆轰的准确性,还可以安装压力计或高速摄影仪测量其中的冲击波参数,根据有关的参数可以判断被测药柱是发生了高速爆轰还是低速爆轰。

被测药柱的冲击波感度是用隔板值或称 50%点表示。所谓隔板值,是指主发药柱爆轰产生的冲击波经隔板衰减后,其强度仅能引起被测药柱爆轰时的隔板厚度。如果被测药柱能100%爆轰时的最大隔板厚度为 δ_1,而被测药柱 100%不爆轰时的最小隔板厚度为 δ_2,则隔板值 $\delta_{50} = \frac{1}{2}(\delta_1 + \delta_2)$。

此外,也可以采用布鲁斯顿的上下法来进行实验,根据所改变的隔板厚度的实验数据求出 50%的临界隔板值。实验测得部分炸药的隔板值如表 6.14 所示。

表 6.14　部分炸药的隔板值

炸药名称	装药条件	密度/（g·cm^{-3}）	隔板值 δ_{50} /cm
黑索今	压装	1.640	8.20
特屈儿	压装	1.615	6.63
B 炸药	压装	1.663	6.05
B 炸药	压装	1.704	5.24
梯恩梯	压装	1.569	4.90
梯恩梯	压装	1.600	3.50
阿马托	压装	—	4.12
硝酸铵	压装	1.615	<0

应该指出的是，当被测装药的直径较大时，应该选用大隔板进行实验。大隔板实验的装置、方法、步骤和小隔板实验相似，只是要相应地增加钢座验证板的厚度。

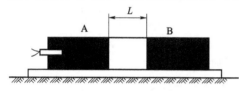

图 6.30　炸药殉爆示意图

2. 殉爆

如图 6.30 所示，装药 A 爆炸时，引起与其相距一定距离的被惰性介质隔离的装药 B 爆炸，这一现象称作殉爆。

惰性介质可以是空气、水、土壤、岩石、金属或非金属材料等。装药 A 称为主发装药，被殉爆的装药 B 称为被发装药。

在一定程度上，殉爆反映了炸药对冲击波的感度。引起殉爆时两装药间的最大距离称为殉爆距离。炸药的殉爆能力用殉爆距离表示。

研究炸药的殉爆现象有重要意义。一方面在实际应用中要利用炸药的殉爆现象，如引信中雷管或中间传爆药需要通过隔板来起爆或隔爆传爆药，它也是工业炸药生产中检验产品质量的主要方法之一，用殉爆距离既可反映被发装药的冲击波感度，也可反映主发装药的引爆能力。另一方面，研究殉爆现象可为炸药生产和储存的厂房、库房确定安全距离提供基本依据。殉爆也是工程爆破炸药的一个重要爆炸性能指标，GB 12437—2000 规定粉状工业炸药在有效期内殉爆距离必须≥3 cm。

主发装药的爆炸能量可以通过以下三种途径传递给被发装药使之殉爆：

（1）主发装药的爆轰产物直接冲击被发装药。当两个装药间的介质密度不是很大（如空气等）且距离较近时，主发装药的爆轰产物就能直接冲击被发装药，引起被发装药的爆轰。

（2）主发装药在惰性介质中形成的冲击波冲击被发装药。主发装药爆轰时在其周围介质中形成冲击波，当冲击波通过惰性介质进入被发装药后仍具有足够的强度时，就能引起被发装药的爆轰。

（3）主发装药爆轰时抛射出的固体颗粒冲击被发装药。如外壳破片、金属射流等冲击到被发装药时可引起被发装药的爆轰。

在实际情况中，也可能是以上两种或三种因素的综合作用，这要视具体条件而定。如惰性介质是空气，两装药相距较近，主发装药又有外壳时就可能是三种因素都起作用；如两装药间用金属板隔开，则主要是第二种因素起作用。

1）影响殉爆的因素

（1）主发装药的药量及性质。

殉爆距离主要取决于主发装药的起爆能力，凡是影响起爆能力的因素，都可以影响殉爆距离。

主发装药的药量越大，且其爆热、爆速越大时，引起殉爆的能力越大，因为当主发装药的能量高、爆速大、药量多时，所形成的爆炸冲击波压力和冲量越大。主发装药的起爆能力越强，爆轰传递的能力越大，即殉爆距离越大。表 6.15 列出了主发装药和被发装药都是梯恩梯，介质为空气，被发装药放置在主发装药周围的地面上时，药量对殉爆距离的影响情况。

表 6.15　主发装药药量对殉爆距离的影响

主发装药质量/kg	10	30	80	120	160
被发装药质量/kg	5	5	20	20	20
殉爆距离/m	0.4	1.0	1.2	3.0	3.5

表 6.16 列出了 2#煤矿炸药药卷直径和药量对殉爆距离的影响。所列实验分两种情况，其一是固定主发药卷和被发药卷的药量而同时变动两者的直径；其二是固定主发药卷和被发药卷的直径而同时变动两者的药量。实验表明，增加药量和直径，将使主发药卷的冲击波强度增大，被发装药接受冲击波的面积增加，这些因素均导致殉爆距离的增大。

表 6.16　2#煤矿炸药药卷直径和药量对殉爆距离的影响

药卷直径/mm	药量/g	殉爆距离/mm	
		1#实验	2#实验
25		60	60
30		—	110
32	1#为 100 2#为 80	105	100
35		115	120
40		125	120
35	100	190	165
	125	185	170
	150	190	185
	175	190	175
40	100	150	140
	125	195	160
	150	200	190
	175	200	200
45	80	—	70
	100	120	110
	125	130	160
	150	205	170
	175	250	205

主发装药有无外壳及外壳强度，主发装药与被发装药之间的连接方式，都对殉爆距离产生影响。如果主发装药有外壳，甚至将两个装药用管子连接起来，由于爆炸产物侧向飞散受到约束，自然增大了被发装药方向的引爆能力，于是显著地增大了殉爆距离，而且随着外壳、管子材料强度的增加而进一步加大。表 6.17 和表 6.18 所列实验数据就是例证。实验均用苦味酸装药，药量为 50 g，主发装药的密度为 1.25 g/cm^3，被发装药的密度为 1.0 g/cm^3。

表 6.17　主发装药外壳对殉爆距离的影响

主发装药外壳	主发装药密度/（$g \cdot cm^{-3}$）	被发装药密度/（$g \cdot cm^{-3}$）	殉爆距离/mm
纸钢（壁厚 4.5 mm）	1.25	1	170 230
纸钢（壁厚 6 mm）	1	1	130 180

表 6.18　主发、被发药卷有无连接管子时的殉爆距离

连接管子		50%殉爆距离/mm
材质	尺寸（直径/mm×壁厚/mm）	
钢	32×5	1 250
纸	32×1	590
无管子连接		190

（2）被发装药的爆轰感度。

影响殉爆距离的主要因素是被发装药的爆轰感度，它的爆轰感度越大，则殉爆能力也越大。凡是影响被发装药爆轰感度的因素（如密度、装药结构、颗粒度、物化性质等）均影响殉爆距离。在一定范围内，当被发装药密度较低时，其爆轰感度较大，则殉爆距离也较大。非均质装药比均质装药的殉爆距离大。压装装药比熔铸装药的殉爆距离大。用梯恩梯、钝化黑索今和 2# 煤矿炸药进行殉爆实验得出相似的结果（见表 6.19）。

表 6.19　被发装药密度与殉爆距离的关系

实验装药	主发装药			被发装药		殉爆距离/mm
	直径 d/mm	密度 ρ/（$g \cdot cm^{-3}$）	装药质量/g	直径 d/mm	密度 ρ/（$g \cdot cm^{-3}$）	
细梯恩梯	23.2	1.6	35.5	23.2	1.3 1.4 1.5	130 110 100
钝化黑索今	23.2	1.6	35.5	23.2	1.4 1.5 1.6	95 90 75

实验装药	主发装药			被发装药		殉爆距离/mm
	直径 d/mm	密度 ρ /（g·cm^{-3}）	装药质量/g	直径 d/mm	密度 ρ /（g·cm^{-3}）	
2#煤矿炸药	25.0	0.9	40.0	25.0	0.7	160
					0.8	140
					0.9	140
					1.0	70
					1.1	35

（3）装药间惰性介质的性质。

惰性介质的性质对殉爆距离有很大影响。表 6.20 中主发装药是苦味酸 50 g，密度为 1.25 g/cm^3，纸外壳；被发装药亦是苦味酸 50 g，密度为 1.0 g/cm^3。惰性介质的影响主要和冲击波在其中传播的情况有关，在不易压缩的介质中，冲击波容易衰减，因而殉爆距离较小。此外，介质越稠密，冲击波在其中损失的能量越多，殉爆距离也就越小。

表 6.20　惰性介质对殉爆距离的影响

装药间的介质	空气	水	黏土	钢	砂
殉爆距离/mm	280	40	25	15	12

（4）装药的摆放形式。

主发装药与被发装药按同轴线的摆放形式比按轴线垂直的摆放形式容易殉爆，如图 6.31（a）所示。因为垂直摆放主发装药的爆轰方向未朝向被发装药，冲击波作用的效果就会大大下降。即使按装药同轴线放置，若主发装药的雷管放置位置与装药轴线方向不同，也可使殉爆距离显著减小。图 6.31（b）、（c）的殉爆效果很差，一般可低 4～5 倍之多。

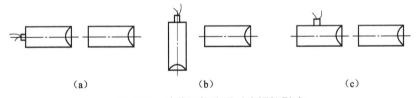

（a）　　　　　　　　　　（b）　　　　　　　　　　（c）

图 6.31　装药摆放位置对殉爆的影响

2）殉爆距离的测试

殉爆距离是工业炸药的一项重要性能，在工业炸药生产的检验项目中，殉爆距离几乎是必做的项目，用于判断炸药的质量。在炸药品种、药卷质量和直径、外壳、介质、爆轰方向等条件都给定的条件下，殉爆距离既反映了被发装药的冲击波感度，也反映了主发装药的引爆能力，两者都与工业炸药的加工质量有关。

最常用的殉爆距离测试方法，通常采用炸药产品的原装药规格，将砂土地面铺平，用与药卷直径相同的金属或木质圆棒在砂土地面压出一个半圆形凹槽，长约 60 cm，将两药卷放入槽内，中心对正，精确测量两药卷之间的距离，在主爆药卷的引爆端插入雷管，每次插入深度应一致,约占雷管长度的 2/3。引爆主发药卷后,如果被发药卷完全爆炸,则增大两药卷之间的距离,重复实验;反之,则减小两药卷之间的距离,重复实验。增大或减小的步长为10 mm。取连续三次发生殉爆的最大距离为该炸药的殉爆距离。

在工业炸药的技术要求中,一般规定一个殉爆距离的标准,因此在生产性检验时,可直接按标准取值,若连续三次均殉爆,即认为合格,一般不再测试该炸药确切的殉爆距离。

目前,殉爆距离也有采用更为科学的悬吊实验法测量的,既避免了在砂坑中爆炸污染环境,受影响的因素多,又节约了资源,数据一致性大大提高。

6.3.6 炸药的爆轰感度

炸药的爆轰感度是指猛炸药在其他炸药(起爆药或猛炸药)的爆炸作用下发生爆炸变化的能力。炸药的爆轰感度在雷管装药设计、传爆药的研究以及工程爆破中起爆具的设计研究中十分重要。

猛炸药对起爆药爆轰的感度,一般用最小起爆药量来表示,即在一定的实验条件下,能引起猛炸药完全爆轰所需要的最小起爆药量。最小起爆药量越小,则表明猛炸药对起爆药的爆轰感度越大;反之,最小起爆药量越大,则表明猛炸药对起爆药的爆轰感度越小。

将 1 g 被测猛炸药试样用 49 MPa 的压力压入 8# 钢质雷管壳中,再用 29.4 MPa 的压力将一定质量的起爆药压入雷管壳中,最后将 100 mm 长的导火索装在雷管的上口。将装好的雷管放在防护罩内并垂直置于 $\phi 40$ mm×4 mm 的铅板上,点燃导火索引爆雷管。观察爆炸后的铅板,如果铅板被击穿且孔径大于雷管的外径,则表明猛炸药完全爆轰;否则,说明猛炸药没有完全爆轰。用插值法改变起爆药量,重复上述实验。经一系列的实验,可测出猛炸药的最小起爆药量。一些猛炸药的最小起爆药量如表 6.21 所示。

表 6.21 一些猛炸药的最小起爆药量(g)

起爆药	猛炸药			
	梯恩梯	特屈儿	黑索今	太安
雷汞	0.36	0.165	0.19	0.17
叠氮化铅	0.16	0.025	0.05	0.03
二硝基重氮酚	0.163	0.075		0.09

从表 6.21 可以看到,同一起爆药对不同猛炸药的最小起爆药量不同,这说明不同的猛炸药对起爆药爆炸具有不同的爆轰感度。此外,不同的起爆药对同一猛炸药的起爆能力也不相同,这是由起爆药的爆轰速度不同造成的。爆轰速度越大,且爆炸的加速期越短,即爆炸过程中爆速增加到最大值的时间越短,则起爆能力就越大。雷汞和叠氮化铅的爆轰速度均为4 700 m/s 左右,但叠氮化铅形成爆轰所需的时间要比雷汞短很多,因此叠氮化铅的起爆能力比雷汞大很多,特别是小尺寸引爆的雷管中,两者的差别更明显,但如果在直径比较大的情况下,两者的起爆能力则基本相同。

对一些起爆感度较低的工业炸药,如铵油炸药、聚状炸药等,用少量的起爆药是难以使其爆轰的,这类炸药的爆轰感度不能用最小起爆药量来表示,而只能用较大的中继传爆药柱的最小药量来表示。

最小起爆药量的大小不仅取决于起爆药的爆炸性能和猛炸药的爆轰感度,还取决于起爆药与猛炸药的装药条件等一系列因素。因此爆轰感度的比较应在相同的实验条件下进行。起爆药的起爆能力与被起爆平面的大小有很大的关系，起爆面积增加，起爆药在一定范围内增大。最适合的起爆条件是，起爆药的直径与被起爆药的直径相同，若偏小则由于侧向膨胀的作用，起爆能量有较大的损失，起爆能力将明显降低。

此外，也可以用临界直径表示炸药的爆轰感度。临界直径越小，炸药的爆轰感度越好，反之越差。

1. 自由振荡激光测定炸药感度

自由振荡激光不能产生高强度冲击波，完全属于热机理，曾采用直径为 10 mm、长度为 180 mm 氙灯（K14×160）的钕玻璃激光器作光源，测定起爆药的激光感度。被测样品分别称量 20 mg，装入火帽中，压药压力为 40 MPa。样品不密封，药面直接对准激光束聚焦，光斑直径为 1.6 mm，其面积约为 $20×10^{-3}$ cm²，而火帽壳的内径为 4.5 mm，这样激光能量全部进入药面上，保证了样品接收能量的一致性。为保证激光脉冲宽度保持不变，充电电压和电容量及放电电感不变。激光能量的增减通过光学玻璃衰减片调节。每一种试样在不同激光能量下做五组实验，每组打 10 发样品得出不同能量下样品爆炸的百分数。以激光能量和爆炸百分数作图，求出对应于 50%爆炸所需的能量值。测得几种起爆药对激光能量的感度如表 6.22 所示。

表 6.22　几种起爆药对激光能量的感度

炸药名称	100%爆炸		100%不爆炸		50%爆炸	
	能量/mJ	能量密度/ (J·cm⁻²)	能量/mJ	能量密度/ (J·cm⁻²)	能量/mJ	能量密度/ (J·cm⁻²)
1#Ag₂C₂/AgNO₃	6.18	0.31	3.54	0.18	4.35	0.22
2#Ag₂C₂/AgNO₃	12.82	0.64	5.24	0.26	8.80	0.44
LTNR	9.42	0.47	5.21	0.26	7.35	0.37
DS	21.00	1.05	6.79	0.34	8.80	0.44
Hg(ONC)₂	19.40	0.97	6.05	0.30	12.50	0.63
结晶 Pb(N₃)₂	21.48	1.07	8.12	0.41	14.20	0.71
DS	22.60	1.13	5.50	0.28	17.00	0.85

烟火药被自由振荡激光引爆所需的临界点火能量测定结果综合于表 6.23 中。

表 6.23　烟火药激光引爆实验结果

资料来源	引爆光源	烟火药样品	临界点火时激光能量密度 I_c/ (J·cm⁻²)	备　注
Menichelli V J 和 Yang L C	自由振荡钕玻璃激光器（脉宽 0.45～1.50 ms）	Zr–KClO₄	1.27	
		SOS–108	1.98	
		延期药 176	2.18	
		延期药 177	3.24	
		B/KNO₃	3.08	
		Mg/聚四氟乙烯	11.26	

资料来源	引爆光源	烟火药样品	临界点火时激光能量密度 $I_c/$ $(J \cdot cm^{-2})$	备　注
Menichelli V J 和 Yang L C	自由振荡红宝石激光器（脉宽 1.1～1.6 ms）	SOS–108	2.13	
Barbarisi M J	自由振荡红宝石激光器（脉宽 0.9 ms）	50%KNO$_3$+25% 镍粉+25%铝粉	0.33±0.15	
Yang L C	自由振荡红宝石激光器（脉宽 1.5 ms）	Zr/NH$_4$ClO$_4$（50/50）	0.93	
美国航空工艺周刊	自由振荡红宝石激光器（脉宽 1 ms）	SOS–108	3.08	经过换算

2. 调 Q 激光测定炸药感度

调 Q 激光是用一开关调节转镜和谐振腔，达到最高的 Q 值，实现激光高功率输出。起爆药激光引爆的临界能量密度实验结果综合于表 6.24 中。大部分结果表明自由振荡激光比 Q 开关激光能量大一个量级。

表 6.24　起爆药激光引爆实验结果

资料来源	引爆光源	烟火药样品	临界点火时激光能量密度 $I_c/$ $(J \cdot cm^{-2})$	备　注
曙光机械厂	Q 开关钕玻璃激光器（脉宽 80 ns）	Pb(N$_3$)$_2$ LTNR DDNP 导电药 DS 药	0.11 0.4 2.8 0.06 0.03	
	自由振荡钕玻璃激光器（脉宽 1 ms）	Pb(N$_3$)$_2$	2.2～4.6	
	自由振荡红宝石激光器（脉宽 1 ms）	Pb(N$_3$)$_2$ LTNR	3.5 14	
БришА А	Q 开关钕玻璃激光器（脉宽 50 ns）	Pb(N$_3$)$_2$(松装药) Pb(N$_3$)$_2$	0.4 0.082	经过换算
水岛容二郎	Q 开关红宝石激光器（脉宽 19～30 ns）	Pb(N$_3$)$_2$(松装药) 雷汞 四氮烯 DDNP	5.4 8.9 71 220	50%点火概率时的激光能量
	自由振荡红宝石激光器（脉宽 0.4 ms）	同上	全未点火	
日本帝国火工品株式会社	自由振荡红宝石激光器	DDNP	1.7	
Menichelli V J 和 Yang L C	自由振荡钕玻璃激光器（脉宽 0.45～1.50 ms）	PVA Pb(N$_3$)$_2$ 糊精 Pb(N$_3$)$_2$ LTNR	3.26 4.42 1.30	

猛炸药在实验中只有激光束聚焦才能被引爆。激光束的能量密度难以确切测量，许多结果只测量激光能量。激光引爆猛炸药的效果也有燃烧（或爆燃）、燃烧发展为爆轰、瞬时转变为爆轰等多种现象。

有人研究了太安炸药的激光引爆，发现激光加给炸药后，经过 $10\sim40~\mu s$ 的延滞期发生点火，炸药开始燃烧。燃速逐渐加快，由层流燃烧发展为对流燃烧（照片上显示出"撕裂"的阵面）。随着燃烧产物压力的不断增加，燃烧转变为速度 $D'=2\sim3~km/s$ 的低速爆轰。如果装药结构允许爆燃产物的压力上升到 10 GPa 范围（如厚管壳、大直径药柱等），低速爆轰就转变为速度 $D=7\sim8~km/s$ 的高速爆轰。猛炸药激光引爆实验结果如表 6.25 所示。

表 6.25　猛炸药激光引爆实验结果

资料来源	引爆光源	火药样品	激光能量密度或总能量	备注
Бриш А А	Q 开关钕玻璃激光器（脉宽 50 ns）	PETN（松装药）	0.5 J	瞬时爆轰
Бриш А А	Q 开关钕玻璃激光器（脉宽 50 ns）	PETN	12.3 J/cm²	经过换算
Barbarisi M J 和 Kessler E G	Q 开关红宝石激光器（脉宽 50 ns）	PETN HMX Tetryle	(2.5 ± 1.8) J/cm² 引爆 引爆	延滞期小于 25 μs
	自由振荡红宝石激光器（脉宽 0.9 ms）	PETN	(14.86 ± 11.49) J/cm²	激光开始后 50～100 μs 内起爆
Menichelli V J 和 Yang L C	自由振荡钕玻璃激光器（脉宽 0.45～1.00 ms）	PETN，RDX Dipam，HNS	7.75 J/cm² 未引爆	无窗口时 232 J/cm² 亦未引爆
Yang L C	Q 开关红宝石激光器（脉宽 25 ns）	PETN RDX Tetryle	0.8 J 0.8～1.0 J 4.0 J	镀膜窗口，均瞬时爆轰
	自由振荡钕玻璃激光器（脉宽 1.5 ms）	PETN，RDX	3.1 J/cm²	临界点火
水岛容二郎	Q 开关红宝石激光器（脉宽 19～30 ns）	EPTN TNT RDX Tetryle	0.53 J 0.66 J 0.65 J 0.51 J	50%点火概率
曙光机械厂	Q 开关钕玻璃激光器（脉宽 80～100 ns）	PETN RDX Tetryle	1 J/cm²（不聚焦） 4～5 J/cm²（聚焦） 8～26 J/cm² 30～70 J/cm²	临界点火。无窗口时，自由振荡激光达 8 000 J/cm² 亦未引爆

3. 采用金属膜技术引爆炸药

金属膜技术是利用金属膜在激光作用下形成高温等离子体的冲击波引爆炸药。采用类似图 6.32 的爆炸装置，聚焦的激光作用于窗口后，金属膜迅速蒸发膨胀成等离子体，产生冲击波压力使炸药瞬时爆炸。

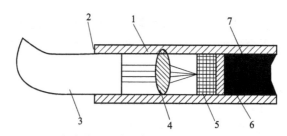

图 6.32 激光作用下高温等离子体的冲击波引爆炸药
1—管壳；2—管口；3—光导纤维；4—透镜；5—有机玻璃窗口；6—金属膜；7—炸药

一般窗口采用 0.5 cm 厚的有机玻璃，镀上 10 μm 厚的铝膜，取这一厚度是因为固体对光的吸收层厚度为 2～10 μm。Anderholm 曾测定铝膜的冲击波压力可达 2 MPa。镀膜窗口虽然在解决激光引爆猛炸药的困难方面有一定作用，但仍未完全解决，有待进一步研究。Yang 对普通窗口和铝膜窗口的研究结果如表 6.26 所示。

表 6.26 普通窗口和铝膜窗口的实验结果

炸药	雷管结构	激光能量/J	瞬时爆轰率	燃烧爆轰率	引爆失败率
PETN	普通窗口	0.5～4.0	4/5	1/5	0/5
	镀铝膜窗口		5/11	4/11	2/11
RDX	普通窗口	1.0～4.6	1/9	3/9	5/9
	镀铝膜窗口		10/43	19/43	14/43
Tetryle	普通窗口	3.0～4.0	0/2	1/2	1/2
	镀铝膜窗口		1/5	2/5	2/5

研究证明，不同的激光起爆形式影响炸药的激光引爆能量，而且由于激光起爆和闪光起爆同属于热起爆机理，凡影响闪光起爆的因素均影响激光起爆，因此在查阅光起爆能量时，一定要搞清测试条件与方法，这样对比各药剂的光感度次序才有意义。

6.4 影响炸药感度的因素

研究影响炸药感度的因素应该从两方面考虑：一方面是炸药自身的结构和物理化学性质的影响；另一方面是炸药的物理状态和装药条件的影响。通过对炸药感度影响因素的研究，掌握其规律性，有助于预测炸药的感度，并根据这些影响因素人为地控制和改善炸药的感度。

6.4.1 炸药的结构和物理化学性质对感度的影响

（1）原子团的影响。炸药发生爆炸的根本原因是原子间化学键的破裂，因此原子团的稳定性和数量对炸药的感度影响很大。此外，不稳定原子团的性质以及它所处的位置也影响炸药的感度。

由于氯酸盐或酯（—$OClO_2$）和高氯酸盐或酯（—$OClO_3$）比硝酸酯（—$CONO_2$）的稳定性低，而硝酸酯比硝基化合物（—NO_2）的稳定性低，因此，氯酸盐或酯比硝酸酯的感度大，硝酸酯比硝基化合物的感度大，硝胺类化合物的感度则介于硝酸酯和硝基化合物之间。

同一化合物，随着不稳定爆炸基团数目的增多，各种感度均增大，如三硝基甲苯的感度大于二硝基甲苯。

不稳定爆炸基团在化合物中所处的位置对其感度的影响也很大，如太安有四个爆炸性基团—$CONO_2$，而硝化甘油中只有三个爆炸性基团，但由于太安分子中四个—$CONO_2$基团是对称分布的，导致太安的热感度和机械感度都小于硝化甘油。

对于芳香族硝基衍生物，其撞击感度首先取决于苯环上取代基的数目，若取代基数目增加，则撞击感度增加，相对而言取代基的种类和位置的影响较小。此外，如果炸药分子中具有带电性基团，则对感度也有影响，带正电性的取代基感度大，带负电性的取代基感度小，如三硝基苯酚比三硝基甲苯的感度高。不同取代基对撞击感度的影响如表 6.27 所示。

表 6.27　不同取代基硝基衍生物的撞击感度

影响基团	炸药名称	取代基数量	撞击能/$(kg \cdot cm \cdot cm^{-2})$	影响基团	炸药名称	取代基数量	撞击能/$(kg \cdot cm \cdot cm^{-2})$
—CH_3	二硝基苯	2	19.5	—Br	二硝基苯	2	19.5
	二硝基二甲苯	4	14.6		二硝基二溴苯	4	12.5
	三硝基苯	3	12.1				
	三硝基二甲苯	5	5.7		二硝基三溴苯	5	7.7
—OH	二硝基苯	2	19.5	—NO_2	二硝基苯	2	19.5
	二硝基间苯二酚	4	10.3		三硝基苯	3	12.1
	三硝基苯	3	12.1		二硝基二甲苯	4	14.6
	三硝基间苯二酚	5	4.0		三硝基二甲苯	5	5.7
—Cl	二硝基苯	2	19.5		二硝基酚	2	12.7
	二硝基二氯苯	4	10.2		三硝基酚	3	8.2

（2）炸药的生成热。炸药的生成热取决于炸药分子的键能，键能小，生成热也小，生成热小的炸药感度大。如起爆药是吸热化合物，它的生成热较小，是负值，而猛炸药大多数是放热化合物，生成热较大，是正值，因此一般情况下起爆药的感度高于猛炸药。

（3）炸药的爆热。爆热大的炸药感度高。这是因为爆热大的炸药只需要较少分子分解，其所释放的能量就可以维持爆轰继续传播而不会衰减，而爆热小的炸药则需要较多的分子分解，其所释放的能量才能维持爆轰的继续传播。因此，如果炸药的活化能大致相同，则爆热大的有利于热点的形成，爆轰感度和机械感度都相应增大。

（4）炸药的活化能。炸药的活化能大则能栅高，跨过这个能栅所需要的能量也就大，炸药的感度就小；反之，活化能小，感度就大。但是，由于活化能受外界条件影响很大，所以并不是所有的炸药都严格遵守这个规律，几种炸药的活化能与热感度的关系如表 6.28 所示。

表 6.28　几种炸药的活化能与热感度的关系

炸药名称	活化能 $E/$（$J \cdot mol^{-1}$）	热　感　度	
		爆发点/℃	延滞期/s
叠氮化铅	108 680	330	16
梯恩梯	116 204	340	13
三硝基苯胺	117 040	460	12
苦味酸	108 680	340	13
特屈儿	96 558	190	22

（5）炸药的热容和热导率。炸药的热容大，则炸药从热点温度升高到爆发点所需要的能量就多，因此，感度就小。炸药的热导率高，就容易把热量传递给周围的介质，从而使热量损失大，不利于热量的积累，炸药升到一定温度所需要的热量增多，所以热导率高的炸药热感度低。

（6）炸药的挥发性。挥发性大的炸药在加热时容易变成蒸气，由于蒸气的密度低，分解的自加速速度小，在相同的爆发点和相同的加热条件下要达到爆发点所需要的能量较多，因此，挥发性大的炸药热感度一般较小，这也是易挥发性炸药比难挥发性炸药发火困难的原因之一。

6.4.2　炸药的物理状态和装药条件对感度的影响

炸药的物理状态和装药条件对感度的影响主要表现在炸药的温度、炸药的物理状态、炸药的结晶形状、炸药的颗粒度、装药密度及附加物。通过对这些影响因素的深入研究，可以掌握改善炸药各种感度的方法。

（1）炸药温度的影响。温度能够全面地影响炸药的感度，随着温度的升高，炸药的各种感度都相应地增加。这是因为炸药初温升高，其活化能将降低，使原子键破裂所需要的外界能量减小，发生爆炸反应容易。因此，温度的变化对炸药的感度影响较大，如表 6.29 所示。

表 6.29　不同温度时梯恩梯的撞击感度

温度/℃	在不同落高时的爆炸百分数/%		
	25 cm	30 cm	54 cm
18		24	
20	11		
80	13		
81		31	59
90		48	75
100	25	63	89
110	43		
120	62		

（2）炸药物理状态的影响。通常情况下炸药由固态转变为液态时，感度将增加。这是因为固体炸药在较高的温度下熔化为液态，液体的分解速度比固体的分解速度大得多；同时，炸药从固态熔化为液态需要吸收熔化潜热，因而液体比固体具有更高的内能；此外，由于液体炸药一般具有较大的蒸气压而易于爆燃。因此，在外界能量的作用下液态炸药易于发生爆炸。例如固体梯恩梯在温度为 20 ℃、落高为 25 cm 时的爆炸百分数为 11%，而液态梯恩梯在温度为 100 ℃、落高为 25 cm 时的爆炸百分数为 25%。但是也有例外，如冻结状态的硝化甘油比液态硝化甘油的机械感度大，这是因为在冻结过程中敏感性的硝化甘油液态与结晶之间发生摩擦而使感度增加，因此冻结的硝化甘油更加危险。

（3）炸药结晶形状的影响。对于同一种炸药，不同的晶体形状其感度不同，这主要是由于晶体的形状不同，其晶格能不同，相应的离子间的静电引力也不相同。晶格能越大，化合物越稳定，破坏晶粒所需的能量越大，因而感度就越小。此外，由于结晶形状不同，晶体的棱角度也有差异，在外界作用下炸药晶粒之间的摩擦程度就不同，产生热点的概率也不同，因而感度存在着差异。例如，奥克托今具有四种不同的晶型，其撞击感度是不相同的，如表 6.30 所示。

表 6.30　奥克托今四种晶型的性质

性质	晶　型			
	α	β	γ	δ
密度/（g·cm⁻³）	1.96	1.87	1.82	1.77
晶型的稳定性	亚稳定	稳定	亚稳定	不稳定
相对撞击感度①	60	325	45	75

注：①表示数字越大，撞击感度越小，黑索今为 180。

（4）炸药颗粒度的影响。炸药的颗粒度主要影响炸药的爆轰感度，一般颗粒越小，炸药的爆轰感度越大。这是因为炸药的颗粒越小，比表面积越大，它所接受的爆轰产物能量越多，形成活化中心的数目就越多，也越容易引起爆炸反应。此外，比表面积越大，反应速度越快，越有利于爆轰的扩展。

例如，100%通过 250 目的梯恩梯的极限起爆药量为 0.1 g，从而溶液中快速结晶的超细梯恩梯的极限起爆药量为 0.04 g。对于工业混合炸药，各组分越细，混合越均匀，则它的爆轰感度越高。

（5）装药密度的影响。装药密度主要影响起爆感度和火焰感度。一般情况下，随着装药密度的增大，炸药的起爆感度和火焰感度都会降低，这是因为装药密度增大，结构更密实，炸药表面的孔隙率减小，就不容易吸收能量，也不利于热点的形成和火焰的传播，已生成的高温燃烧产物也难以深入炸药的内部。如果装药密度过大，炸药在受到一定的外界作用时会发生"压死现象"，并出现拒爆，即炸药失去被引爆的能力。因此，在装药过程中要考虑适当的装药密度，如粉状工业炸药的装药密度要求控制在 0.90~1.05 g/cm³。舍吉特装药密度对起爆感度的影响情况如表 6.31 所示。

表 6.31　舍吉特装药密度对起爆感度的影响

装药密度/（g·cm⁻³）	0.66	0.88	1.20	1.30	1.39	1.46
雷汞最小起爆药量/g	0.3	0.3	0.75	1.5	2.0	3.0

（6）附加物的影响。在炸药中掺入附加物可以显著地影响炸药的机械感度，附加物对炸药机械感度的影响主要取决于附加物的性质，即硬度、熔点、含量及粒度等。

6.5　炸药的钝感和敏化

在炸药的生产和使用过程中，根据具体情况要求炸药具有不同的感度，对一些机械感度大，在使用中受到限制的炸药则要求进行适当的钝感，以保证其使用安全，而对一些起爆感度过低，但具有广泛用途的炸药，如硝铵炸药等则要进行敏化，以便在使用时能可靠起爆。因此，必须对炸药的钝感和敏化原理及其方法进行研究。

根据热点爆炸理论可知，热点的形成和扩张是炸药发生爆炸的必要条件。炸药的钝感主要是设法阻止热点的形成和扩张；炸药的敏化则正好相反，就是采取某些方法使炸药在受到冲击波作用时，促进热点的形成并使之扩张。

6.5.1　炸药钝感的方法

炸药钝感的方法主要有以下几种。

（1）降低炸药的熔点。这种方法主要是加入熔点较低的某种炸药并配成混合炸药以得到低共熔物。通过对大量起爆药及猛炸药的熔点和爆发点进行比较和研究，发现炸药的熔点和爆发点值相差越大，则其机械感度越小，一般降低炸药的熔点能够降低其机械感度，这种方法可以从起爆机理中得到解释。

（2）降低炸药的坚固性。这种方法主要是在炸药的生产过程中，通过改变结晶工艺以及采用表面活性剂来影响炸药的坚固性。由于炸药在受到机械作用时会产生变形，在变形过程中炸药内部所达到的压力与炸药的坚固性有很大关系，如果炸药的晶体存在着某些缺陷，则很容易被破坏而不易形成较大应力，因此，降低炸药的坚固性能够降低它的机械感度。

（3）加入少量的塑性添加剂。这种方法主要是向炸药中加入少量具有良好钝感性能的物质，如石蜡、地蜡、凡士林等。由于这些钝感剂可以在晶体表面形成一层柔软而具有润滑性的薄膜，从而减少了各粒子相对运动时的摩擦，并使应力在装药均匀分布，使产生热点的概率受到很大限制。

通过上面的分析知道，所谓钝感剂，是指降低炸药感度的那些附加物。钝感剂阻止热点形成和传播。

6.5.2　炸药敏化的方法

凡能使炸药感度提高的方法都称为炸药的敏化。炸药的敏化主要是指提高炸药的爆轰感度。炸药敏化的方法较多，常用的有以下三种。

（1）加入爆炸物质。这种方法在工业炸药中的应用较广泛，所加入的爆炸物质通常是猛炸药，如梯恩梯等。在外界作用下，工业炸药中的猛炸药由于感度高而首先发生爆炸，爆炸产生的高温再引起猛炸药周围其他的物质发生反应，最后引起整个炸药爆轰。

（2）气泡敏化。这种方法主要应用在浆状炸药和乳化炸药中，也可应用在粉状硝铵炸药中，如膨化硝铵炸药，通过表面活性剂对硝酸铵进行了膨化处理，制得轻质膨松多孔隙、多裂纹的硝酸铵，含有大量的空隙和气泡。这种硝铵炸药在受到外界冲击作用后，颗粒间的空隙和颗粒内部的气泡被绝热压缩形成热点，炸药被敏化的原理是热点起爆机理。在乳化炸药中加入发泡剂或气泡载体，如在炸药中加入膨胀珍珠岩粉、木粉、聚苯乙烯泡沫粉等也能起到气泡敏化作用。

（3）加入高熔点、高硬度或有棱角的物质。这类物质有玻璃粉、砂子及金属微粒等，它们是良好的敏化剂。在外界作用下，它们能使冲击的能量集中在物质的尖棱上而成为强烈摩擦中心，从而在炸药中产生无数局部的加热中心，促进爆炸的进行。这些敏化剂的参与使得炸药从冲击到爆炸瞬间的延迟时间 τ 大大缩短，例如，钝化太安的 $\tau=240$ μs，而加入 18% 的石英砂后 $\tau=80$ μs。

实验已经证明，如果将莫氏硬度大于 4 的物质掺入不同的猛炸药中，那么炸药的感度是随着掺入物质的百分含量的增加而增大的。对炸药的机械感度来说，起决定作用的是所掺入的附加物的熔化温度，而不是硬度。一般情况下，掺入的附加物的熔化温度高，则炸药的机械感度相应地增大。附加物对太安的摩擦感度和冲击感度的影响结果如表 6.32 所示。分析表 6.32 中的数据可以得出以下结论：

① 所掺入的附加物无论硬度如何，只要熔点超过了在炸药中热点引起爆炸时所需要的临界温度便具有敏化性质。对于太安和黑索今来说，附加物的熔点需高于 430 ℃～450 ℃才能作为敏化剂。

② 在附加物的熔点高于炸药临界温度的条件下，硬度大的附加物粒子比硬度小的附加物粒子更能够提高炸药的感度。

③ 在实验条件下，莫氏硬度很大的玻璃是提高太安撞击感度的最佳敏化剂。

表 6.32　附加物对太安的冲击感度和摩擦感度的影响

附加物名称	莫氏硬度	熔点/℃	爆炸百分数/%	
			摩擦感度	冲击感度
无附加物	1.8	141	0	2
硝酸银	2～3	212	0	2
醋酸钠	1.0～1.5	324	0	0
溴化银	2～3	434	50	6
氯化铅	2～3	501	60	27
硼砂	3～4	560	100	30
三氧化二铋	2.0～2.5	685	100	42
玻璃	7	800	100	100
岩盐	2.0～2.5	804	50	0
辉铜矿	2.5～2.7	1 100	100	50
方解石	3	1 339	100	43

思考题

1. 如何理解炸药感度的选择性与相对性？研究它有何意义？

2. 试用热图叙述热爆炸机理。

3. 热点起爆机理的主要内容是什么？（基本观点、热点形成途径、成长为爆炸的条件）

4. 简述各种感度与其对应的实验方法及表示的参数。

5. 发火点与延滞期各表示什么意义？关系如何？怎么由发火点和延滞期求出炸药的活化能？

6. 用雷管起爆炸药时，可能发生哪几种情况？决定能否起爆炸药爆轰的主要因素是什么？

7. 选择雷管中起爆药、猛炸药种类、药量和压药压力的原则是什么？为什么有的雷管猛炸药要分两次压药？

8. 为什么一个装药爆轰时能引起与它相隔一定距离的另一装药爆炸？影响殉爆距离的主要因素有哪些？

9. 为什么火工厂内各生产工房要隔开一定距离？为什么危险工房的周围要筑土堤？

10. 火工品生产中应采取哪些措施防止静电引起爆炸事故？

11. 解释几个基本概念。

① 极限起爆药量；

② 临界直径与极限直径；

③ 落高（撞击感度）；

④ 殉爆距离与隔板厚度；

⑤ 爆炸延滞期与发火点；

⑥ 爆炸百分数；

⑦ 升降法实验。

12. 简述炸药的钝感与敏化的主要方法。

第7章
炸药的爆炸作用

炸药在爆炸时形成的高温高压气体产物，能对周围介质产生强烈的冲击和压缩作用，从而使与其相接触或相距较近的物体产生运动、变形、破坏与飞散。当目标离炸点较远时，产物本身的破坏作用就不明显了，但当炸药在可压缩的介质（如空气、水）中爆炸时，由于爆轰产物的膨胀压缩了周围介质，并在介质中形成冲击波，此冲击波在这些介质中传播可以对较远距离的物体产生破坏作用。因此炸药爆炸时对周围物体的作用不仅表现在和炸药相近的距离上，而且表现在离炸点较远的距离上。

炸药爆炸时对周围物体的各种机械作用统称为炸药的爆炸作用。

炸药爆炸作用与炸药的装药量、炸药的性质、炸药装药的形状，以及炸点周围介质的性质等因素有关。

通过对炸药的爆炸作用研究，可以正确地评定炸药的爆炸性能及合理地使用炸药，从而充分发挥炸药的效能，为各种装药设计提供必要的理论依据。

7.1 炸药的做功能力

7.1.1 做功能力与爆炸能量

炸药爆炸时对周围物体的各种机械作用统称为炸药的爆炸作用。炸药的爆炸作用形式是多方面的，例如将一个炸药包埋在土壤中爆炸，其爆炸作用形式主要有：

（1）直接与炸药接触的介质（外壳和土、岩）剧烈的塑性变形和粉碎破坏作用；

（2）不与炸药直接接触，但与炸药相距不远的介质（土、岩）的压缩变形、破碎和松动；

（3）部分土壤被抛出并形成抛射漏斗坑（炸药离地表距离不太大时）；

（4）在土壤中产生弹性波（地震波）；

（5）空气冲击波的产生和传播（炸药离地面不太远时）。

因此，炸药爆炸做功的形式也是多种多样的。

所有爆炸产生的功的总和叫作总功，总功只是炸药总能量的一部分，称为炸药的做功能力，又称为炸药的威力或爆力。炸药的做功能力是评价炸药性能的一个重要参数，如下式表示：

$$A=A_1+A_2+A_3+\cdots+A_n=E\eta \tag{7-1}$$

式中 A——炸药的做功能力；

A_1，A_2，$\cdots$，A_n——各项爆炸作用所做的功；

η——做功效率；

E——炸药爆炸总能量。

当爆炸条件改变时，其总功一般变化不大，但各种不同形式的功可能有很大改变。为了充分利用炸药的能量，总是希望所需要的有用功占尽可能大的比例，这需要创造合适的条件，也是炸药应用研究中需要解决的问题。

7.1.2 做功能力的理论表达方式

与爆轰过程一样，炸药爆炸做功的过程也是极其迅速的，因此可以假设炸药爆轰生成的高温高压气体进行绝热膨胀做功。根据热力学第一定律：系统内能的减少等于系统放出的热量和系统对外所做的功。其数学表达式为

$$-\mathrm{d}U=\mathrm{d}Q+\mathrm{d}A \tag{7-2}$$

式中 $-\mathrm{d}U$——系统内能的减少量；

$\mathrm{d}Q$——系统放出的热量；

$\mathrm{d}A$——系统所做的功。

根据上述假设，爆轰产物的膨胀过程是绝热的，故 $\mathrm{d}Q=0$，则上式可写为

$$-\mathrm{d}U=\mathrm{d}A=-\overline{c_V}Dt \tag{7-3}$$

产物由 T_d 膨胀到 T 所做的功，即式（7-3）对温度的积分：

$$A=\int_{T_\mathrm{d}}^{T}-\overline{c_V}\mathrm{d}T=\overline{c_V}(T_\mathrm{d}-T)=\overline{c_V}(T_\mathrm{d}-T)=\overline{c_V}T_\mathrm{d}\left(1-\frac{T}{T_\mathrm{d}}\right) \tag{7-4}$$

式中 T_d——爆温，K；

T——产物膨胀终了时的温度，K；

$\overline{c_V}$——爆轰产物的平均定容热容。

又因为爆热有以下关系式：

$$Q_V=\overline{c_V}(T_\mathrm{d}-T_0)=\overline{c_V}T_\mathrm{d}-\overline{c_V}T_0$$

式中 T_0——标准条件下的温度，K。

对于一般凝聚相炸药，通常有

$$\overline{c_V}T_0/\overline{c_V}T_\mathrm{d}\approx3\%\sim5\%$$

则可以近似取

$$\overline{c_V}T_\mathrm{d}\approx Q_V \tag{7-5}$$

所以式（7-3）可以写为

$$A=Q_V\left(1-\frac{T}{T_\mathrm{d}}\right) \tag{7-6}$$

当具体计算爆炸膨胀过程所做的功时，终了温度 T 很难确定，所以常用膨胀时体积和压力的变化代替温度的变化。爆炸产物的膨胀过程可以认为是等熵绝热膨胀过程，压力和体积有以下关系：

$$pV^k=常数 \tag{7-7}$$

式中　k——等熵指数。

设产物性质符合理想气体，则可得

$$\frac{T}{T_d}=\left(\frac{V_d}{V}\right)^{k-1}$$

或

$$\frac{T}{T_d}=\frac{p}{p_d}\frac{k-1}{k}$$

式中　p_d，p——爆轰产物初态、终态的压力；

V_d，V——爆轰产物初态、终态的体积。

则式（7-3）可以写成

$$A=\overline{c_V}T_d\left(1-\frac{T}{T_d}\right)=\overline{c_V}T_d\left(1-\frac{p}{p_d}\frac{k-1}{k}\right)$$

$$=\overline{c_V}T_d\left[1-\left(\frac{V_d}{V}\right)^{k-1}\right] \tag{7-8}$$

或

$$A=Q_V\left(1-\frac{p}{p_d}\frac{k-1}{k}\right)=\eta Q_V \tag{7-9}$$

$$A=Q_V\left[1-\left(\frac{V_d}{V}\right)^{k-1}\right]=\eta Q_V \tag{7-10}$$

式中　η——做功效率。

为了进行各种炸药间做功能力的比较，确定以 p 为 1.013×10^5 Pa（1 atm）时的 A 值作为理论做功能力。其物理意义是炸药的爆炸产物在绝热条件下膨胀到 1.013×10^5 Pa 压力时所做的最大功。利用式（7-9）计算得到的几种炸药的理论做功能力 A 值列于表 7.1 中。

表 7.1　几种炸药的理论做功能力

炸药	密度 ρ_0/（g·cm^{-3}）	爆热 Q_V/（kJ·kg^{-1}）	k	做功效率 η/%	做功能力 A/（kJ·kg^{-1}）	A/A_{TNT}	$Q_V/Q_{V\,TNT}$
硝酸铵	0.9	1 590	1.30	86.2	1 373	0.39	0.38
梯恩梯	0.9	3 473	1.24	82.5	2 877	0.82	0.82
梯恩梯	1.5	4 226	1.23	83.3	3 528	1.00	1.00
黑索今	1.0	5 314	1.25	84.5	4 494	1.28	1.26
黑索今	1.6	5 440	1.25	86.6	4 710	1.34	1.29
梯恩梯	0.9	3 473	1.24	82.5	2 877	0.82	0.82
梯恩梯	1.5	4 226	1.23	83.3	3 528	1.00	1.00
硝酸铵/梯恩梯（79/21）	1.0	4 310	1.24	83.7	3 570	1.01	1.02
太安	1.6	5 690	1.215	82.7	4 725	1.34	1.35
硝酸铵/铝（80/20）	1.0	6 611	1.16	72.4	4 788	1.36	1.56
硝化甘油	1.6	6 192	1.19	79.7	4 956	1.40	1.47

由表 7.1 中的数据还可以看出，对于大部分炸药，相对做功能力（A/A_{TNT}）与相对爆热（Q_V/Q_{VTNT}）的值基本上是一致的，但对于正氧平衡的硝化甘油和含铝炸药，其相对做功能力比相对爆热小得多，主要是这两种炸药的等熵指数较小。表 7.1 中所列的做功效率是根据理

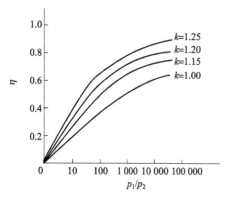

图 7.1 做功效率与膨胀程度的关系

想气体膨胀规律算出的，实际上炸药的做功效率要比这一数值小得多，而相对做功能力却变化不大。为了相对比较各种炸药的爆炸作用，可以按理想气体计算的相对做功能力进行衡量和评判。

综合以上分析可见，爆热是决定炸药做功能力的最基本因素，因此提高爆热是提高炸药做功能力最有效的措施之一，另外做功能力还与产物的膨胀程度及等熵指数有关。显然，炸药的爆热越大，爆炸产物的膨胀比越大，则做功能力越大；当爆热和产物的膨胀程度相同时，则等熵指数越大，做功能力也越大。图 7.1 所示为不同等熵指数时做功效率与膨胀程度的关系。

因 $k=1+\dfrac{R}{c_V}$，产物的 c_V 越小，k 值越大，则做功效率越大。产物的热容与成分有关，一般气体分子中原子个数越多，其定容热容值越大，如二原子气体（CO、N_2、H_2、O_2）比三原子气体（CO_2、H_2O）定容热容值约小 50%。如果爆炸产物中有凝聚相产物，如 C（固）、Al_2O_3、NaCl 等，则等熵指数较小，因此这种炸药的做功效率较低。

炸药的爆热和爆炸产物组成取决于炸药的氧平衡，因而炸药的做功能力与氧平衡有密切的关系。当炸药为零氧平衡时，爆热大；当轻微负氧时，产物中双原子气体分子增多，这两种情况炸药的做功能力均较大。图 7.2 所示为不同氧平衡时炸药做功能力的实验值，做功能力以梯恩梯为 100 表示。

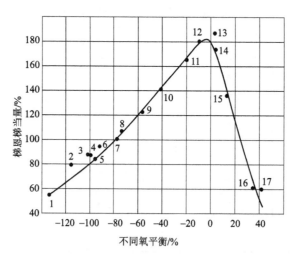

图 7.2 炸药做功能力与氧平衡的关系

1—二硝基间二甲苯；2—地恩梯；3—三硝基萘；4—二硝基乙基戊烷；5—二硝基苯；6—三硝基二甲苯；7—梯恩梯；

8—四硝基萘；9—三硝基苯；10—乙烯二硝胺；11—黑索今；12—太安；13—硝化甘油；14—硝化甘露醇；

15—肌醇六硝酸酯；16—甲撑二醇二硝酸酯；17—四硝基甲烷

7.1.3　做功能力的实验测定

7.1.3.1　铅壔扩张法

此法由澳大利亚特劳茨(Trautz)提出，后来确定为测定炸药做功能力的国际标准方法，因此又称为特劳茨实验法。铅壔法是目前最简单、最常用的做功能力实验方法。其原理是一定量的炸药在铅壔中央内孔中爆炸，爆炸产物膨胀将使内孔扩张，以爆炸前后孔的体积的增量作为判断和比较做功能力的尺度。

铅壔是用高纯度铅浇壔成中间带孔的圆柱形，直径 200 mm、高 200 mm，中央有一直径 25 mm、深 125 mm 的圆柱内孔。铅壔法实验装置如图 7.3 所示。

实验时，将准备好的炸药试样准确称取（10±0.01）g，放在用锡箔卷成的圆柱筒（直径 24 mm）内，装上雷管后放入铅壔的内孔中，孔中剩下的空隙用一定颗粒的干燥石英砂填满，以减少炸药产物向外飞散。

炸药在铅壔中爆炸时，产物对内孔铅壁剧烈地进行压缩，产生冲击波，然后产物膨胀。爆炸的能量使铅发生塑性变形，并使圆柱内孔扩大成梨形孔。爆炸能量主

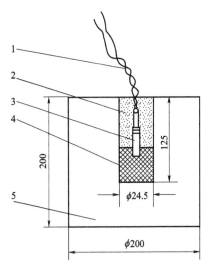

图 7.3　铅壔法实验装置
1—雷管线；2—石英砂；3—铜壳电雷管；
4—炸药包；5—铅壔

要消耗在铅的压缩变形上，对周围介质空气做的功可以忽略不计。测量爆炸前后铅壔内孔的体积差，用此值表示炸药的做功能力。显然，体积差越大，炸药的做功能力越大，铅壔扩张实验值的计算式如下：

$$\Delta V = V_2 - V_1 \tag{7-11}$$

式中　ΔV——铅壔扩张实验值，mL；

　　　V_1——爆炸前沿壔孔的容积，mL；

　　　V_2——爆炸后铅壔孔的容积，mL。

实验规定在 15 ℃下进行，如果实验在其他温度下进行，由于铅的硬度和强度不同会造成偏差，应将测定结果按式（7-12）和表 7.2 进行修正。

表 7.2　铅壔扩张实验值的修正量

温度 t/℃	修正量 V_A/%	温度 t/℃	修正量 V_A/%	温度 t/℃	修正量 V_A/%
−30	+18	−5	+7	15	0
−25	+16	0	+5	20	−2
−20	+14	5	+3.5	25	−4
−15	+12	8	+2.5	30	−6
−10	+10	10	+2		

$$V_L=(1+V_A)\Delta V \tag{7-12}$$

式中　V_L——炸药的做功能力（铅㈝扩张值），mL；

　　　V_A——铅㈝扩张值的修正量；

　　　ΔV——铅㈝扩张实验值，mL。

引爆用的雷管也参与了扩孔的作用，因此也要予以修正。雷管扩孔值的修正，可以用上述实验方法做一空白实验，引爆不带炸药试样的雷管，然后测其扩孔值。扩张值是用于判断和比较炸药的做功能力的，若仅用作比较，则采用同样的标准雷管实验时可以不进行雷管的修正。

常用炸药的铅㈝扩张值如表 7.3 所示。

表 7.3　常用炸药的铅㈝扩张值

炸药名称	V_L/mL	炸药名称	V_L/mL
梯恩梯	285	黑索今/梯恩梯/铝（41/41/18）	475
特屈儿	340	B 炸药	370
黑索今	480～495	C2 炸药	333
奥克托今	486	黑索今/梯恩梯（60/40）	388～390
太安	490～525	黑索今/梯恩梯（50/50）	365～368
硝化甘油	515～550	黑索今/梯恩梯（30/70）	315～353
硝化棉	420	黑索今/梯恩梯（10/90）	300～316
苦味酸	315	高氯酸铵/铝（90/10）	435
硝基胍	305	高氯酸铵/铝（75/25）	500
硝基甲烷	400	高氯酸铵/铝（82/18）	565
二硝基甲苯	240	硝酸铵/铝（82/18）	506
苦味酸铵	280	梯恩梯/铝（85/15）	460
硝酸肼	408	硝酸铵/梯恩梯（80/20）	350
三硝基苯	325	太安/梯恩梯（90/10）	480
硝酸铵	180	太安/梯恩梯（60/40）	390
高氯酸铵	195	太安/梯恩梯（10/90）	295
硝酸脲	270	硝酸铵/梯恩梯/铝（80/15/5）	400
三氨基胍硝酸盐	350	钝黑铝-1	554

7.1.3.2　威力摆法

威力摆即做功能力摆，又称弹道臼炮。它可以直接由爆炸时测出的功值大小来评价炸药的相对做功能力。威力摆的原理示意图如图 7.4 所示。

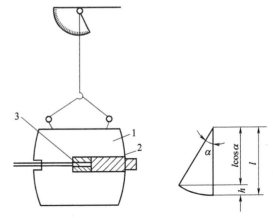

图 7.4　威力摆的原理示意图
1—摆件（炮体）；2—弹丸；3—炸药

威力摆是一沉重的钢制炮体（约 300 kg），悬挂在支架上，炮体有互相连通的爆炸室和膨胀室，爆炸室内装有带雷管的 10 g 被试炸药，爆炸室在爆炸前装有钢质弹丸（约 10 kg）。炸药爆炸后，高温高压的爆炸气态产物充满膨胀室，当产物继续膨胀并推出弹丸时，产物对外做功。弹丸飞出后，产物向空气中膨胀，做功便停止，与此同时炮体向后摆动。

爆炸所做的功主要由两部分组成，一部分是弹丸抛射出去获得的动能，另一部分是炮体后摆的动能转变为增加的位能。这两部分所做功之和用于表示炸药的做功能力，即

$$A = A_1 + A_2 \tag{7-13}$$

式中　A——炸药的做功能力；

　　　A_1——使炮体摆动所做的功；

　　　A_2——发射弹丸所做的机械功。

A_1 是使炮体摆动 α 角所做的功，在数值上相当于使炮体的重心上升 h 高度所做的功：

$$A_1 = m_1 gh = m_1 gl(1 - \cos \alpha) \tag{7-14}$$

式中　m_1——炮体的质量；

　　　g——重力加速度；

　　　l——炮体重心到悬挂支点的距离；

　　　α——炮体摆动的最大角度。

设威力摆在摆动过程中无能量损耗，则摆体开始摆动瞬间的动能等于摆动结束瞬间的位能。即

$$\frac{1}{2} m_1 u^2 = m_1 gh \tag{7-15}$$

式中　u——炮体摆动的初速度。

A_2 是发射弹丸所做的机械功，它等于弹丸离开炮体时的动能：

$$A_2 = \frac{1}{2} m_2 v^2$$

式中　m_2——弹丸的质量；

　　　v——弹丸离开炮体时的速度。

根据动量守恒原理，弹丸的动量与炮体的动量相等，即

$$m_1u=m_2v \tag{7-16}$$

由式（7-16）得

$$v=m_1u/m_2$$

则

$$A_1=m_1gh=\frac{1}{2}m_1u^2=m_1gl(1-\cos\alpha)$$

$$A_2=m_2v^2=\frac{1}{2}\frac{m_1^2}{m_2}u^2=\frac{m_1}{m_2}[m_1gl(1-\cos\alpha)] \tag{7-17}$$

因此

$$A=A_1+A_2=\left(1+\frac{m_1}{m_2}\right)m_1gl(1-\cos\alpha) \tag{7-18}$$

对于每一威力摆，m_1、m_2、l 均为定值，因此令 $C=\left(1+\dfrac{m_1}{m_2}\right)m_1gl$，$C$ 为摆的结构常数。由式（7-18）可得

$$A=C(1-\cos\alpha) \tag{7-19}$$

因 C 已知，可由摆角直接计算出炸药的做功能力。一般以梯恩梯为标准，其他炸药的做功能力与梯恩梯的做功能力之比称为该炸药的威力梯恩梯当量。炸药做功能力的梯恩梯当量（A_{re}）用下式表示：

$$A_{re}=A/A_{TNT}$$

7.1.3.3 爆破漏斗实验法

有时为了特殊原因和方便，特别是对于主要用于工程爆破的炸药，也可以采用爆破实验来评定炸药的做功能力。

如炸药在离地面不太深的位置爆炸，由于爆炸气体的抛射作用，能在地表形成一个半径为 r，可见漏斗深度为 p 的圆锥形漏斗坑，其中如图 7.5 所示。

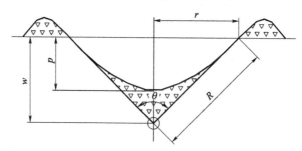

图 7.5　爆破漏斗

r—漏斗半径；p—可见漏斗深度；R—作用半径；w—最小抵抗线；θ—张开角

漏斗坑是以其半径 r 对深度 w（此值称为最小抵抗线）之比值表示其特征的，即

$$n=\frac{r}{w} \tag{7-20}$$

式中　　n——抛掷爆破作用指数。$n=1$ 时，称为标准抛掷漏斗；$n>1$ 时，称为强抛掷漏斗；$n<1$ 时，称为弱抛掷漏斗或松动爆破。

漏斗坑的特征和容积大小与炸药装药的性质、质量、土壤介质的性质以及炸药在介质中的相对位置等均有关。因此，采用此法测定炸药的做功能力时，要考虑上述各因素，尽可能采用一致的实验条件下获得的爆破容积来判断。

对于标准抛掷漏斗坑，其体积为

$$V=\frac{1}{3}\pi w^3 \approx w^3 \tag{7-21}$$

标准抛掷漏斗坑体积与炸药质量 m_0 的关系为

$$m_0=qV=qw^3 \tag{7-22}$$

式中　　m_0——炸药的质量；

　　　　q——形成单位体积漏斗坑所需要的炸药量。

对于抛掷爆破漏斗坑，其体积为

$$V=\frac{1}{3}\pi r^2 w^3 \approx r^2 w \tag{7-23}$$

抛掷爆破所需炸药质量可按下列通式计算（对于强抛掷爆破则更为适用）：

$$Q=qw^3(0.4+0.6n^3) \tag{7-24}$$

用此方法判断炸药的做功能力时，爆炸的条件是相似的。炸药的 q 值不同，则炸药的做功能力也不同。在此情况下，一种炸药得到 q_1 值，而另一种炸药则得到 q_2 值，它们的做功能力与 q 值成反比，即 $A_1/A_2=q_2/q_1$。这种比较应尽可能在 n 值相近的情况下进行，实验应在地质结构基本相同的场地实施，所用炸药的质量、密度、形状和放置的深度应尽可能相同。一般测定被测炸药与参比炸药做功能力的比值。

此法的优点是实验条件与炸药工程爆破的实际情况接近，实验药量可以较大，方法简单，无须专门的仪器设备，便于普及；缺点是实验结果受介质条件影响较大，重复性不好，只能对炸药做功能力进行近似测定或相对比较。

7.1.3.4　水下爆炸能量实验法

目前常用的铅𡏉和威力摆法，实验药量小（10 g），随着工业炸药研究的进展，新型炸药不断出现，这两种方法已不能适应需要。近几十年来迅速发展的浆状炸药、铵油炸药以及各种爆破剂，临界直径一般较大，有的用雷管不能直接引爆，必须用装药直径较大或爆轰感度较大的炸药引爆。水下爆炸实验不但适于大药量的实验（药量可从几克到数十千克），适用于测定低爆轰感度的炸药，还可以模拟水中兵器对目标的破坏作用，同时爆炸产物膨胀程度大，适用于非理想炸药做功能力的实验。该方法理论上比较严格，测量结果重复性较好，已逐步成为评定炸药做功能力的一种重要方法。

炸药在水下实验时，在水中产生冲击波和高温高压的气态产物，首先是冲击波在水中迅速传播，然后是高压气态产物向四周扩散膨胀直至达到气泡的最大半径，此时气泡内的压力低于周围水的静压，因而周围的水再向反向中心聚合，压缩气泡形成气泡的脉动。炸药的水下爆炸能量分为两部分——冲击波能和气泡能，前者表征了炸药爆炸的动作用，后者表征了炸药爆炸的静作用。水下爆炸实验就是通过测定冲击波能和气泡能再求出炸药的做功能力。该实验在水池中进行，为了消除水面边界对实验结果的影响，要求水池有较大的面积和深度。炸药与水池底部的距离一般应大于最大气泡半径的 2 倍，而与水池边壁的距离应为最大气泡半径的 5 倍。

最大气泡半径可按下式进行近似计算：

$$r_m = \left(\frac{1.3 Q_V m}{1 + 0.1 h} \right)^{\frac{1}{3}} \tag{7-25}$$

式中　r_m——最大气泡半径，m；

　　　Q_V——炸药爆热，MJ/kg；

　　　m——炸药质量，kg；

　　　h——装药深度，m。

一般水池深 10~20 m，半径 25~50 m，小药量可以采用小水池实验。

压力传感器安装于距炸药一定距离处，通过测试得到冲击波压力-时间曲线、爆轰开始到气泡第一次收缩的振荡周期等，经过数据处理得到冲击波能和气泡能。

冲击波能与冲击波压力的平方对时间的积分成正比：

$$E_s = \frac{1}{m} \cdot 4\pi r^2 \cdot \frac{k}{\rho_0 c_0} \int p^2 \mathrm{d}t \tag{7-26}$$

式中　E_s——炸药的冲击波能；

　　　m——炸药的质量；

　　　r——传感器与装药的距离；

　　　k——仪器的放大因子；

　　　ρ_0——水的密度；

　　　c_0——水的声速；

　　　p——冲击波压力；

　　　t——时间。

气泡能与气泡振荡周期的立方成正比，计算式为

$$E_B = 2.5 T^3 (3.28h + 33.95)^{2.5} / m \tag{7-27}$$

式中　E_B——炸药的气泡能；

　　　T——气泡振荡周期；

　　　h——装药深度。

炸药的总能量是冲击波能和气泡能之和，因冲击波从装药处传到传感器时有一部分能量以热的形式损失掉，而这部分能量与爆压有关，另外，装药的形状和几何尺寸对能量也有影响，因此需校正，其计算式为

$$E_0 = k_f(\mu E_s + E_B) \qquad (7\text{-}28)$$

式中　E_0——炸药的总能量；

　　　k_f——装药校正因子；

　　　μ——冲击波损失因子。

为了研究水下爆炸实验与铅㼷实验的关系，用同一批炸药进行两种实验，实验结果如表7.4 所示。表中水下实验取三次实验的平均值，而铅㼷实验取两次实验的平均值。

表 7.4　铅㼷实验与水下实验的结果比较

炸药名称	铅㼷扩张值 V_L/mL	冲击波能 E_s/（MJ·kg^{-1}）	气泡能 E_B/（MJ·kg^{-1}）	总能量 E_0/（MJ·kg^{-1}）
1$^\#$安全炸药	208	1.092	1.331	2.423
2$^\#$安全炸药	219	1.071	1.364	2.435
3$^\#$安全炸药	230	1.184	1.443	2.627
不含铝安全浆状炸药	243	1.289	1.490	2.779
不含铝非安全浆状炸药	279	1.460	1.515	2.975
含铝非安全浆状炸药-1	322	1.473	1.933	3.406
含铝非安全浆状炸药-2	333	1.615	2.025	3.460

从表 7.4 中的结果可以看出，水下实验的冲击波能、气泡能和总能量与铅㼷扩张值之间有良好的线性关系，如图 7.6 所示。

炸药在水中爆轰时，反应产物膨胀到原来炸药容积的 10^4 倍，同时对周围的水做功，当膨胀到最大容积时，反应产物的压力已不到炸药爆轰时静水压的 10%，因而可以认为 90% 以上的炸药能已经转为膨胀功。表 7.5 列出了几种常用炸药水下实验爆炸总能量 E_0 与量热弹实验测得爆热 Q_V 的比值。表中数据表明大部分高能炸药的 E_0/Q_V 值都接近于 1。

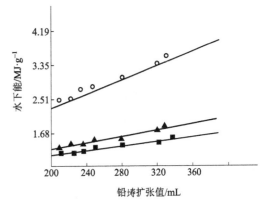

图 7.6　水下实验的冲击波能、气泡能和总能量与铅㼷扩张值之间的关系

○—总能量；■—气泡能；▲—冲击波能

表 7.5　炸药水下实验爆炸总能量 E_0 与爆热 Q_V 比较

炸药名称	密度 ρ_0/（g·cm^{-3}）	爆轰压 p_d[①]/GPa	总能量 E_0/（MJ·kg^{-1}）	爆热 Q_V/（MJ·kg^{-1}）	E_0/Q_V
太安	1.00	7.30	5.54	5.73	0.97

续表

炸药名称	密度 $\rho_0/$ （g·cm⁻³）	爆轰压 p_d[①]/ GPa	总能量 $E_0/$ （MJ·kg⁻¹）	爆热 $Q_V/$ （MJ·kg⁻¹）	E_0/Q_V
硝基甲烷	1.13	11.20	4.45	4.44	1.00
奥克托今	1.19	13.40	5.09	5.13	0.99
梯恩梯	1.58	18.80	4.09	4.27	0.96
B 炸药	1.69	25.70	4.78	4.69	1.02

注：① 爆轰压是按 $p_d = 0.25\rho v_D^2$ 计算而得的。

7.1.4 做功能力的经验计算

7.1.4.1 用特性乘积法计算做功能力

炸药的特性乘积，即炸药的爆热 Q_V 与爆容 V_0 的乘积。因为它包含了决定炸药做功能力的两个重要因素，所以具有实际意义。

由前面的知识可以知道，决定炸药做功能力的爆热、等熵指数均与爆炸产物的组成有关，其中二原子分子产物多时，爆热较小，但等熵指数较大，气态产物的体积也较大；三原子分子产物（如 H_2O、CO_2）较多时爆热较大，但等熵指数较小，气态产物的体积也小，因此炸药的做功能力取决于爆热和比容两个爆炸参数的综合作用。

约翰逊（Johanson）采用威力摆测定做功能力得到的数据表明，它与炸药能量之间的函数关系为

$$A=3.65\times10^{-4}Q_V V_0 \tag{7-29}$$

式中　A——采用威力摆测定的做功能力，MJ/kg；

　　　Q_V——炸药的爆热，MJ/kg；

　　　V_0——炸药的爆容，L/kg。

常数 3.65×10^{-4} 是采用仪器进行实验得出的，采用不同仪器得出的结果不一定相同。表7.6 所示为几种常用炸药按式（7-29）得到的计算值和实验值的比较，从表中数据可知，两者基本上是一致的。

表 7.6　几种炸药做功能力的计算值与实验值比较

炸药名称	爆热 $Q_V/$ （MJ·kg⁻¹）	爆容 $V_0/$ （L·kg⁻¹）	做功能力/（MJ·kg⁻¹）	
			计算值	实验值
爆胶	6.7	723	1.768	1.729
奥克托今	5.46	908	1.810	1.726
黑索今	5.46	908	1.810	1.716

炸药名称	爆热 Q_V/（MJ·kg⁻¹）	爆容 V_0/（L·kg⁻¹）	做功能力/（MJ·kg⁻¹）	
			计算值	实验值
太安	6.12	780	1.742	1.701
黑索今/梯恩梯（60/40）	4.84	841	1.486	1.454
硝酸铵/梯恩梯（92/8）	3.95	890	1.283	1.216
苦味酸	4.40	675	1.084	1.183
梯恩梯	4.10	690	1.033	1.062

7.1.4.2　用威力指数法计算做功能力

炸药的做功能力取决于炸药的爆热及比容，而这两项数值与炸药的分子结构有着密切的关系。威力指数法是建立在研究炸药分子结构与炸药威力关系的基础上的，它认为炸药的做功能力是炸药分子结构中各组分的可加函数，每种分子结构对做功能力的贡献可以用威力指数 π 表示。用威力指数法计算炸药做功能力的公式为

$$A=(\pi+140)\%$$
$$\pi = \frac{100\sum f_i x_i}{n} \tag{7-30}$$

式中　A——炸药的相对做功能力；

　　　π——威力指数；

　　　n——炸药分子中的原子数；

　　　f_i——炸药分子中特征基或基团出现的次数；

　　　x_i——特征基或基团的特征值。

常用炸药的特征基或基团的特征值如表 7.7 所示。

表 7.7　常用炸药的特征基或基团的特征值

特征基或基团	x_i	特征基或基团	x_i
C	−2	O（在 N=O 中）	1.0
H	−0.5	O（在 C—O—N 中）	1.0
N	1.0	O（在 C=O 中）	−1.0
N—H	−1.5	O（在 C—O—H 中）	−1.0

[**例**] 计算黑索今的做功能力。

特征基或基团：$\qquad f_i x_i$

C $\qquad 3×(-2) = -6$

H $\qquad 6×(-0.5) = -3$

N $\qquad 6×1.0 = 6$

O $\qquad 6×1.0 = 6$

$$\sum f_i x_i = 3$$
$$\pi = 300/21 = 14.3$$
$$A = (14.3 + 140)\% = 154.3\%$$

表 7.8 所示为采用威力指数法得到的相对做功能力计算值与实验值的比较。

表 7.8 采用威力指数法得到的相对做功能力计算值与实验值比较

炸药名称	相对做功能力实验值/%	相对做功能力计算值	
		A	梯恩梯当量/%
梯恩梯	100	104	100
特屈儿	129	126	121
黑索今	150	154	148
奥克托今	145	154	148
硝酸肼	175	180	173
太安	145	147	141
梯恩梯/黑索今（40/60）	133	132	127
梯恩梯/太安（50/50）	126	124	119
黑索今/特屈儿/梯恩梯（30/50/20）	132	129	124

7.1.5 提高做功能力的途径

根据炸药做功能力的理论表达式（7-6），炸药做功能力的最大值是其爆热值，在数值上等于爆炸产物无限绝热膨胀时所做的功，当然这是不可能的，爆炸产物的膨胀是有一定限度的，因此总是存在一个做功效率的问题。炸药的做功效率与爆炸产物的膨胀比和等熵指数有关，显然产物的膨胀比越大则等熵指数越大，做功效率也越大。

提高炸药的爆热能有效地提高炸药的做功能力，实验研究表明，在固定比容值时，做功能力随爆热的增加而增大，当爆热增加 420 kJ/kg 时，做功能力增大 5%~7%。梯恩梯当量的经验式可归纳为：$A=51+0.012Q_V$。由此可见，增加炸药的爆热和比容均可以使做功能力有所提高，其方法主要有：

（1）采用改善炸药氧平衡的方法，因炸药在零氧平衡时爆炸反应完全，放出的热量最大，所以炸药的做功能力相应最大。实践证明，这种做法对于单质炸药或非铝混合炸药是完全符合的，按零氧平衡原则配制非铝混合炸药，以提高它的做功能力是十分重要的一种设计指导思想。

（2）在炸药中加入铝、镁、铍粉，可以增加混合药剂的爆热，从而使炸药做功能力有较大幅度的提高。对含铝炸药的氧平衡，实验研究认为，氧平衡应偏负，一般设计在−30%～−10%时较为有利，因为含铝炸药具有二次反应的特点，铝粉与爆轰产物的 CO_2 和 H_2O 反应，甚至还可以与产物中的 N_2 反应生成 AlN，所以含有铝等高能金属粉的炸药在氧平衡偏负一些时爆热和做功能力更大。

（3）增加炸药的比容也是提高炸药做功能力的途径之一，如在梯恩梯炸药中加入硝酸铵可以增加比容，同时也达到了提高炸药做功能力的目的。

7.2　炸药的猛度

7.2.1　猛度的一般概念

与其他做功源相比，炸药最大的特征是它具有极其巨大的功率。炸药爆炸时对外做功，作用时间短，压力突跃十分强烈，使与其直接接触的物体或附近的物体在短时间内受到一个非常高的压力和冲量的作用，导致粉碎和破坏。

炸药爆炸时粉碎和破坏与其接触的物体或附近的物体的能力称为炸药的猛度。上节介绍了炸药做功能力决定炸药破坏的能力，而猛度只是决定炸药局部破坏的能力。

局部破坏作用也可以称为爆炸的直接作用或猛炸作用，它是指爆轰产物对其接触的或周围物体的强烈破坏作用。弹丸爆炸形成破片、破甲弹的破甲作用、爆炸高速抛掷物体、爆炸切割钢板和破坏桥梁，以及对矿体、岩体、土壤、混凝土等的猛炸作用，均是炸药局部破坏的例子。炸药的猛度对于武器设计、爆破工程均具有实际意义，在爆破工程中，岩体或矿体的坚硬程度以及性质不同，为了获得一定块度的矿岩，就应根据矿岩的性质来选用不同猛度的炸药，否则就有可能造成不利于资源利用的过分粉碎，或形成不便于装载运输，甚至需要二次爆破的大块。

爆炸的直接作用只表现在离炸点极近距离的范围内，因为只有在极近距离的范围内，爆轰产物才能保持足够高的压力和足够大的能量密度，破坏与它相遇的物体。流体动力学爆轰理论指出，在凝聚相炸药爆轰产物膨胀的开始阶段，服从下面的状态方程式：

$$p\rho^{-\gamma}=常数 \quad （\gamma=3）$$

式中　p 和 ρ——爆轰产物的压力和密度。

对于一般猛炸药，当爆轰产物膨胀半径为原装药半径的 1.5 倍时，压力已经降到 200 MPa 左右，这时对于金属等高强度物体的作用已经很微小了。因此爆轰产物的直接作用，只是在炸药与目标接触或极近距离时才表现出来，炸药猛度的理论表示或实验测定都是以直接接触的爆炸为根据的。

7.2.2 猛度的理论表示法

很多研究者都试图从理论上确定猛度的物理概念，如有人认为可以用爆轰产物的动能表示猛度，有人提出用炸药的爆轰压表示猛度，有人提出以爆炸气态产物的动量来表示猛度，还有人提出用炸药的功率表示猛度，这些方法虽然能得到一些与实际情况比较符合的概念，但都不够严格和全面，因而只在一定范围内适用。

目前认为炸药爆炸的直接作用主要取决于爆轰产物的压力和作用时间，也就是说主要取决于爆轰产物作用于目标的压力和冲量。研究表明，当爆轰产物对目标的作用时间远大于目标本身的固有振动周期时，它对目标的破坏能力主要取决于爆轰产物的压力；当爆轰产物对目标的作用时间远小于目标本身的固有振动周期时，其破坏能力主要取决于冲量；而作用时间与目标本身的固有振动周期接近时，其破坏能力与压力和冲量均有关。因此，在不同的情况下，压力和冲量所起的作用是不同的，可以用它们来表示炸药的猛度。

7.2.2.1 用爆轰结束瞬间产物的压力（p_2）表示猛度

炸药爆轰时能破坏周围坚固物体是由于高温高压的爆轰产物对它直接而强烈的作用的结果。爆轰产物的压力（p_2）越大，对周围物体的破坏能力也越大，所以，对凝聚相炸药可用下式表示其猛度：

$$p_2 = \frac{1}{4} \rho_0 v_D^2 \qquad (7-31)$$

式中 p_2——炸药的爆压；

ρ_0——炸药的装药密度；

v_D——炸药的爆速。

从式（7-31）可以看出，装药密度和爆速越大，它的爆压也越大，则用爆压表示的猛度也就越大。

对于单质炸药，装药密度在 $1.0 \sim 1.7$ g/cm³ 时，近似有 $v_D = A\rho_0$，A 是密度为 1 g/cm³ 时炸药的爆速。将 $v_D = A\rho_0$ 代入式（7-31）得

$$p_2 = \frac{1}{4} A^2 \rho_0^3 \qquad (7-32)$$

这说明猛度近似地与炸药密度的三次方成正比，密度增大时，猛度也将很快增大。

7.2.2.2 用作用在目标上的比冲量表示猛度

由于炸药的爆炸作用时间很短，在大部分情况下可认为用爆轰产物作用在与传播方向垂直面积上的比冲量表示炸药猛度比较合适。

作用在目标上的压力与该力对目标作用时间的乘积称为作用在目标上的冲量，其表示式为

$$I = \int p S d\tau \qquad (7-33)$$

式中 I——作用在目标上的冲量；

p——作用在目标上的压力；

S——目标的受力面积；

τ——压力对目标的作用时间。

作用在目标单位面积上的冲量叫作比冲量。若目标的受力面积 S 不随时间改变，则

$$i=\frac{I}{S}=\int p\mathrm{d}\tau \tag{7-34}$$

式中　i——比冲量。

因此，要知道比冲量首先要知道作用在目标上的压力。

假设一维平面爆轰波从左到右传播，即没有侧向飞散，炸药紧贴在目标上，目标是绝对刚体，如图 7.7 所示。

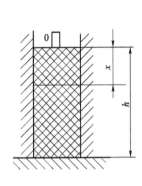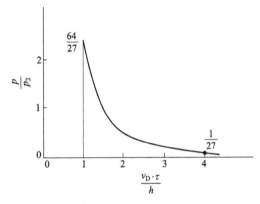

图 7.7　爆轰波对刚壁的作用

由爆轰产物的状态方程得

$$p=B\rho^3$$

$$p_2=B\rho_2^3$$

$$\frac{p}{p_2}=\left(\frac{\rho}{\rho_2}\right)^3 \tag{7-35}$$

由图 7.7 可以看出

$$x=v_{\mathrm{D}}\tau \tag{7-36}$$

式中　x——爆轰波波阵面离起爆点的距离。

当 $x=h$（装药长度）时，炸药爆轰结束。因假设目标是绝对刚体，所以产物被目标挡住，则 $u=0$。又因为

$$v_{\mathrm{D}}=u+c$$

所以

$$v_{\mathrm{D}}=c$$

式（7-36）可以写成

$$h=c\tau$$

或

$$c=h/\tau$$

由实验知道

$$v_{\mathrm{D}}=A\rho$$

所以
$$c=A\rho \tag{7-37}$$
$$\rho/\rho_2=c/c_2 \tag{7-38}$$
$$p/p_2=(c/c_2)^3 \tag{7-39}$$

将 $c=h/\tau$，$c_2=\dfrac{3}{4}v_D$ 代入式（7-39）得

$$\frac{p}{p_2}=\frac{\left(\dfrac{h}{\tau}\right)^3}{\left(\dfrac{3}{4}v_D\right)^3}=\frac{64}{27}\left(\frac{h}{\tau v_D}\right)^3$$

或
$$p=\frac{64}{27}p_2\left(\frac{h}{\tau v_D}\right)^3 \tag{7-40}$$

在爆轰结束瞬间，即 $\tau=h/v_D$ 时刻，作用在目标上的压力值是

$$p=\frac{64}{27}p_2 \tag{7-41}$$

即爆轰结束瞬间，产物作用在目标上的压力为爆轰压的 $\dfrac{64}{27}$ 倍，这是因为作用在目标上的压力除了自身的静压外，还有以 u_2 速度运动的爆轰产物的作用，运动产物突然被目标阻挡，冲击波反射的结果将给目标很大的动压。

当 $\tau=4h/v_D$ 时，$p=\dfrac{1}{27}p_2$，即在炸药爆轰所需时间的 4 倍时，作用在目标上的压力已经下降到爆轰压的 $\dfrac{1}{27}$ 了。这说明爆轰产物的压力衰减是非常迅速的，其下降曲线如图 7.7 所示。

将上面得到的爆轰产物作用在目标上的压力表达式（7-40）代入求冲量的积分式（7-33）可得

$$I=\int_{\frac{h}{v_D}}^{\infty}pS\mathrm{d}\tau=\int_{\frac{h}{v_D}}^{\infty}p_2\frac{64}{27}S\left(\frac{h}{v_D\tau}\right)^3\mathrm{d}\tau=\frac{64}{27}S\left(\frac{h}{v_D}\right)^3p_2\int_{\frac{h}{v_D}}^{\infty}\frac{\mathrm{d}\tau}{\tau^3}$$

$$=\frac{64}{27}S\left(\frac{h}{v_D}\right)^3p_2\left[-\frac{1}{2\tau^2}\right]\Bigg|_{\frac{h}{v_D}}^{\infty}=\frac{32}{27}S\frac{h}{v_D}p_2$$

将 $p_2=\rho_0v_D^2$ 代入上式，得 $\qquad I=\dfrac{8}{27}Sh\rho_0v_D$

因为 $Sh\rho_0=m$（装药的全部质量），则

$$I=\frac{8}{27}mv_D \tag{7-42}$$

所以，作用在目标上的比冲量是

$$i=\frac{8}{27}\frac{mv_D}{S}=\frac{8}{27}h\rho_0v_D \tag{7-43}$$

式（7-43）说明，当没有侧向飞散时，爆轰产物直接作用在目标上的比冲量与装药质量和爆速成正比。

7.2.2.3　有侧向飞散时作用在目标上的比冲量

上面的推导没有考虑爆轰产物的侧向飞散，所以公式中的 m 是全部装药质量。在实际爆轰过程中，产物是向各个方向飞散的，并非全部产物都作用在目标上，这样，m 就不应该是装药的全部质量，而应该是直接对目标有作用的那部分装药质量，也就是所谓的有效质量。

有效装药量 m_a 表示在给定方向上飞散爆轰产物所相当的那部分装药的质量。显然，只要将有效装药量 m_a 代入式（7-43）就可以求出有侧向飞散时作用在目标上的比冲量。

1. 瞬时爆轰时的有效装药量

所谓瞬时爆轰，是为了方便处理爆轰问题而假设的一种特殊情况，即假定爆轰在整个装药中同时发生，并在同一瞬间装药全部变成爆轰产物，爆轰产物占有原装药的体积，并且在整个体积内爆轰产物的状态参数都是相同的。这种情况只是一种假设，实际爆轰过程都不是瞬时爆轰，但由于爆轰过程极为短促，有一些爆轰与此情况很相近，如在高强度的密闭容器中或在弹体内炸药爆轰时，由于容器变形的速度总是比爆轰传播的速度小许多倍，可以认为这种爆轰是瞬间完成的。对爆轰做这样的假设可使过程大为简化，在计算有效装药量时，可以不用考虑起爆的位置和传播方向，所以瞬时爆轰具有一定的实际意义。

装药瞬时爆轰后，膨胀波向爆轰产物内部传播，而爆轰产物则以同样的速度向各个方向飞散，图 7.8 表示圆柱形装药瞬时爆轰后爆轰产物的飞散情况。

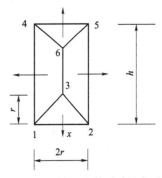

图 7.8　圆柱形装药瞬时爆轰后产物的飞散情况

沿 x 轴正方向飞散的有效装药是 123 圆锥体。圆锥体的高是 r，底面积是 πr^2，圆锥体的体积是 $\frac{1}{3}\pi r^3$，飞向 x 方向的装药量为

$$m_a = \frac{1}{3}\pi r^3 \rho_0 \tag{7-44}$$

式中　ρ_0——装药密度。

显然，只有当 $h > 2r$ 时，才能获得上述有效装药量；当 $h=2r$ 时，3 和 6 重合于一点，此时侧向飞散量最小。

2. 产物向两端飞散时的有效装药量

假设装药侧面有坚固的外壳，如图 7.9 所示，产物只能向两端飞散，而且没有侧向飞散。

当装药从左端起爆时，从理论上可导出飞向起爆端的爆轰产物质量为

$$m_{a1} = \frac{5}{9}m \tag{7-45}$$

飞向底端的爆轰产物质量为

$$m_{a2} = \frac{4}{9}m \qquad (7-46)$$

式（7-46）就是作用在目标上的有效装药量。

如果装药高度为 h，则飞向底端的有效装药高度为

$$h_a = \frac{4}{9}h \qquad (7-47)$$

必须指出，虽然飞向底端的有效装药量较小，但是飞向底端的产物运动速度很大，因此底端（即目标）的爆炸作用很强烈。

3. 有侧向飞散时的有效装药量

一般情况是装药从一端起爆，产物向各个方向飞散，如图 7.10 所示。

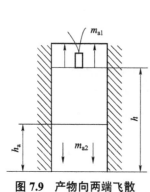

图 7.9　产物向两端飞散

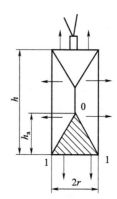

图 7.10　一端起爆有侧向飞散

图 7.10 中圆锥体 101 是飞向底端的有效装药，其高度是 h_a，装药半径是 r。

h_a 可由下式确定：假定侧向膨胀波传播到装药轴心的时间与爆轰波传过 h_a 的时间相等，即

$$\tau = \frac{r}{c} = \frac{h_a}{v_D}$$

侧向膨胀波的速度近似地取 $c \approx v_D / 2$，则

$$\frac{r}{\frac{1}{2}v_D} = \frac{h_a}{v_D}$$

故 $$\qquad\qquad\qquad\qquad h_a = 2r \qquad\qquad\qquad (7-48)$$

即有效装药量的高等于装药的直径。

有效装药的体积为

$$\frac{1}{3} \times 2r \times \pi r^2 = \frac{2}{3}\pi r^3$$

有效装药的质量为

$$m_a = \frac{2}{3}\pi r^3 \rho_0 \qquad (7-49)$$

将式（7-49）和 $S = \pi r^2$ 代入比冲量表达式（7-43）得

$$i = \frac{8}{27} \times \frac{mv_D}{S} = \frac{8}{27} \times \frac{2}{3} \times \frac{\pi r^3}{\pi r^2} \rho_0 v_D = \frac{16}{81} r \rho_0 v_D \qquad (7\text{-}50)$$

所以，装药足够大时，装药从一端起爆，作用在底部目标上的比冲量是

$$i = \frac{16}{81} r \rho_0 v_D$$

4. 装药的有效高度

若装药太短，则不能保证飞向底端的有效装药是一个圆锥体。例如，当装药高度 $h = 3r$ 时，根据两端飞散的原理，飞向底端的装药高度是

$$\frac{4}{9} h = \frac{4}{9} \times 3r = \frac{4}{3} r$$

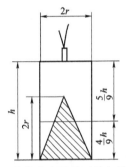

显然，这小于有效装药量的高度 $2r$，如图 7.11 所示，因装药高度不够，有效装药量小于最大有效装药量。

获得最大有效装药量的最小装药高度称为装药的有效高度。装药的有效高度应满足：

$$\frac{4}{9} h = 2r$$

$$h = \frac{9}{2} r = \frac{9}{4} d = 2.25d \qquad (7\text{-}51)$$

图 7.11　装药高度不够时的有效装药量

所以，装药的有效高度是装药直径的 2.25 倍。

5. 无壳装药比冲量的计算

现在大都以无壳装药接触爆炸时对迎面刚性壁作用的比冲量来表示炸药的猛度。

应当指出，这是爆轰产物三维不定常流动的问题，严格的理论解很难得到。以爆轰产物一维不定常流动的理论可以得到以下近似的计算式。在刚性件质量显著大于装药质量的条件下，对于圆柱形装药一端起爆时，有

$h \geqslant 2.25d$ 时，可按式（7-50）计算。

当 $h < 2.25$ 时，可按式（7-52）计算：

$$i = \frac{8}{27} \left(\frac{4}{9} h - \frac{8}{81} \frac{h^2}{r} + \frac{16}{2\,187} \frac{h^3}{r^3} \right) \rho_0 v_D \qquad (7\text{-}52)$$

式中　h——装药高度；

$\qquad v_D$——装药爆速；

$\qquad r$——装药半径；

$\qquad \rho_0$——装药密度；

$\qquad i$——比冲量。

[例] 梯恩梯的圆柱状装药，$r = 10$ mm，$h = 80$ mm，$\rho_0 = 1.4$ g/cm³，$v_D = 6\,320$ m/s 时，求作用在端面接触目标上的比冲量。

因为 $h > 2.25d$，则

$$i = \frac{16}{81} r \rho_0 v_D = \frac{16}{81} \times 0.01 \times 1\,400 \times 6\,320 = 17\,477.53\ \text{Pa} \cdot \text{s} \approx 0.017\,5\ \text{MPa} \cdot \text{s}$$

实验值为 0.015 9 MPa·s。应用以上公式，对梯恩梯装药端部比冲量进行计算，计算值与实验值列于表 7.9 中。

表 7.9　梯恩梯装药端部比冲量的计算值和实验值

装药高度 h/mm	装药直径 d/mm	密度 ρ /(g·cm^{-3})	爆速 v_D /(m·s^{-1})	比冲量 i/(MPa·s)	
				计算值	实验值
80	23.5	1.40	6 320	0.020 4	0.021 3
80	31.4	1.40	6 320	0.027 5	0.029 9
80	40.0	1.40	6 320	0.035 3	0.037 1
80	23.5	1.40	6 320	0.020 4	0.021 3
70	20.0	1.50	6 640	0.019 6	0.020 1
70	23.5	1.50	6 640	0.023 0	0.026 1
70	31.4	1.50	6 640	0.030 8	0.031 9
43	40.0	1.30	6 025	0.026 7	0.029 0
61	40.0	1.30	6 025	0.029 9	0.031 0
67	40.0	1.30	6 025	0.030 4	0.031 2

由上面的计算式可知，在装药尺寸一定的条件下，装药的 i 值随其密度和爆速的增大而增大；在装药的爆速、密度及高度相同时，i 值随装药直径 d 的增大而增大，这是由于 d 的增大相对减弱了侧向稀疏波的影响所致。

7.2.3　猛度的实验测定

炸药的猛度通常用铅柱压缩法、铜柱压缩法和猛度弹道摆实验进行测定。

7.2.3.1　铅柱压缩法

此法为盖斯（Hess）于 1876 年提出的，因此又称为盖斯法。铅柱压缩法装置如图 7.12 所示。

在一厚钢板上放置一个由纯铅制成的圆铅柱，该圆铅柱直径为（40±0.2）mm，高为（60±0.5）mm。在铅柱上放置一块直径为 41 mm、厚为（10±0.2）mm 的钢片，它的作用是将炸药的爆轰能量均匀地传递给铅柱，使铅柱不易击碎而发生塑性变形。

在钢片上放置炸药装药试样，装药密度控制在 1.0 g/cm³，质量为 50 g。试样装在直径 40 mm 的纸筒中，用细线将装药试样及铅柱固定在钢板上，试样纸筒、钢片和铅柱要处于同一轴线上。

实验前，铅柱的高度要经过精确测量。炸药爆炸后，铅柱被压缩成蘑菇形，高度减小，用卡尺测量压缩后铅柱的高度（从四个对称位置依次测量，取平均值）。用实验前后铅柱的高度差 Δh 表示炸药的猛度，也称为铅柱压缩值。铅柱压缩前后的示意图如图 7.13 所示。

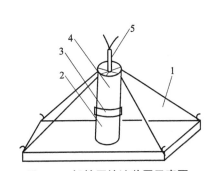

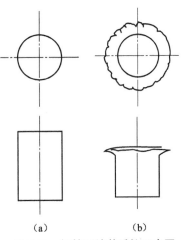

图 7.12　铅柱压缩法装置示意图

1—钢座；2—铅柱；3—钢片；4—装药；5—雷管

图 7.13　铅柱压缩前后的示意图

（a）未压缩的铅柱；（b）压缩后的铅柱

铅柱的质量和铸造工艺对压缩值影响很大，每批铅柱必须抽样，用标准炸药试样进行标定。炸药装药形状、密度和雷管在炸药装药中的位置对实验结果均有一定的影响，因而实验时必须严格控制条件。几种常用炸药铅柱的压缩值如表 7.10 所示。

表 7.10　常用炸药的猛度（铅柱压缩值）

炸药名称	密度 ρ /（g·cm^{-3}）	猛度 Δh/mm	试样药量/g
梯恩梯	1.0	16±0.5	50
特屈儿	1.0	19	50
苦味酸	1.2	19.2	50
黑索今	1.0	24	25
太安	1.0	24	25

铅柱压缩法的优点是设备简单、操作方便。它是产品质量控制，特别是工业炸药产品检测的一种广泛采用的方法。

本法的缺点、局限性与改进措施如下：

（1）随着 Δh 的增加，铅柱变粗，变形阻力提高，当铅柱受到过分压缩而接近破碎时，阻力又变小，因而压缩值和变形功不是线性关系，如压缩值从 10 mm 增加到 20 mm 时，压缩铅柱的变形功增加接近 2 倍。萨多夫斯基和巴喜儿认为铅柱变形功可以近似地用下式表示：

$$W = \Delta h / (h_0 - \Delta h) \tag{7-53}$$

式中　W——铅柱变形功；

　　　Δh——铅柱压缩值；

　　　h_0——铅柱的初始高度。

因此，用 W 表示炸药的猛度比直接用压缩值表示更为合理。

（2）实验结果在很大程度上取决于炸药的爆轰能力和极限直径。当炸药试样的极限直径大于 40 mm 时，不能达到理想爆速，因此测试结果偏低。

（3）本法只适合于低密度、低猛度炸药的测试，对于高密度、高猛度炸药，实验时钢板将被炸裂，铅柱也被炸裂或炸碎。为了克服这一缺点，有时采用更厚的钢板（20 mm）或将实验药量减少到 25 g，但实验结果与正常条件下的数据无法进行比较，因此，本法一般不适宜测试高密度、高猛度炸药。

（4）本法只能得到相对数据，实验的平行性较差。

7.2.3.2　铜柱压缩法

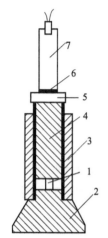

图 7.14　铜柱压缩法
装置示意图

1—测压铜柱；2—钢底座；
3—空心钢圆筒；4—淬火钢活塞；
5—镍铬钢垫块；6—铅板；
7—炸药装药试样

该方法是 1893 年由卡斯特（Kast）首先提出的，故又称为卡斯特法。它虽不如铅柱法应用普遍，但是比较准确，而且可测试猛度较大的炸药。实验所用装置如图 7.14 所示。在钢底座 2 上放置空心钢圆筒 3，圆筒内安置一个研磨的淬火钢活塞 4，活塞直径38 mm、高 80 mm，与圆筒滑动配合，活塞下方放置测压铜柱 1，活塞上方放一厚 30 mm 的镍铬钢垫块 5，垫块上放两块直径38 mm、厚 4 mm 的铅板 6，铅板上放置装有雷管的炸药装药试样。垫块和铅板的作用是保护活塞免受爆炸产物的破坏。实验药柱直径 21 mm、高 80 mm，装药密度应严格控制并精确测定。低密度炸药可用纸筒或薄壁外壳。常用的测压铜柱直径 7 mm、高10.5 mm，用电解铜制作，也可采用其他规格的铜柱。实验前后用测量工具精确测定铜柱的高度，并用实验前后铜柱的高度差来衡量其猛度。表 7.11 列出几种炸药的铜柱压缩值（测压铜柱ϕ 7 mm×10.5 mm）。

表 7.11　几种炸药的铜柱压缩值

炸药名称	铜柱压缩值 Δh_L/mm	炸药名称	铜柱压缩值 Δh_L/mm
爆胶	4.8	硝化棉	3.0
硝化甘油	4.6	梯恩梯/铝（60/40）	2.9
特屈儿	4.2	梯恩梯/铝（50/50）	2.5
苦味酸	4.1	梯恩梯/铝（40/60）	2.1
梯恩梯	3.6	梯恩梯/硝酸铵（30/70）	1.6
二硝基苯	2.9	62%代那买特	3.9

铜柱压缩法的优点是不需要贵重的仪器设备，操作方便，但灵敏度较低，对于极限直径大于 20 mm 的炸药，测得的猛度值明显偏低。与铅柱压缩实验一样，铜柱的压缩值与猛度不成线性关系，因此以铜柱的压缩值直接表示炸药的猛度不够确切。

国际炸药测试方法标准化委员会规定将铜柱压缩法作为工业炸药的标准测试方法。试样装在内径 21.0 mm、高 80 mm、壁厚 0.3 mm 的锌管中，装药密度为使用时的密度，用 10 g

片状苦味酸作为传爆药（ϕ 21 mm×20 mm，ρ =1.50 g/cm³）放在锌管上面，并采用装有 0.6 g 太安的雷管引爆。卡斯特猛度计安放在 500 mm×500 mm×20 mm 的钢板上，每一炸药试样进行六次平行实验，测定压缩平均值后求出相应的猛度单位。

7.2.3.3　猛度弹道摆实验

　　猛度弹道摆可以测定炸药爆炸作用的比冲量，这种实验方法是与猛度的理论表示法相一致的，所以测出的数值可以较合理地反映炸药的猛度。猛度弹道摆装置如图 7.15 所示。

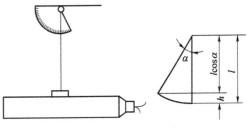

　　猛度弹道摆是一个悬挂在旋转轴上的长圆柱形实心摆体，质量为几十千克。实验时将一定质量的炸药在一定压力下压成药柱，以药柱底部贴放在摆体端部的钢片端面处,药柱放在托板上，并使药柱中心与摆体的轴线对正。雷管起爆装药后，由于爆炸产物的冲击，摆体以 v 的速度开始摆动，当摆动到最高位置时，摆体的重心升高 h，这时摆体摆动了 α 角。根据能量守恒定律，摆体开始摆动的动能等于摆体重心升高到 h 时的位能，即

图 7.15　猛度弹道摆装置

$$\frac{1}{2}mv^2 = mgh$$

式中　　m——弹道摆的质量；

　　　　h——弹道摆上升的高度。

　　又因为 $\qquad\qquad\qquad\qquad h=l（1-\cos\alpha）$

故 $$v = \sqrt{2gh} = \sqrt{2gl(1-\cos\alpha)} = 2g\sqrt{\frac{l}{2g}(1-\cos\alpha)}$$

式中　　l——弹道摆的臂长；

　　　　α——弹道摆摆体摆动的最大摆角。

　　摆体的摆动周期为

$$T = 2\pi\sqrt{\frac{l}{g}}$$

则 $$2\sqrt{\frac{l}{g}} = \frac{T}{\pi}$$

又因为 $$m\sqrt{\frac{1}{2}(1-\cos\alpha)} = \sin\frac{\alpha}{2}$$

所以 $$v = g\frac{T}{\pi}\sin\frac{\alpha}{2} \qquad\qquad (7-54)$$

　　炸药爆炸结束的瞬间，爆轰产物给摆的总冲量等于摆在开始摆动瞬间的动量，即

$$I = mv$$

则有
$$mv = mg\frac{T}{\pi}\sin\frac{\alpha}{2}$$

$$i = \frac{I}{S} = \frac{mgT}{S\pi}\sin\frac{\alpha}{2} \tag{7-55}$$

令 $C = \dfrac{Tmg}{\pi}$ 为弹道摆常数，则

$$i = \frac{C}{S}\sin\frac{\alpha}{2} \tag{7-56}$$

式中　i——比冲量；

　　　S——接受冲量的面积；

　　　C——弹道摆常数。

因为炸药的比冲量不仅取决于其装药的密度，还取决于装药的几何尺寸，因此在比较冲量时，实验用的药柱密度和几何形状要一致。

7.2.4　影响炸药猛度的因素

根据对炸药猛度的分析，猛度值（比冲量）主要是由装药密度和爆速决定的，同时还受装药直径和长度的影响。

7.2.4.1　装药密度对猛度的影响

炸药的爆速与密度有如下关系：

$$v_D = A + B\rho$$

式中　v_D——炸药的爆速；

　　　ρ——装药密度；

　　　A，B——与炸药种类有关的常数。

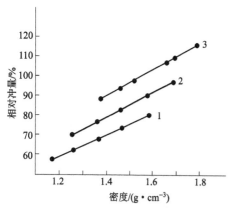

**图 7.16　用铜柱压缩法测定相对
冲量与密度的关系**

1—梯恩梯；2—黑索今；

3—梯恩梯/黑索今（50/50）混合炸药

因此比冲量（猛度值）与密度有如下关系：

$$i = K(A\rho + B\rho^2) \tag{7-57}$$

式中　K——与炸药装药条件有关的系数。

式（7-57）说明炸药的比冲量与其密度成抛物线关系。图 7.16 给出了用铜柱压缩法测定的梯恩梯、黑索今及梯恩梯/黑索今（50/50）混合炸药的相对冲量与密度的关系。以 $\rho=1.68$ g/cm³ 的梯恩梯/黑索今（50/50）混合炸药的相对冲量为 100。

由图 7.16 可见，炸药的相对冲量与密度之间呈线性关系，这是因为当密度在 1.2～1.8 g/cm³ 范围时，式（7-57）几乎呈直线。

对于单质炸药，提高其装药密度对增大猛度是十分有利的，因为提高装药密度可以提高炸药

的爆速，也就增大了炸药的猛度。

对于大多数工业炸药来说，当密度较低时，猛度将随密度的增加而提高；而当密度达到一定数值后，在一定直径下，随着密度的增加，爆速下降，猛度反而减小，如表 7.12 所示。

表 7.12　硝酸铵/梯恩梯（80/20）的颗粒尺寸、密度与猛度的关系（铅柱压缩值，mm）

颗粒尺寸/μm	密度ρ/（g·cm^{-1}）							
	ρ=1.0	ρ=1.1	ρ=1.2	ρ=1.3	ρ=1.4	ρ=1.5	ρ=1.6	ρ=1.7
2 000～800	5.7	—	—	—	—	—	—	—
530～260	8.0	8.0	9.0	—	—	—	—	—
260～160	11.0	11.0	12.0	7.4	—	—	—	—
160～120	13.0	15.0	15.0	10.0	10.0	8.3	—	—
120～96	15.0	17.0	17.0	17.0	15.0	16.0	—	—
96～86	17.0	19.0	20.0	19.0	18.0	12.0	8.0	—
86～74	18.0	19.0	19.0	21.0	21.0	19.0	16.0	—
74～50	18.0	19.0	20.0	21.3	21.0	21.0	16.0	—
70～40	—	20.0	21.0	21.0	20.0	22.0	21.0	7.0
20～1	22.0	—	—	23.0	22.0	23.0	23.0	20.5

7.2.4.2　组分粉碎度和混合均匀度的影响

混合炸药组分的粉碎度和混合均匀度对其猛度影响较大。表 7.12 列举了不同颗粒尺寸的硝酸铵/梯恩梯（80/20）混合炸药的猛度值。由表中数据可见，粉碎度越大，越容易混合均匀，爆炸反应越完全，猛度越大。

需要指出的是，对于粉状工业炸药，如铵梯炸药，如果只增加硝酸铵的粉碎度，而少量敏化剂（如梯恩梯）被大量硝酸铵所包围，爆轰感度会下降，爆速和猛度也将降低。如果敏化剂粉碎得很细，由于增加了活化中心而使反应进行加快，导致猛度增加。如用硝酸铵/梯恩梯（80/20）组成的混合炸药，当密度为 1.2 g/cm^3 时，若梯恩梯颗粒的尺寸为 10 μm，硝酸铵颗粒的尺寸为 40 μm，则铅柱压缩值为 21 mm；相反，若硝酸铵颗粒的尺寸为 10 μm，梯恩梯颗粒的尺寸为 40 μm，则铅柱压缩值降至 6 mm。

7.2.5　猛度与做功能力的关系

炸药的猛度是指炸药装药对与其直接接触目标的局部破坏效应，而炸药的做功能力一般指它对周围介质的总的破坏能力。

对于单质炸药，一般做功能力大的猛度也大，而某些混合炸药，尤其是含铝等金属粉的混合炸药，其做功能力大而猛度不一定高。表 7.13 所示为两组炸药爆炸性能的比较数据，造成这种结果的原因主要是爆炸过程中能量的分配及影响因素不同，猛度主要取决于爆速和密度，而做功能力则主要与爆热和比容有关。单质炸药爆轰时间很短，绝大部分能量在很窄的反应区内释放，直接用于提高爆速和爆压；而含铝等金属粉的混合炸药，相当一部分能量是在反应区外的二次反应中放出的，它不能提供给爆轰波以提高爆速，但可以用于做膨胀功而提高做功能力。

表 7.13　两组炸药爆炸性能的比较

爆炸性能	梯恩梯及其混合炸药		黑索今混合炸药	
	梯恩梯	铵梯（80/20）	钝化黑索今	钝黑铝
爆热 $Q_V/(kJ \cdot kg^{-1})$	4 184	4 343	5 430	6 443
爆容 $V/(L \cdot kg^{-1})$	740	892	945.7	530
爆速 $v_D/(m \cdot s^{-1})$	7 000	5 300	8 089	7 300
铅垮扩张值 V_L/mL	285	350～400	430	550
铅柱压缩值 h/mm	18	14	17.65	13.30
密度 $\rho_0/(g \cdot cm^{-3})$	1.2	1.2	1.0	1.0

对于炸药的性能要求，则要根据用途具体分析，如用于杀爆弹装药或工程爆破中应用的炸药以大做功能力为主，不必强求高爆速；而对于以高速弹片为主的杀伤武器，则以高密度、高爆速即高猛度和中等做功能力的炸药为好；而用于空穴装药效应的破甲弹时，则要求高猛度兼有大做功能力的炸药。

7.3　聚能效应

7.3.1　聚能现象

为了说明聚能现象，先用普通装药和聚能药做一组实验，并比较它们对钢板作用能力的情况，如图 7.17 所示。实验的条件是：炸药为梯恩梯/黑索今（50/50）的铸装药柱，药量 50 g，钢板靶。实验情况与实验结果如表 7.14 所示。

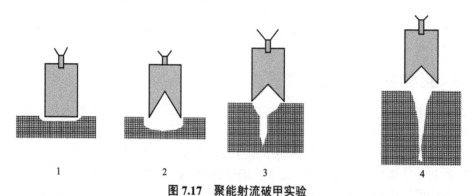

1　　　　　　　2　　　　　　　3　　　　　　　　4

图 7.17　聚能射流破甲实验

1—实心药柱；2—接触端带锥形孔药柱；3—锥形孔上放金属罩药柱；4—锥形孔上放金属罩药柱有一定炸高

表 7.14　四种情况下的破甲深度

序号	药柱形状	靶子材料	药柱与靶子的相对位置	破甲深度/mm
1	实心药柱	钢板	接触	8.3
2	接触端带锥形孔	钢板	接触	13.7
3	锥形孔上放金属罩	钢板	接触	33.1
4	锥形孔上放金属罩	钢板	距离 23.7 mm	79.2

实验结果表明，实心药柱对钢板的破甲深度较浅；如在药柱的下端挖一锥形孔，装药量虽然减少了，破甲能力却提高了；若在锥形孔内放一个金属罩（或称药型罩），则破甲能力将大大提高。利用装药一端的空穴提高局部破坏作用的效应称为聚能效应，这种现象称为聚能现象。习惯上把带有锥形孔（或其他形状）的药柱对靶子的破坏作用称为无罩聚能效应，而把带药型罩锥形孔（或其他形状）的药柱对靶子的破坏作用称为有罩聚能效应。

不同的装药结构出现不同的穿甲能力，这是由它们的爆轰产物飞散过程不同所造成的。当圆柱形药柱爆轰后，爆轰产物是沿近似垂直于原药柱表面的方向向四周飞散的。这样，作用于钢板部分的仅仅是药柱端部的爆轰产物，其作用面积等于药柱的端面积。

当带有锥形孔的装药发生爆炸时，爆轰波由起爆点向前传播，在爆轰波到达锥形孔的顶部时，爆轰产物沿轴线向前飞散。这时的爆轰虽继续向前传播，但爆轰产物的气流则基本上沿装药表面的法线方向向装药轴心飞散，此时各股气流便相互作用，并在空穴的轴线上形成了能量集中的一股集聚气流，这股气流在离空穴表面一定距离上集聚的密度最大，速度也达到最大值，甚至达到 12 000～15 000 m/s。此点通常称为焦点，它与装药端面的距离称为焦距，用 F 表示。空穴的直径与在焦距处的气流直径之比称为聚焦度，一般为 4～5，而大于焦距的气流则由于爆轰产物的径向膨胀作用迅速扩散。因此，聚能效应只发生在离装药底部的一定距离上。随着装药距离的增大，聚能效应迅速减弱，直至最后消失。爆轰产物的飞散和聚能气流如图 7.18 所示。

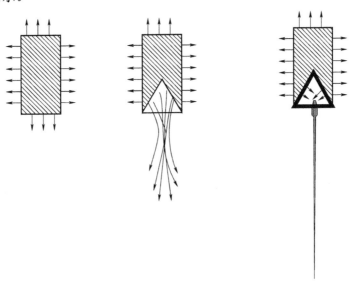

图 7.18　爆轰产物的飞散和聚能气流

为了提高带有锥形孔装药的聚能效应，就应设法避免因高压膨胀而引起的不利于能量集中的因素。能量集中的积蓄可用单位体积能量，即能量密度 E' 来表示。爆轰波的能量密度表示式为

$$E' = \rho\left[\frac{p}{(\gamma-1)\rho} + \frac{1}{2}u^2\right] = \frac{p}{\gamma-1} + \frac{1}{2}\rho u^2 \qquad (7\text{--}58)$$

式中　ρ，p，u，γ——爆轰波波阵面上的密度、压力、质点运动速度和指数。

若取 $\gamma = 3$，$p = \frac{1}{4}\rho_0 v_D^2$，$\rho = \frac{4}{3}\rho_0$，$u = \frac{v_D}{4}$，则

$$E' = \frac{1}{8}\rho_0 v_D^2 + \frac{1}{24}\rho_0 v_D^2 \qquad (7\text{--}59)$$

式中　ρ_0，v_D——炸药的密度和爆速，且式（7-59）第一项为位能，第二项为动能。

从式（7-59）可以看出，位能占 $\frac{3}{4}$，动能占 $\frac{1}{4}$。由于在聚能过程中，动能是可以集中的，但位能则难以集中，反而起分散作用，所以聚能气流能量集中的程度不是很高，只有设法把能量尽可能多地转换成动能的形式，才能够大大提高能量集中的程度。实验已经发现，若在药柱锥形孔表面加一个金属罩（如铜罩），可以大大提高能量集中的程度。这是因为在有金属罩时，爆轰产物在推动罩壁向轴线运动的过程中将能量传递给了金属罩，并且在金属罩的材料间发生了特殊分配。由于金属罩的可压缩性很小，因此它的内能增加很少，能量绝大部分都表现为动能形式，并使金属罩的部分金属变为金属集聚流，而金属集聚流具有很高的能量密度，这样就可以避免由于爆轰产物的高压膨胀而引起的能量分散，使得能量更为集中，使得穿孔能力大大增强。

由分析知道，金属罩之所以能提高穿孔能力，是因为它将炸药的爆炸能量转换成了罩的动能，原先的聚能气流被聚能金属流所代替，使能量密度增大。因此，对金属罩材料的要求是：可压缩性小，在聚能过程中不汽化（因为汽化后会发生能量分散），密度大，延性好。目前应用最普通的材料是铜金属罩。

应该说明的是，聚能效应的主要特点是能量密度高和方向性强，但是较大的能量密度和穿孔作用只表现在锥孔的方向上，其他方向上则和普通装药一样只能产生局部破坏作用。此外，能够产生聚能作用的不仅仅是锥形罩，抛物线形罩和半球形罩等也可以产生聚能作用，它们称为轴对称聚能装药。图7.19（a）所示为中心对称型聚能装药，中心有球形空腔和球形罩，当在外表面同时引爆炸药时，便可以在空腔的中心点得到极大的能量集中；图 7.19（b）所示为平面对称型聚能装药，当装药爆炸时可在对称面上形成一长条聚能射流，起切割作用，这种装药称为线型聚能装药。

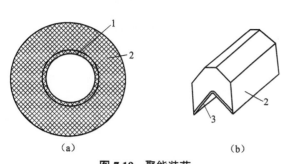

图 7.19　聚能装药

（a）中心对称型；（b）平面对称型

1—球形罩；2—装药；3—楔形罩

炸药爆炸的聚能现象在军事和民用爆破等方面均有广泛的应用，在军事上，常应用聚能装药作破甲武器以消灭防护体后面的敌人；在民用爆破上，常应用聚能装药打孔和切割坚硬的物体，如石油工业常用聚能装药（石油射孔弹）作井下穿孔。

7.3.2　聚能射流的形成过程

聚能装药是靠金属射流起到破甲作用的，因此，为了研究和提高聚能作用，必须弄清楚金属罩在爆轰产物作用下形成聚能射流的过程。关于金属流的形成过程和性质，可以用脉冲 X 光照片来研究。图 7.20 所示为锥形罩聚能金属射流形成过程的一组脉冲 X 光照片，所用药柱为注装的梯恩梯/黑索今（50/50），直径为 36 mm，高为 60 mm，药型罩为锥角 42°31′的紫铜金属罩，壁厚 1 mm，顶角半径 R 为 2 mm，底半径为 34 mm。从照片上可以看到，由起爆点传播出的爆轰波到达药型罩面时（压力达到 104 MPa 以上），强烈压缩金属罩并使受到压缩的金属罩微元迅速向轴线方向运动，此时的速度达到 1 000～3 000 m/s。由于金属罩是轴对称的，结果在轴线上金属罩微元发生高速闭合和碰撞，并在罩内表面挤出一部分高速向前运动的金属。爆轰波继续向罩底运动时，便从表面连续地挤出金属。当药型罩全部被压向轴线以后，在轴线上形成一股高速运动的金属流和一个伴随金属流低速运动的杆体。

锥形罩聚能装药金属射流的形成和运动过程如图 7.20 所示。

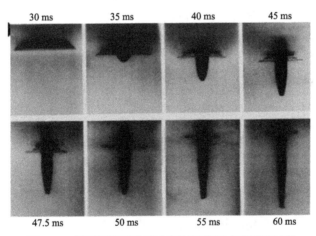

图 7.20　锥形罩聚能装药金属流的形成和运动过程

7.3.3　影响聚能效应的因素

7.3.3.1　炸药性能的影响

通过分析已经知道，形成聚能效应金属流的能量来源于炸药的爆炸能量。在炸药性能方面影响破甲威力的主要因素是炸药的爆轰压力，而爆轰压力又是炸药密度和爆速的函数，因此，炸药密度和爆速是影响聚能效应的因素之一。聚能破甲的深度随爆轰压力的变化情况如表 7.15 所示。

表 7.15　聚能破甲深度随爆轰压力的变化

炸药种类	密度 ρ_0/ ($g \cdot cm^{-3}$)	爆速 v_D/ ($m \cdot s^{-1}$)	爆压 p/ GPa	破甲深度/ mm
奥克托今/梯恩梯（77/23）	1.80	8 539	32.93	190
奥克托今/蜡（99/1）	1.71	8 682	30.67	165
黑索今/梯恩梯（75/25）	1.70	8 134	28.71	158
黑索今/蜡（95/5）	1.64	8 380	28.71	152
黑索今/梯恩梯（60/40）	1.69	7 843	26.75	17
黑索今/蜡（91/9）	1.60	8 228	26.75	148

表 7.15 中的数据表明，炸药的性能对聚能效应影响很大，因此，在设计聚能装药时，应尽可能采用高爆速炸药，并增大其装药密度，以提高爆轰压力。最常用的聚能装药为黑索今和奥克托今类的混合炸药。

7.3.3.2　装药尺寸的影响

通常情况下，装药直径增大，形成金属流的长度、直径及质量也增大，因而破甲效应也增大，但金属流的速度却不增大。由于实际使用过程中装药直径不可能无限地增大，因此靠增大装药直径来提高破甲效应是有一定限度的。

对于装药高度 H，则必须保证炸药的有效装药部分不受膨胀波的干扰，以保证形成金属流的最大效应。当聚能装药无外壳时，$H>2r+h$（r 为罩底部半径，h 为罩的高度）；当聚能药有外壳时，则 H 可以减小。

7.3.3.3　药型罩的尺寸和材料的影响

药型罩是聚能装药的关键性零件，其形状、尺寸和材料等对破甲效应均有很大的影响。

药型罩的形状有半球形、圆锥形、喇叭形等，其中较常用的是半球形和圆锥形。圆锥形的破甲效应较大，常用于破甲弹；而半球形药型罩能形成反向金属流，较稳定，常用于混凝土的爆破弹。

药型罩的材料对破甲效应影响较大。当药型罩被压合后，形成连续且不断裂的射流越长，密度越大，则破甲越深。因此对药型罩的要求是：材料密度大，塑性好，且在形成射流过程中不汽化。不同材料药型罩的破甲深度如表 7.16 所示，其实验条件为：采用梯恩梯/黑索今（50/50）混合炸药，装药直径为 36 mm，药量为 100 g，密度为 1.6 g/cm³，药型罩锥角为 40°，罩壁厚 1 mm，罩的底部直径为 30 mm，炸高 60 mm。

表 7.16　不同材料药型罩的破甲深度

药型材料	破甲深度/mm			实验次数
	最小	最大	平均	
紫铜	103	140	123	23
生铁	98	121	111	4

续表

药型材料	破甲深度/mm			实验次数
	最小	最大	平均	
钢	96	113	103	5
铝	70	73	72	5
锌	66	93	79	5
铅	—	—	91	1

表 7.16 中的数据表明，紫铜的密度较高，塑性好，因而破甲效果最好；生铁虽然在通常条件下是脆性的，但它在高速、高压的条件下却具有良好的可塑性，因而破甲效果也相当好；铝的密度太低，铅的熔点和沸点都很低，因此铝和铅的破甲效果均不好。

药型罩的锥度大小对破甲效应的影响也很大。实验表明，若减小药型罩的锥角，则破甲深度增大，但是相应的穿孔直径减小。这是由于随着药型罩锥角的增大，射流速度将减小。不同锥角药型罩的破甲实验如表 7.17 所示。

从表 7.17 中看出，药型罩锥角低于 30° 时，破甲性能很不稳定；而在 0° 时，射流的质量极小，基本上不能形成连续射流；当药型罩锥角在 30°～70° 之间时，射流具有足够的质量和速度。小锥角时射流速度较高，有利于提高破甲深度；大锥角时射流质量较大，破甲深度降低，破甲稳定性变好，破甲孔径增大。药型罩锥角大于 70° 以后，金属流形成过程将发生新的变化，使得破甲深度迅速下降。特别是药型罩锥角达到 90° 以上时，药型罩在变形过程中产生了翻转现象，出现反射流，其破甲深度很小，但孔径很大，这种结构对付薄装甲的效果较好。

表 7.17　不同锥角药型罩的破甲实验

药型罩锥角/ (°)	装药尺寸/mm		炸高/ mm	射流头部速度/ (m·s^{-1})	破甲深度/mm			实验次数
	罩高	药高			最小	最大	平均	
30	47	96	50	7 800	104	155	132	12
40	36	93	60	7 000	119	140	129	5
50	29	91	60	6 200	114	135	123	7
60	24	90	60	6 100	106	127	120	7
70	20	88	60	5 700	113	124	121	7

大量的实验表明，药型罩的锥角通常选取在 35°～60° 较为合适，对于中小口径装药选取 35°～44° 为好，对于大口径装药选取 44°～60° 为宜。采用隔板时，角度应大些，若不用隔板，则角度应小些。

药型罩的壁厚对破甲效应也有一定的影响。药型罩的最佳壁厚 δ 随药型罩材料、锥角、直径以及有无壳变化。一般来说，药型罩的最佳壁厚随罩材料的密度减小而增大，随锥角的增大而增大，随罩口径的增大而增大，随外壳的加厚而增大。

7.3.3.4 装药结构的影响

当聚能装药发生爆轰时，爆轰波波形对药型罩的变形与金属流的形成影响很大。如图 7.21 所示，当炸药从起爆点起爆后，爆轰波便以球面波的形式在装药中进行传播，在球面波通过整个药型罩时，爆轰波波阵面与罩面形成一定的夹角 ψ，此时作用在冲击点 1 处的压力与 ψ 角有密切的关系。若用 p_m 表示冲击点的压力，p_2 表示爆轰波波阵面上的压力，药型罩的材料为紫铜时，p_m 与 ψ 的关系如下：

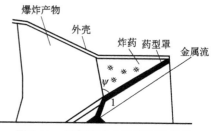

图 7.21　爆轰波冲击罩表面的情况

$$\left.\begin{array}{l} p_{\mathrm{m}} = p_2(1.65 - 0.25 \times 10^{-2}\psi)(0° \leqslant \psi \leqslant 5.5°) \\ p_{\mathrm{m}} = p_2[0.69 + 2.34 \times 10^{-2}(90° - \psi)](55° \leqslant \psi \leqslant 90°) \end{array}\right\} \tag{7-60}$$

从式（7-60）中看出，ψ 越小，作用在冲击点上的压力越大，因此，要提高金属流的能量，ψ 值应尽可能减小。但是，对于一种装药结构来说，要改变 ψ 是很困难的。

为了减小爆轰波波阵面与罩面的夹角 ψ，可以在传爆管的前端放一个隔板，这样，装药在起爆后，传爆管的爆炸冲量分成两部分，一部分在隔板中引起冲击波，另一部分用来起爆周围的炸药。由于在隔板中的冲击波和炸药中的爆轰波的速度不同，在聚能药中爆轰波的波形便发生变化，于是出现三种情况，如图 7.22 所示，其中图（a）、（b）都可以使 ψ 角减小，从而使破甲效应加强，图（c）中仍是球面冲击波，它不能提高破甲效果。实验已经证明，若采用隔板，可以使破甲深度提高 15%～29%。

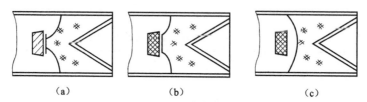

| （a） | （b） | （c） |

图 7.22　采用隔板调整爆轰波波形

在装药结构中采用隔板的目的在于，改变在药柱中传播的爆轰波波形，控制爆轰方向和爆轰到达药型罩所需时间，提高爆炸的载荷，增大射流的速度，提高破甲能力。

应该指出的是，采用隔板时必须合理地选择隔板的材料和尺寸（直径和厚度），因为隔板材料不同，冲击波的传播规律也会不同。

7.3.3.5 炸高的影响

炸高对破甲效果的影响主要表现在两个方面，一方面随着炸高的增大，射流伸长，从而增大了破甲深度；另一方面，随着炸高的增大，射流便产生径向分散和摆动，延伸到一定的程度后就会产生断裂现象，使破甲深度减小。通常情况下，聚能装药最有利的静止炸高取药型罩底部直径的 2～5 倍。

与最大破甲深度相对应的炸高称为有利炸高。有利炸高随罩锥角的增大而增大，不同药型罩锥角下炸高和破甲深度的关系如图 7.23 所示。

7.3.3.6　旋转运动的影响

当聚能装药在爆炸过程中具有旋转运动时，对破甲效应影响很大。这是因为：一方面旋转运动会破坏金属射流的正常形成；另一方面在离心力作用下会使射流金属颗粒甩向四周，横截面面积增大，中心变空，从而使单位面积的能量密度降低，这种现象还随转速的增加而加剧，最终使破甲效应减小。旋转运动对破甲性能的影响如表 7.18 所示。实验条件为：采用带壳聚能装药，弹径为 90 mm，药型罩锥角为 54°，底半径为 80 mm，炸高为 182 mm。

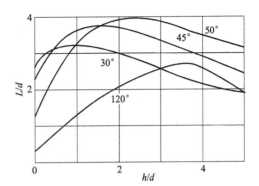

图 7.23　炸高和破甲深度的关系

d—装药直径；L—装药长度；h—炸高

表 7.18　旋转运动对破甲性能的影响

转速/($r \cdot s^{-1}$)	0	32	67	102	118	131	163	189	243	278	320
破甲深度/mm	332	318	233	172	169	184	155	143	135	105	101
破孔容积/cm³	101	106	88	87	83	82	62	70	62	65	69

实验表明，当转速在 30 r/s 以内时，旋转运动对破甲性能影响很小；当转速由 30 r/s 增大到 100 r/s 时，破甲深度减小很快；在转速为 100 r/s 时，破甲深度减小约 50%；随着转速的增大，破甲深度继续减小，当转速为 300 r/s 时，破甲深度仅为无旋转时的 30%。此外，穿孔容积也随转速的增大而减小，但穿孔容积减小比破甲深度减小缓慢。

7.3.4　爆炸成形弹丸（EFP）基本概念

爆炸成形弹丸（Explosively Formed Projectile，EFP），又称自锻破片，是通过金属药型罩的塑性变形而形成的。依靠炸药化学爆炸能转变为压缩药型罩而得来的动能侵彻目标的类似弹丸的高速侵彻体，它是介于动能穿甲弹和破甲弹之间的一个新弹种，是两者某种程度的结合。对于典型的聚能射流破甲弹，在炸药爆炸作用下，药型罩被压合后，形成速度较高的射流和运行较慢的杆。药型罩锥度角增大时，向内压合部分显著减少，相应地射流和杆体之间的速度差随之减小。M.Herd 发现，当半锥角接近 75° 时，射流和杆速度接近，将形成 EFP。典型 EFP 装置主要包括起爆体、主装药、药型罩、壳体及底座，如图 7.24 所示。

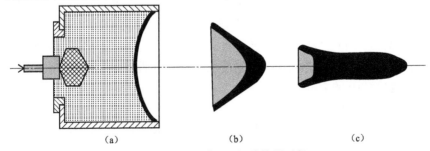

　　　（a）　　　　　　　　　　（b）　　　　　　　　　（c）

图 7.24　EFP 装置及爆炸作用过程

（a）EFP 装置；（b）爆炸后 75 μs；（c）爆炸后 200 μs

影响 EFP 成形的关键因素主要来自起爆方式、装药性质、装药结构、药型罩材料性能和结构参数等方面。起爆方式主要是指单点起爆、多点起爆、环形起爆等起爆形式。单点起爆时，起爆点位置有无偏心及偏心量的大小是关键因素。环形起爆时，起爆环直径的大小及起爆环装药是否同时起爆是关键因素。就装药而言，装药的密度、装药密度的分布、均匀性、装药的尺寸和装药的类型等是关键因素。就药型罩而言，药型罩材料的种类、机械性能、药型罩结构参数和药型罩的加工精度等是影响因素。

1. 药型罩对 EFP 的影响

随着药型罩曲率半径的增大，形成的 EFP 由带有较长尾部的密实细杆逐渐过渡到中空的翻转弹丸。锥形药型罩装药锥角与头部射流和杆体速度的关系如表 7.19 所示。

表 7.19　锥形药型罩装药锥角与头部射流和杆体速度的关系

装药锥角/(°)	30	60	90	120	150	180
头部速度/(m·s⁻¹)	9 400	7 000	500	4 300	3 300	3 000
尾部速度/(m·s⁻¹)	330	570	850	1 500	2 300	3 000

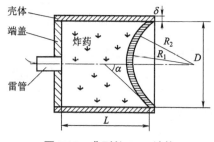

图 7.25　典型的 EFP 结构

2. 壳体对 EFP 的影响

当改变壳体材料时，形成的 EFP 形状和速度均要变化。钢壳体结构形成的 EFP 速度明显高于铝壳体结构形成的 EFP 速度，又两者得到的 EFP 质量基本相等，因此前者 EFP 动能高于后者。这主要是因为钢的密度和硬度都高于铝，对炸药的约束能力比铝强，从而延长了炸药对药型罩的作用时间，使得更多的爆轰能量转化为罩的动能，最终形成的 EFP 的速度和动能均增加。随着 δ/D（见图 7.25）增大，EFP 的长径比减小，壳体厚度增大，将引起药型罩变形过程中各微元向轴线并拢的速度加大，从而使形成的 EFP 从简单的药型罩翻转逐渐过渡到密实的长杆弹丸。但如果壳体厚度过大，就会使 EFP 重心过于靠后，这将不利于稳定飞行；而当战斗部的壳体厚度过小时，将形成中空的 EFP，虽使重心靠前，有利于 EFP 的稳定飞行，但会减小 EFP 的速度和着靶动能，不利于侵彻靶板。因此必须合理地选择壳体厚度，对于铝壳体的装药结构，壳体厚度一般为 $0.045\sim0.050D$。

3. 装药长径比对 EFP 的影响

一般情况下，装药的长径比 $L/D=1.5$ 时较为合适。但实际情况中，有时考虑到降低一点装药高度，药量可以减少很多，但有效药量减少不多，而药高度小，对减小整个装药结构的质量均有明显的好处，而且当战斗部没有足够的空间时，据某些研究者的经验数据，$L/D=0.75$ 亦已能够穿透目标，这时可根据实际情况进行装药结构的设计。

4. 装药种类对 EFP 的影响

不同炸药对爆炸成形弹丸形状有不同的影响。表 7.20 给出对 4 种标准炸药进行数值模拟计算的结果，药型罩为碟形软钢，装药用钢壳约束，药量相同。可以看出，炸药对弹丸形状的影响是直接而明显的。

表 7.20 炸药对弹丸形状的影响

炸药	TNT	COMP B	OCTOL（75/75）	HMX
长径比（*L/D*）	0.84	1.65	2.4	2.65
初速度/（m·s^{-1}）	1 650	1 950	2 130	2 160

5. 起爆方式对 EFP 的影响

要使弹丸具有理想的终点弹道效果，成形弹丸必须具有良好的飞行稳定性。由于各种因素的影响，爆炸成形弹丸难以实现旋转稳定，因此对弹丸形状提出特别的要求，即质量中心应尽量后移，这一要求常用宽大的尾部形状，也就是通过阻力稳定来满足。但是，由于飞行距离较短，飞行稳定性不足以抑制弹丸在飞行初期的强烈振颤以使弹丸在撞靶时没有倾斜，而且弹丸尾部闭式膨胀形成的阻力稳定使得弹丸飞行速度迅速降低。所以，通过对装药和药型罩形状设计以非闭式的"尾翼"，即规则折叠的尾部实现飞行稳定成为一种有效的方法。图7.26 所示为不同的起爆方式获得的不同 EFP 断面形状。

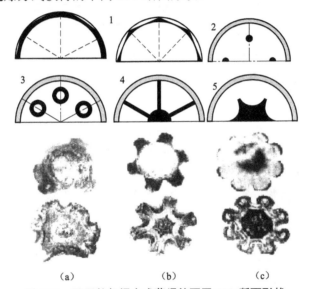

图 7.26 不同的起爆方式获得的不同 EFP 断面形状

（a）非对称尾翼；（b）六角对称尾翼；（c）八角对称尾翼

1—封闭式起爆（左为六边，右为八边）；2—多点式起爆；3—多点铠装式起爆；

4—爆轰波导向式起爆；5—波形调整式起爆

EFP 装药具有的独特优点使得它在军事上具有特殊的用途。例如，把它用于末敏弹上来攻击战车的顶装甲，或用于智能地雷来攻击飞行目标，另外还可以用于销毁远处的危险品等。目前，爆炸成形弹丸战斗部已成为反装甲武器中重要的战斗部种类，广泛用于各种武器弹药，范围覆盖反坦克和装甲车、反空、反舰、反潜、反混凝土目标及地雷装备等。

7.4 管道效应

管道效应又称间隙效应和沟槽效应，分成外管道效应和内管道效应。外管道效应是药卷与炮孔间有径向间隙，即不耦合连续装药，由此引起爆轰波传播到某一长度后熄爆的现象。内管道效应是一个圆柱形装药有一个轴向的内沟槽，则在爆轰时沟槽里伴有一个强烈影响爆轰过程的系统。封闭在沟槽里的空气受到爆轰气体的推动成为一个高温、高压和陡峭的冲击波阵面压缩层向前运动，此气体压缩爆轰波波阵面前的炸药，由于密度的增大，爆速比初始密度相同的均质无壳柱形装药的爆速大。

7.4.1 外管道效应

长期以来，中深孔爆破后炮窝中留有残药未引起人们的注意，自从采用不耦合装药结构的光面爆破以来，发现残药的现象越来越严重，故引起了学者重视并加以研究。

关于管道熄爆效应的机理，国内外许多研究者曾提出过种种假说，其中较著名的有两种，即以美国 C. H. 约翰逊为代表的"空气冲击波超前压缩药包论"和以美国埃列克化学公司为代表的"爆轰等离子体超前压缩药包或装药表面相互作用论"。此外，国内还有人提出了"空气稀薄波超前撕裂药包，吹散药粒造成熄爆""管壳破碎加剧爆轰产物膨胀波干扰反应区造成熄爆"和"爆轰热降低"等假说。超前冲击波（不仅仅是空气冲击波，也不一定必须伴有爆轰等离子体）或复合的强压缩波超前压缩未爆装药造成爆轰中断（即爆轰熄灭）的论点是比较切合实际的，因为间隙中是水介质或真空时，也同样产生管道熄爆效应。

7.4.1.1 超前压缩的复合冲击波

国内外大量试验证明，管内约束装药爆炸时，在管道中确实存在着超前强压缩波，它是爆炸冲击波在管道作用下产生的沿管腔（间隙）或其介质中传播的比爆轰波更快的一种复合冲击波（当管腔中的介质是空气时，该冲击波才是空气冲击波），其运行往往携带有炽热的固体微粒和射离炸药之后而超前冲击波的爆轰等离子体。固体微粒来自爆轰产物的活化部分以及管壁和药包外皮的飞散物。等离子体来源于爆轰反应区的化学电离作用。但是，当间隙内是水介质时，等离子体将不能通过，因为即使"薄层的水"也能"靠电子俘获过程（同炸药内部发生的过程一样）消灭等离子体"而"消除导电性"。从文献中的管内装药爆炸高速扫描摄影可以看到，在有机玻璃管内径向间隙（介质为空气）中高速运行的这种超前压缩波，其发光原因是冲击波对气体介质的电离。

正是这种复合的超前强压缩波（以下简称"超前压缩波"）造成了不耦合连续装药的爆轰不稳或中断。

7.4.1.2 管道熄爆效应产生的原因及过程

管内装药爆炸将在管道内产生一系列作用而影响不耦合连续装药的正常爆轰，甚至造成爆轰中断，即管道熄爆效应。这种效应是炸药在管道中爆炸后，产生沿管道间隙超前运行强压缩波对爆轰波前方未爆装药侧向压缩作用的结果，如图 7.27 所示。

众所周知，炸药的爆轰是冲击波在炸药中传播引起的。炸药引爆后形成在炸药中传播的冲击波，该冲击波在一定条件下受膨胀波干扰和摩擦等影响而损耗的一定能量，正好由反应区炸药的剧烈化学反应释放出的一定能量所补偿，使冲击波波阵面上始终保持一定的能量，以稳定的爆轰速度向前传播，直至全部装药爆轰结束。

但管内约束的不耦合装药爆炸则与上述地面或空场中装药的爆轰情况不同。管道熄爆效应破坏了化学反应区补偿能量的平衡，超前压缩波对爆轰波波阵面前方装药侧向压缩作用的结果，将使药径变小，装药密度增大，对爆轰波传播产生严重影响，如图 7.28 所示。

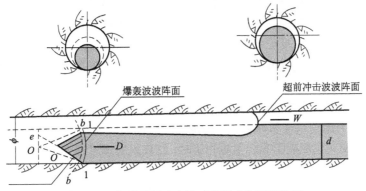

图 7.27　超前运行冲击波对药卷产生压缩作用

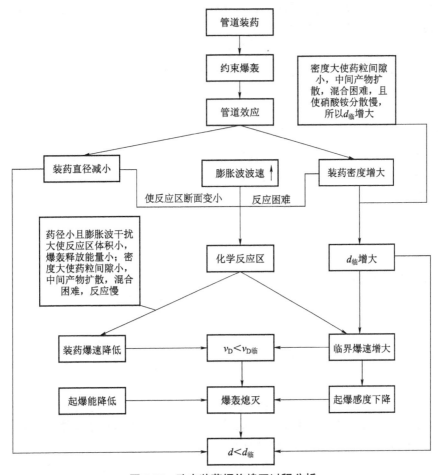

图 7.28　孔内装药爆炸熄灭过程分析

（1）爆速 v_D 的变化。

装药直径变小，使爆速降低。这是因为装药直径变小则化学反应区体积变小，使反应释放的能量变小，而且装药直径越小，侧向膨胀波由装药侧面传到装药轴线的时间越短，对反应区的干扰相对越大，反应区及反应产物的压力、温度和能量相对降低，因而使反应速度变慢，爆轰速度降低。对于混合炸药，虽然二次反应使放热增加，但由于上述原因仍使爆速降低。当装药直径在其临界直径与极限直径之间时，装药爆速随装药直径变小而变小；当装药直径小于临界直径时，化学反应释放的能量不能维持稳定爆轰，就会熄灭。

装药密度增大，使爆速降低。因为装药密度增大后，不仅爆轰波传播速度增大，侧向膨胀波的传播速度也将增大而加速其对反应区的干扰。因此，在其他条件相同的情况下，随着被起爆的装药密度增大，装药爆炸衰减的可能性也将增大。尤其是对于含有非炸药组分的混合炸药，虽然密度大爆速也会暂时增大，但随着密度的增大使药粒间隙变小，中间产物扩散、混合困难，当密度增大到反应困难起主导作用时，则使反应速度越来越慢，所以爆速越来越低。

（2）临界爆速 $v_{D临}$ 的变化。

随着装药直径的变小和密度的增大，在使装药爆速降低的同时，装药的声速和临界爆速也都相应提高。这是因为：装药直径变小，则干扰反应区的侧向膨胀波到达装药轴线的时间变短，这就需要冲击波完成化学反应的速度更快，即临界爆速升高。否则，即使在装药轴线处，未等到化学反应完成，侧向膨胀波就已到达。而装药密度变大，侧向膨胀波速度也随之变快。为克服膨胀波的加速干扰，临界直径和临界爆速必须增大。

根据液体动力学爆轰理论，冲击波引起炸药稳定爆轰必须具备如下两个条件：一是冲击波的波速必须大于或等于某定值，即装药条件下的临界爆速值；二是必须有足够的能量补充。管内不耦合连续装药由于超前压缩波的作用，一方面使爆速降低，另一方面又使临界爆速增大。在一定条件下，当变化到爆速低于临界爆速（即 $v_D < v_{D临}$）而破坏了化学反应补偿能量的平衡时，则爆轰必然熄灭。或者说，管道熄爆效应一方面使爆轰波前方未爆的装药钝感，另一方面又使起爆能降低，这样变化到一定程度时，必然起爆不了已钝感的装药，使其发生爆轰中断。

7.4.1.3　炮孔装药爆炸的特点

对于在临界直径和极限直径之间的不耦合装药，在炮孔中爆炸与在地面空场中爆轰是不同的。实际炮孔中装药爆炸有以下特点：

（1）连续装药爆轰不稳，在一定条件下发生爆轰中断。这里的"爆轰不稳"是指与该装药在地面空场中无约束爆轰的不同点，它包括以下两个含义：

① 爆轰是相对不稳定的，受管道条件影响，其爆速产生偏高或偏低现象。

② 爆速是变化的，其变化规律如图 7.31 所示，一定条件下变化的最终结果将发生爆轰中断。

（2）间隔装药在一定条件下殉爆能力增强。炮孔内躲过造成爆轰中断的超前压缩波强烈作用区这样的轴向间隔装药，不仅可以克服管道熄爆效应，而且由于管道聚能效应增强了装药的轴向殉爆能力，会使装药的总爆长增加。

关于超前压缩波作用区长度，北京建井研究所由试验测出：从第 5 卷装药以后，约有 400 mm（两个药卷的长度）。当然，此数据只是 2# 岩石铵梯炸药在某种条件下的一个大致范围。显然，这种作用区长度的大小取决于具体装药性质以及装药和管道的条件。

其爆速变化分为如下区段：

预爆轰区段：孔内装药在爆轰发生之前，虽然同样会产生预爆轰过程发展的或大或小的初始区段，但是，该区段的大小不仅取决于影响被起爆的装药爆轰感度的条件（如炸药性质、晶粒大小、装药直径和密度等）以及起爆物的参数（如尺寸、爆速等），还取决于管道条件中的各个因素。因此，在管道效应的影响下，孔内装药的预爆轰过程与空场中的预爆轰过程是有区别的，即预爆轰初始区段的长度和爆速值高低都不尽相同，这将影响后面相对稳定爆轰区的长度和爆速的高低。

相对稳定爆轰区：这一区段是孔内装药爆炸的主要过程，该区段的爆速值可能与该装药在地面空场中爆轰时的爆速值相近或相等，可能偏高或偏低。当药包外皮和孔壁对侧向膨胀波的阻碍作用和管道聚能作用起主导作用时，该区段长度就增加且爆速值较高；当管道熄爆效应降低装药感度和侧向膨胀波干扰起主导作用时，该区段长度减小，且其爆速较低。

爆速升高区和爆速衰减区：炮孔内装药在发生爆轰熄灭前，爆速是有误差的，而在爆速开始误差前，往往由于装药密度增大而发生爆速的暂时升高（CE）；当装药密度继续增大到一定程度后，爆速则突然开始降低。这是因为具有二次反应的混合炸药，其装药直径在临界直径和极限直径之间时，随着装药密度的增大二次反应的困难也加大；当密度增大到使二次反应困难起主导作用时，爆速不仅不再随密度增大而增大，反而开始衰减。装药误差的爆速与同时提高的临界爆速的交点 M 是爆轰的最低爆速点，此点之后即发生爆轰。

7.4.1.4　管道熄爆效应的显现条件和影响因素

1. 管道熄爆效应的显现条件

管道内不耦合装药爆炸必然产生管道熄爆效应，其存在是普遍的，但其显现却是有条件的，即必须具备一定的装药条件和管道条件，才能明显显现出装药的爆轰中断。从试验结果上分析，其显现条件大体是：

（1）装药直径在临界直径和极限直径之间；

（2）管（孔）壁材料具有足够的强度和弹性模量（或者说管壁不易破坏和不易弹、塑性变形）；

（3）不耦合装药的径向间隙和不耦合系数在某一范围内；

（4）管道间隙中，在超前压缩波作用区内，没有足够阻碍超前压缩波传播和起压缩作用的介质或固体阻塞；

（5）药包外皮强度不够且没有某些涂物；

（6）装药是某些形态、种类的炸药（如有二次反应的粉状混合炸药、靠热核反应机理爆轰的某些混合炸药等），并且其某些性能参数（如爆速和起爆感度）低于（临界爆破和装药密度高于）某一数值。

单独具备上述条件中的一条或几条，都不能明显造成装药爆轰中断；即使具备了（1）～（6）条全部管道条件，也不是所有炸药都能明显显现出管道熄爆效应，因为某些炸药的性质、形态等决定了装药内因尚不能完全破坏反应区补偿能量的平衡，故相同条件下仍不发生爆轰中断。

2. 管道熄爆效应的影响因素

（1）与装药的性质和密度有关。

不同性质的装药，在相同管道条件下爆炸所产生的管道熄爆效应强度是不同的。试验证明，装药是有二次反应的固体混合炸药，其管道熄爆效应强烈，并且威力大、爆速高的装药，产生的管道熄爆效应弱而传爆长度大。例如，在相同管道条件下，2#岩石铵梯炸药比 3#煤矿许用铵梯炸药传爆长度大，高威力铵黑炸药传爆长度最大，而含水炸药试验 3.60～8.08 m 装药长度仍未发生爆轰熄灭。

此外，装药密度、药粒大小等对管道熄爆效应的强弱也有很大影响。例如，对于粉状硝铵类炸药，相同的炸药在相同管道条件下，装药密度大比密度小、受潮硬化的比新出厂的（密度小或适中）产生的管道熄爆效应强烈。

（2）与装药的直径大小有关。

在临界直径与极限直径之间，装药直径越大，其爆速越高，传爆长度越大。管道熄爆效应随装药直径加大而减弱。

（3）与管道内的径向间隙大小有关。

有人找出管道熄爆效应明显时的间隙范围是 0.12~3.00 倍的装药直径，尤以 0.20 倍装药直径的间隙最强烈。苏联的 A. B. 明切夫试验证实，当装药与炮孔的径向间隙等于或大于 0.40 倍装药半径时，管道熄爆效应的影响最大。

（4）与装药的不耦合系数大小有关。

国内有人通过试验得出，对于我国的 2#岩石铵梯炸药，其熄爆的不耦合系数范围是：$1.12 < \alpha < 3.71$。美国约翰逊得出的管道熄爆效应强烈时的不耦合系数范围是：$1.12 < \alpha < 3.82$。不耦合系数的影响，反映了装药直径和径向间隙两个因素的综合影响。

（5）与管（孔）壁的性能和强度有关。

试验发现，不同管材料，由于其性能和强度不同，产生管道熄爆效应的强度也不同，在松软和弹、塑性较大的管壁内，管道熄爆效应相应减弱；岩石炮孔内比煤炮孔内的强度大；而在松软的土壤炮孔内，管道熄爆效应几乎不显现。管道内壁的光洁程度以及是否有某些涂物，对管道熄爆效应的强弱也有一定影响。

（6）与药包外皮的性能和强度有关。

药包外皮强度大时，管道熄爆效应弱，具有足够强度的药包外皮或在装药外套有足够强度、间隙很小的套管时，都不发生装药的爆轰中断。

药包外皮涂上黄油、机油等，也可在一定程度上改善或克服管道熄爆效应，加大传爆长度。其原因之一可能是像水的情形一样，靠电子俘获过程"消灭了等离子体"（用控针电离法测定含水炸药爆速有时不稳定或不出数，其原因可能也是这个道理），水和油或其高温下的气化物在间隙内虽然不能阻止超前冲击波通过，但却能起阻碍作用而减弱其强度。

（7）与装药结构有关。

炮孔的散装药和套管内的耦合装药（不耦合系数 α 均等于 1）可以克服管道熄爆效应；在一定范围内的轴向间隔装药也能克服或改善管道熄爆效应。在一定间距内套有阻塞圈或对间隙固体堵塞的装药，可有效克服管道熄爆效应造成的爆轰中断。

（8）与间隙中的介质有关。

间隙内充满液体物质可以减弱管道熄爆效应，充满固体物质就阻挡了超前压缩波的传播而不能造成装药的爆轰中断。例如，间隙内充满水的装药，相同条件下可以增加爆轰长度；在间隙内充满砂土等，则可使装药不发生爆轰中断。

7.4.1.5　克服或改善管道熄爆效应的途径

根据以上分析和管道熄爆效应的显现条件、影响因素，归纳起来，改善或克服管道熄爆效应的途径有以下几方面。

（1）合理选用炸药。

对于深孔爆破宜选用爆速高、威力大、受密度变化影响小、有良好传爆性能的炸药，如水胶炸药、乳化炸药和高威力（高爆速）炸药等，以增大爆轰长度。

（2）改进药卷的规格尺寸和外皮包装。

对于深孔爆破，现用粉状混合炸药小直径药卷的规格已不太适用，有待研究改进。首先应尽可能增大药卷直径，以提高装药爆速和减小孔内径向间隙（在现用孔径条件下使装药不耦合系数小于 1.12）。其次，深孔爆破宜采用大孔径和大药卷，即同时加大孔径和药径，并加大药卷长度，实现炮孔的"单元装药"。这样既便于包装运输，又便于装药操作，缩短装药时间，同时也有利于增大装药传爆长度。

采用不易破碎、产生有毒气体少、抗静电性能好的塑料外皮，不仅可以改善管道熄爆效应的影响，而且可以显著增加药卷的抗水抗湿性，便于运输、储存、发放和使用。

（3）选择合理的装药结构和传爆方法。

条件允许时可采用无间隙散装药或在间隙内充满泥沙等进行固体堵塞，也可以进行套管装药。对于现有粉状硝铵类炸药小直径成型药卷的不耦合装药，在药卷上套加阻塞圈是一种简便而有效的方法。使用导爆索侧向传爆深孔装药（如光爆周边眼装药）也是一种可行的办法。使用一种导爆管（或一小段导爆索）像中继药包那样轴向传爆深孔装药，是克服管道熄爆效应的一种新方法。

7.4.2　内管道效应

内管道效应是在一次偶然发生在检修炸药厂的地下管道中的严重爆炸事故的分析中发现的，受此启发，现已成功地开发出具有较大市场的非电导爆管系列产品，因此各国研究者均致力于分析论证导爆管的稳定传爆机理，目前尚缺乏比较完整的表述。

导爆管是在一内径为 1.5 mm 左右的塑料管内附着一层薄薄的炸药（如 RDX 或 HMX），导爆管的传递爆轰速度在 1 800～2 000 m/s。导爆药内管道效应是一个比较复杂的物理化学过程，管壁能够阻止或减小爆炸产物的侧向飞散，减少侧向能量损失，相当于增大了装药直径的作用，另外，管内易传播空气冲击波。因管的直径小、长度大、外界对其干扰较小而使冲击波在管内易传播，所以管道效应对导爆管的爆轰传播起到非常有利的作用。导爆管如图 7.29 所示。

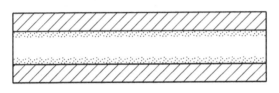

图 7.29　导爆管示意图

有人试验，当管壁上涂的是 RDX 和 HMX 负氧平衡炸药时，在一定范围内增大管内空气的压力，即增大管内氧气含量时，爆速就增大。这表明空气中的氧参与了反应，已经组成了燃料空气爆炸物。燃料空气爆炸物的形成过程可能是冲击波压缩并扰动炸药颗料，使之受到瞬时高温与一定大小的压力作用而发生表面局部反应，以及将部分药粒冲入管道中，由于颗粒分散，只能使炸药发生爆燃，爆燃中间产物及未爆燃的药粒扩散到管内腔与空气混合，组成燃料空气爆炸物继续发生反应并快速膨胀，放出热能使冲击波稳定传播。

7.5 拐角效应

爆轰波的拐角现象是指爆轰波从雷管或小的传爆药柱产生散心爆轰波，其传爆方向偏离起爆方向的现象。爆轰波在拐角过程中出现的波阵面滞后或局部区域不爆轰的现象称为拐角效应，如图 7.30 所示。

拐角 θ 为 60°　　　　拐角 θ 为 90°　　　　拐角 θ 为 120°

图 7.30　拐角的变化与死区的产生

当拐角 θ < 90° 时未出现死区，即不爆区，爆轰波传播方向偏移；当拐角 θ > 90° 时有死区出现，拐角越大，死区面积越大。

表 7.21　弯曲装药爆速亏损

截面边长 a_e/mm	爆速亏损 $(v_D-v_{D*})/v_{D*}$					
	r =3.0 mm	r =4.0 mm	r =6.0 mm	r =8.0 mm	r =10.0 mm	r =15.0 mm
0.8	1	1	1	1	1	1
1.0	1	1	1	1	0.23	0.15
1.2	1	1	0.25	0.20	0.13	0.10
1.5	0.23	0.19	0.13	0.10	0.08	0.05
1.8	0.10	0.08	0.054	0.05	0.03	0.018
2.0	0.04	0.033	0.026	0.019	0.019	0.015

利用拐角效应可以设计出具有一定逻辑判断能力的炸药元件。

1. 爆炸逻辑零门

能够切断或破坏爆炸网络通道装药，从而关闭爆轰通道的爆炸逻辑元件称为爆炸逻辑零门。爆炸逻辑零门的装药通道一般是 T 形。

作用原理：如图 7.31 所示，爆轰波可由 $B \rightarrow C$ 或 $C \rightarrow B$，但不能绕过直角线到 A；自 A

引爆，至 O 点将 BC 通道炸断，爆轰波不能绕过装药直角传播至 B 点或 C 点，从而关闭爆轰通道 BC。

2. 爆炸逻辑与门

（1）同步与门。

两个输入爆轰必须同时到达输出端才能输出爆轰，称为爆炸逻辑同步与门，主要利用爆轰波汇聚效应。如图 7.32 所示，O 点为爆轰输出；A、B 点为爆轰两个基本点输入。

在 A、B 点单独输入爆轰波，O 点没有输出；在 A、B 点同时输入爆轰波，O 点才有输出。

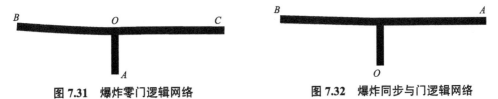

图 7.31　爆炸零门逻辑网络　　　　图 7.32　爆炸同步与门逻辑网络

（2）异步与门。

两个基本点爆轰必须以一定的先后次序并间隔一定时间输入，输出端才能输出爆轰，称为爆炸异步与门。如图 7.33 所示，A、B 为输入端，N_1、N_2 为爆炸零门，O_1、O_2 为输出端。

仅有 A 输入，O_1、O_2 均无输出；仅有 B 输入，O_1 有输出、O_2 无输出；A、B 按一定时序输入 O_2 才有输出。

此外，导爆索的连接也有可能因拐角效应而难以传爆。

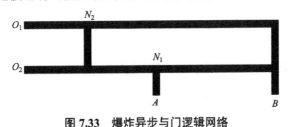

图 7.33　爆炸异步与门逻辑网络

7.6　炸药在空气中的爆炸

7.6.1　概述

炸药在空气中爆炸时，爆轰产物具有极高的压力，迅速向四周膨胀。膨胀着的爆轰产物如同活塞一样的压力分布推挤周围的空气，形成空气冲击波。爆轰产物和空气冲击波中的压力分布如图 7.34 所示，其中 p_0 为未经扰动的空气，p_1 为空气冲击波波阵面上的压力，p_k 为爆轰产物和空气层界面处的压力，p_2 为爆轰波的压力。爆轰产物在膨胀过程中，压力迅速下降。

爆轰产物在膨胀开始阶段，对于一般炸药，在压力 $p \geqslant p_k \approx 200\,\text{MPa}$ 时，可认为服从下式的规律：

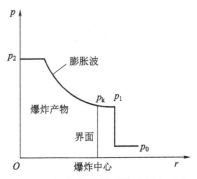

图 7.34　爆轰产物膨胀阶段压力分布

$$p = A\rho^3 \tag{7-61}$$

即压力与密度 ρ 的三次方成正比。

设装药为球形，则 $\rho \propto r^{-3}$，因此

$$p \propto r^{-9}$$

即爆轰产物的半径增大 1 倍时，其压力下降为原压力的 $\dfrac{1}{500} \sim \dfrac{1}{29}$。也就是说，爆轰产物的密度随膨胀半径 r 的增大迅速下降。

当爆轰产物压力 $p < p_k$ 时，膨胀过程服从下式的规律：

$$p = A\rho^\gamma \tag{7-62}$$

式中，γ 取 $1.2 \sim 1.4$。

爆轰产物的压力下降到与周围空气介质的压力相等时的体积，称为爆轰产物的极限体积。爆轰产物的极限体积可以用式（7-62）和式（7-63）进行粗略的估算。

设爆轰产物压力下降至 p_0 时的极限体积为 V_1，则

$$p_0 V_1^\gamma = p_k V_k^\gamma = 常数$$

即

$$\frac{V_1}{V_0} = \frac{V_1}{V_k} \cdot \frac{V_k}{V_0} = \left(\frac{p_k}{p_0}\right)^{1/\gamma} \left(\frac{\bar{p}_2}{p_k}\right)^{1/3}$$

式中　　$\bar{p}_2$ ——爆轰产物的平均初始压力；

V_1 ——爆轰产物的极限体积；

V_0 ——装药的体积。

令 $\bar{p}_2 = 10\,000$ MPa，$p_0 = 0.1$ MPa，$p_k = 200$ MPa。

当 $\gamma = 1.4$ 时，

$$V_1/V_0 = 20\,000^{1/1.4} \times 50^{1/3} = 800$$

当 $\gamma = 1.25$ 时，

$$V_1/V_0 = 20\,000^{1/1.25} \times 50^{1/3} = 1\,600$$

因此，一般炸药爆轰产物膨胀到 p_0 时的体积为原炸药的 $800 \sim 1\,600$ 倍。由爆轰产物的极限体积即可求得爆轰产物的极限作用距离。设装药为球形，则有

$$V_1/V_0 = (r_1/r_0)^3 \tag{7-63}$$

式中　　r_1 ——爆轰产物的极限作用距离；

r_0 ——球形装药的半径。

根据实验测定，一般炸药爆轰产物体积，在标准状态时为 $700 \sim 1\,000$ L/kg。若一球形装药的 ρ_0 为 1.6 g/cm³、质量为 1 kg，利用式（7-63）可以进行以下计算。

当 $V_1 = 700$ L/kg 时，

$$r_1 = 10.4 r_0$$

当 $V_1 = 1\,000$ L/kg 时，

$$r_1 = 11.7 r_0$$

因此，可以认为，一般炸药球形装药时爆轰产物的直接作用范围为 $(10 \sim 12)\,r_0$，而柱

形装药爆炸时，直接作用范围约为 $30r_0$。由此可见，爆轰产物飞散的距离不大，它对目标的直接作用距离是很近的。

然而需要指出，爆轰产物膨胀到 p_0 时，并没有停止运动，由于惯性效应，它将继续运动并过渡膨胀到最大体积，比极限体积大 $30\%\sim40\%$，这时爆轰产物的平均压力低于未扰动空气的压力 p_0，以致周围空气反过来压缩爆轰产物，使其压力不断回升。同样，由于惯性运动，产生爆轰产物和空气间的二次以及多次的膨胀和压缩的脉动过程。但是，实验表明，对爆破作用有实际意义的只有第一次脉动过程。

一般认为，爆炸产物停止膨胀往回运动时，空气冲击波与爆轰产物脱离，并独自向前传播。两者脱离的距离就球形装药来说可近似地认为在 $12r_0$ 处，此时空气冲击波波阵面的压力为 $1\sim2$ MPa，波的传播速度为 $1\,000\sim1\,400$ m/s，波阵面后的质点速度为 $800\sim1\,200$ m/s。如果在离爆炸点不同距离处放置压力传感器进行压力测定，可以得到冲击波波阵面后压力分布示意图，如图 7.35 所示。不同瞬间冲击波超压-距离曲线如图 7.36 所示。

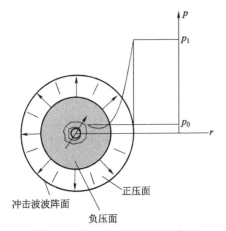

图 7.35　空气冲击波传爆示意图

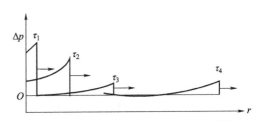

图 7.36　不同瞬间冲击波超压-距离曲线

7.6.2　炸药在空气中爆炸时冲击波参数的计算

炸药在空气中爆炸时，对目标的破坏作用与离爆炸中心的距离有关。当离爆炸中心的距离 $r\leqslant(10\sim15)\,r_0$ 时，目标直接受到爆炸产物和冲击波的作用；当 $r>(10\sim15)\,r_0$ 时，空气冲击波已与爆炸产物分离开，目标只受到冲击波的作用。空气冲击波的破坏和杀伤作用，离爆炸中心越近越强烈，但是作用面积较小；反之作用减弱，但作用面积增大。冲击波对目标的毁伤作用和程度，一方面取决于冲击波在目标处产生的超压-时间作用关系；另一方面取决于物体本身的抗爆能力。表 7.22 所示为空气冲击波超压、比冲量与建筑物破坏程度的关系。

表 7.22　空气冲击波超压、比冲量与建筑物破坏程度的关系

超压Δp/kPa	比冲量 i/$(\times10^3\,\mathrm{Pa\cdot s})$	建筑物的破坏程度
$0.1\sim5.0$	$0.010\sim0.015$	门窗玻璃安全无损
$8\sim10$	$0.016\sim0.020$	门窗玻璃有局部损坏
$15\sim20$	$0.05\sim0.10$	门窗玻璃全部被破坏

超压Δp/kPa	比冲量 $i/$（$\times 10^3$ Pa·s）	建筑物的破坏程度
25～40	0.10～0.30	门窗、窗框、隔板被破坏，不坚固干砌砖墙、铁皮烟囱被摧毁
45～70	0.30～0.60	轻型结构被严重破坏，电线铁塔倒塌，大树连根拔起
75～100	0.50～1.00	砖瓦结构房屋全部被破坏，钢结构建筑物被严重破坏，行进中的汽车被破坏，大船沉没

为了评估冲击波对目标的破坏作用和研究设防安全距离，必须对爆炸的冲击波参数进行计算。

7.6.2.1 爆炸相似律

从炸药在空气中爆炸的现象可以看出，一方面炸药爆炸形成的初始冲击波在向外传播过程中随距离的增加而不断衰减；另一方面冲击波所到之处，随时间的进展，压力也在不断衰减，以致发生振荡。这个过程仅用数的方法进行处理是非常复杂的，通常采用相似理论进行分析，无论在理论研究还是实验技术方面都广泛使用这种相似理论和量纲分析方法，这为冲击波参数的计算提供一个既合理又简便的方法。

炸药在空气中爆炸时，影响空气冲击波波阵面超压的因素主要有：炸药的能量 E_0，空气初始状态的压力 p_a 和密度 ρ_a，空气冲击波传播的距离（即距爆心的距离）r 和时间 t。

空气冲击波的超压可写为

$$\Delta p = f(E_0, p_a, \rho_a, r, t) \tag{7-64}$$

按照 π 定理，选取 3 个彼此独立的物理量 E_0、p_a、ρ_a 的单位作为基本单位，上述物理量之间的函数关系可以化为

$$(n+1) - k = (5+1) - 3 = 3$$

式中　n——物理量的个数；

　　　k——量纲独立的物理量个数。

量纲为 1 的量之间的函数关系为

$$\pi = \psi(\pi_1, \pi_2) \tag{7-65}$$

对于 π_1，有

$$\pi_1 = \frac{r}{E_0^\alpha p_a^\beta \rho_a^\gamma} \tag{7-66}$$

式中　α, β, γ——待定指数。

设长度的量纲是 L，质量的量纲是 M，时间的量纲是 T，则 E_a、r、p_a 与 ρ_a 的量纲分别为

$$[E_a] = ML^2T^{-2}$$

$$[r] = L$$

$$[p_a] = ML^{-1}T^{-2}$$

$$[\rho_a] = M \cdot L^{-3} \tag{7-67}$$

式（7-66）分子分母的量纲相同时：

$$L = (ML^2T)^\alpha (ML^{-1}T^{-2})^\beta (M \cdot L^{-3})^\gamma$$
$$= L^{2\alpha-\beta-3\gamma} M^{\alpha+\beta+\gamma} T^{-2\alpha-2\beta} \tag{7-68}$$

比较等式两边量纲 L、M、T 的指数，得

$$\alpha = 1/3, \quad \beta = -1/3, \quad \gamma = 0$$

故

$$\pi = \frac{r}{(E_0)^{1/3}(p_a)^{-1/3}}$$

同理

$$\pi = \frac{\Delta p}{p_a}$$

$$\pi_2 = \frac{t}{(E_0)^{1/3}(p_a)^{-5/6}(\rho_a)^{1/2}}$$

因此，量纲为 1 的量的函数关系式（7-65）可明确表示为

$$\frac{\Delta p}{p_a} = \psi\left(\frac{r}{(E_0)^{1/3}(p_a)^{-1/3}}, \frac{t}{(E_0)^{1/3}(p_a)^{-5/6}(\rho_a)^{1/2}}\right) \tag{7-69}$$

由于空气的初始状态是一定的，p_a、ρ_a 可理解为定值；若将 t 理解为正压区作用时间，对于冲击波峰值超压，t 可认为等于零，因此函数关系中的第二项可不予考虑。实验表明，超压 Δp 随着炸药能量 E_0 的增加而增大，随着距爆心距离的增加而减小。因此，式（7-69）可以改写为

$$\Delta p = \psi\left(\frac{E_0^{1/3}}{r}\right) \tag{7-70}$$

为了使用方便，用炸药的质量 m 乘以爆热 Q_V 代替炸药的能量 E_0，且以梯恩梯炸药为基准，采用梯恩梯炸药的爆热 $Q_{V,\text{TNT}} = 4.184$ MJ/kg，则爆炸相似律公式可以整理为

$$\Delta p = f\left(\frac{m_T^{1/3}}{r}\right) \tag{7-71}$$

式中　m_T——以梯恩梯为基准的炸药质量，即梯恩梯当量。

式（7-71）表明，空气冲击波峰值超压 Δp 是 $m_T^{1/3}$ 的函数，不论 m_T 和 r 为何值，只要 $m_T^{1/3}$ 与 r 的比值相等，超压就相等。

7.6.2.2　空气冲击波峰值超压计算

爆炸相似律式（7-71）只是表明 Δp 是 $\left(\dfrac{m_T^{1/3}}{r}\right)$ 组合参数的函数，而函数的具体表示必须通过大量实验，经数据处理后才能确定。从大量实验结果中可确定梯恩梯球状装药在无限空气介质中爆炸时，式（7-71）表示的具体的空气冲击波峰值超压计算式为

$$\Delta p = 0.084 \frac{\sqrt[3]{m_T}}{r} + 0.27 \left(\frac{\sqrt[3]{m_T}}{r} \right)^2 + 0.7 \left(\frac{\sqrt[3]{m_T}}{r} \right)^3$$

或

$$\Delta p = \frac{0.084}{\overline{r}} + \frac{0.27}{\overline{r}^2} + \frac{0.7}{\overline{r}^3} \tag{7-72}$$

式中 Δp——冲击波峰值超压，MPa；

m_T——梯恩梯炸药的质量，kg；

r ——距爆心的距离，m；

$\overline{r}$ ——对比距离，m/kg$^{1/3}$，定义 $\overline{r} = \dfrac{r}{\sqrt[3]{m_T}}$。

无限空中爆炸表示爆炸不受周围界面的影响，一般认为，无限空中爆炸时，装药爆点距地面高度为 h 时，应满足

$$\frac{h}{\sqrt[3]{m_T}} \geqslant 0.35$$

对于梯恩梯以外的炸药，需要按爆热换算成梯恩梯当量，取梯恩梯炸药的爆热为 4.184×10^6 J/kg，则

$$m_T = m \cdot \frac{Q_V}{4.184 \times 10^6} \tag{7-73}$$

式中 m ——使用炸药的质量，kg；

Q_V——使用炸药的爆热，J/kg。

如果炸药在地面爆炸，由于地面的阻挡，空气冲击波不是向整个空间传播，而只是向一半无限空间传播，这样爆炸放出的能量随距离的衰减要慢许多。

若装药安放在钢板、混凝土、岩石一类刚性地面上，则可看作是两倍的药量在无限空间爆炸，这时将 $m_T = 2m$ 代入式（7-72）进行计算。刚性地面上爆炸的冲击波超压公式为

$$\Delta p = \frac{0.106}{\overline{r}} + \frac{0.43}{\overline{r}^2} + \frac{1.4}{\overline{r}^3} \tag{7-74}$$

若是沙、黏土一类普通地面，在爆炸作用下地面会发生明显的变形、破坏，甚至抛掷形成炸坑。对这种情况不能按刚性地面全反射考虑，即反射系数小于 2，一般可取 $m_T = （1.7 \sim 1.8）m$。对普通地面可取 $m_T = 1.8m$，则得

$$\Delta p_c = \frac{0.102}{\overline{r}} + \frac{0.399}{\overline{r}^2} + \frac{1.26}{\overline{r}^3} \quad （1 \leqslant \overline{r} \leqslant 15） \tag{7-75}$$

按式（7-72）、式（7-74）、式（7-75）进行计算的曲线如图 7.37 所示。由图可见，随着对比距离的增大，冲击波超压单调下降，在小对比距离内，超压下降剧烈；在大对比距离范围，超压下降趋于缓慢。

[**例1**] 5 kg 梯恩梯/黑索今（50/50）球状装药在地表面 1.5 m 高度上爆炸，分别计算距爆心 3.5 m 和 10 m 处空气冲击波的峰值超压。已知该炸药的爆热为 4.82×10^6 J/kg。

根据式（7–74）

$$m_{\mathrm{T}} = m \cdot \frac{Q_V}{4.184 \times 10^6} = 5 \times \frac{4.812 \times 10^6}{4.184 \times 10^6} = 5.75$$

判断：$\dfrac{h}{\sqrt[3]{m_{\mathrm{T}}}} = \dfrac{1.5}{\sqrt[3]{5.75}} = \dfrac{1.5}{1.792} = 0.873 > 0.35$，可以

按无限空中爆炸计算冲击波超压。

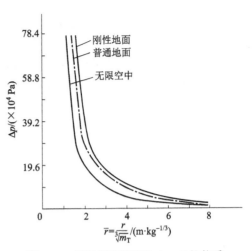

图7.37　梯恩梯装药爆炸 $\Delta p - \bar{r}$ 的关系

3.5 m 处：

$$\bar{r} = \frac{3.5}{1.792} = 1.95$$

距爆心适用式（7–73）条件，所以

$$\Delta p = \frac{0.084}{\bar{r}} + \frac{0.27}{\bar{r}^2} + \frac{0.7}{\bar{r}^3} = 0.208 \quad （\text{MPa}）$$

10 m 处：

$$\bar{r} = \frac{10}{1.792} = 5.58$$

同样适用式（7–73）条件，所以 $\Delta p = 0.0278$ MPa。

7.6.2.3　冲击波正压区作用时间计算

对于冲击波正压区作用时间 t^+，也可以运用相似理论进行处理，得到如下形式：

$$\frac{t^+}{\sqrt[3]{m_{\mathrm{T}}}} = f\left(\frac{r}{\sqrt[3]{m_{\mathrm{T}}}}\right) \tag{7-76}$$

根据实验数据处理，梯恩梯炸药在无限空中爆炸时有

$$\frac{t^+}{\sqrt[3]{m_{\mathrm{T}}}} = 1.35 \times 10^{-3} \left(\frac{r}{\sqrt[3]{m_{\mathrm{T}}}}\right)^{1/2}$$

即

$$t^+ = 1.35 \times 10^{-3} \sqrt{r} \sqrt[6]{m_{\mathrm{T}}} \tag{7-77}$$

如果炸药在刚性地面或普通地面上爆炸，则冲击波正压区作用时间分别为

$$t_{\mathrm{r}}^+ = 1.52 \times 10^{-3} \sqrt{r} \sqrt[6]{m_{\mathrm{T}}} \tag{7-78}$$

$$t_{\mathrm{c}}^+ = 1.49 \times 10^{-3} \sqrt{r} \sqrt[6]{m_{\mathrm{T}}} \tag{7-79}$$

上述三式中所采用的单位是：正压区作用时间 t^+ 为 s，距离 r 为 m，梯恩梯炸药质量 m_{T} 为 kg。

7.6.2.4 冲击波比冲量的计算

冲击波比冲量 i 应由冲击波波阵面超压 $\Delta p(t)$ 与正压区作用时间确定，但计算比较复杂，一般也由相似理论通过实验而求得经验公式：

$$i = A\frac{m_T^{2/3}}{r} \tag{7-80}$$

式中　i——比冲量，Pa·s；

　　　r——距爆心距离，m；

　　　A——系数，梯恩梯炸药在无限空中爆炸时，$A=200\sim250$；

　　　m_T——梯恩梯炸药的质量或当量，kg。

在无限空中、刚性地面和普通土壤地面条件下，炸药爆炸的比冲量公式可以分别用以下三式表示：

$$i = 220\frac{m_T^{2/3}}{r} \tag{7-81}$$

$$i = 350\frac{m_T^{2/3}}{r} \tag{7-82}$$

$$i = 326\frac{m_T^{2/3}}{r} \tag{7-83}$$

[例2] 10 kg 梯恩梯炸药在普通地面上爆炸，计算距爆心 5 m 处空气冲击波的正压作用时间和冲量。

按照式（7-79），计算正压区作用时间

$$t_c^+ = 1.49 \times 10^{-3} \sqrt{r} \sqrt[6]{m_T} = 1.49 \times 10^{-3} \sqrt{5} \times \sqrt[6]{10} = 4.89 \times 10^{-3} \text{ （s）}$$

按照式（7-83），计算冲击波作用比冲量

$$i = 326\frac{m_T^{2/3}}{r} = \frac{10^{2/3}}{5}302.6 \text{ （Pa·s）}$$

7.6.3 空气冲击波的正反射

冲击波在传播中遇到障碍物时会发生反射。当冲击波传播方向垂直于障碍物表面时，发生的反射称为正反射。平面稳定冲击波从不变形平面障碍物上的反射，以及空中爆炸时在爆心的地面投影处所发生的反射都属于这种情况。

如图 7.38 所示，设入射冲击波速度 $v_{D,1}$，波前未扰动空气状态为 p_0、ρ_0、u_0，其中 $u_0=0$，波前空气状态为 p_1、ρ_1、u_1，入射波抵达障碍物后，反射冲击波传播速度为 $v_{D,2}$，波后参数为 p_2、ρ_2、u_2，反射瞬间，由于气流受阻止，u_2 为 0。

由冲击波关系得

$$u_1 - u_0 = \sqrt{(p_1 - p_0)\left(\frac{1}{\rho_1} - \frac{1}{\rho_0}\right)} \tag{7-84}$$

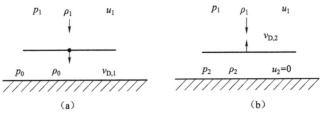

图 7.38　冲击波遇到刚性障碍物的正反射

$$u_2 - u_1 = \sqrt{(p_2 - p_1)\left(\frac{1}{\rho_1} - \frac{1}{\rho_2}\right)} \qquad （7-85）$$

因为 $u_0 = u_2 = 0$，由式（7-84）和式（7-85）可得

$$(p_1 - p_0)\left(\frac{1}{\rho_0} - \frac{1}{\rho_1}\right) = (p_2 - p_1)\left(\frac{1}{\rho_1} - \frac{1}{\rho_2}\right) \qquad （7-86）$$

将 $\Delta p_1 = p_1 - p_0$，$\Delta p_2 = p_2 - p_0$ 代入式（7-86），得

$$\frac{\Delta p_1}{\rho_1}\left(\frac{\rho_1}{\rho_0} - 1\right) = \frac{\Delta p_2}{\rho_1}\left(1 - \frac{\rho_1}{\rho_2}\right)$$

代入下面冲击波前后压力与密度的关系

$$\frac{\rho_1}{\rho_0} = \frac{(\gamma+1)p_1 + (\gamma-1)p_0}{(\gamma-1)p_1 + (\gamma+1)p_0}$$

$$\frac{\rho_2}{\rho_1} = \frac{(\gamma+1)p_2 + (\gamma-1)p_1}{(\gamma-1)p_2 + (\gamma+1)p_1}$$

可以得到

$$\Delta p_1 \frac{2(p_1 - p_0)}{(\gamma-1)p_1 + (\gamma+1)p_0} = (\Delta p_2 - \Delta p_1)\frac{2(p_2 - p_1)}{(\gamma+1)p_2 + (\gamma-1)p_1}$$

或者

$$\frac{(\Delta p_1)^2}{(\gamma-1)\Delta p_1 + 2\gamma p_0} = \frac{\Delta p_2 - \Delta p_1}{(\gamma+1)\Delta p_2 + (\gamma-1)\Delta p_1 + 2\gamma p_0}$$

则反射冲击波超压为

$$\Delta p_2 = 2\Delta p_1 + \frac{(\gamma+1)\Delta p_1^2}{(\gamma-1)\Delta p_1 + 2\gamma p_0} \qquad （7-87）$$

当 $\gamma = 1.25$ 时，得到

$$\Delta p_2 = 2\Delta p_1 + \frac{9\Delta p_1^2}{\Delta p_1 + 10\gamma p_0} \qquad （7-88）$$

当 $\gamma = 1.40$ 时，得到

$$\Delta p_2 = 2\Delta p_1 + \frac{6\Delta p_1^2}{\Delta p_1 + 7p_0} \qquad （7-89）$$

式（7-88）和式（7-89）表明，当知道入射冲击波的超压后，即可以计算出正反射冲击

波的峰值超压。

对于强冲击波，即 $\Delta p_1 \gg p_0$ 时，$\Delta p_2 \approx (8 \sim 11)\,\Delta p_1$；

对于弱冲击波，即 $\Delta p_1 \ll p_0$ 时，$\Delta p_2 \approx 2\Delta p_1$。

[**例3**] 100 kg 梯恩梯炸药在 10 m 高度处爆炸，计算正下方处的反射波后超压。

按式（7–72）计算 Δp_1：

$$\bar{r} = \frac{10}{\sqrt[3]{100}} = 2.154$$

$$\Delta p_1 = \frac{0.084}{\bar{r}} + \frac{0.27}{\bar{r}^2} + \frac{0.7}{\bar{r}^3} = 0.168 \ （\text{MPa}）$$

再按式（7–89）计算 Δp_2：

$$\Delta p_2 = 2\Delta p_1 + \frac{6\Delta p_1^2}{\Delta p_1 + 7p_0}$$

$$= 2 \times 0.168 + 6 \times (0.168)^2 / (0.168 + 7 \times 0.1) = 0.531 （\text{MPa}）$$

7.6.4　冲击波安全距离

冲击波安全距离是指根据国家规定的建筑物安全等级标准确定的防止冲击波破坏的最小距离，通常简称为设防安全距离。

设防安全距离是针对一定的安全等级而言的，并不是安全距离内一定就都安全，只是要求把建筑物的破坏程度控制在允许的安全等级范围之内，合理地防止冲击波的破坏作用。研究设防安全距离，对于火炸药、弹药和民用爆破器材的生产、储存、加工、试验、运输和销毁过程中的安全是十分重要的。

7.6.4.1　目标物破坏等级

按照国家规定，建筑物破坏等级分为六级，如表 7.23 所示。爆炸冲击波对军事目标的破坏如表 7.24 所示。

表 7.23　建筑物破坏等级

破坏等级	名称	破坏状况	冲击波超压值/MPa
一	基本无破坏	窗上玻璃偶尔有裂纹和被震落	＜0.002
二	玻璃破坏	玻璃部分或完全被破坏	0.002～0.012
三	轻度破坏	玻璃被破坏，门窗部分被破坏，砖墙有小裂纹和稍有倾斜，屋顶局部掀起	0.012～0.035
四	中度破坏	门窗大部分被破坏，砖墙有严重裂缝和倾斜，钢筋混凝土屋顶裂缝，瓦屋顶面大都掀起	0.035～0.057
五	严重破坏	门窗被摧毁，砖墙严重开裂和倾斜，甚至部分倒塌，钢筋混凝土屋顶严重开裂，瓦屋顶塌下	0.057～0.076
六	房屋倒塌	砖墙倒塌，钢筋混凝土屋顶塌下	＞0.076

表 7.24　爆炸冲击波对军事目标的破坏

目　标		$\Delta p/\text{MPa}$	目　标	$\Delta p/\text{MPa}$
钢筋混凝土墙的 破坏野战工事		0.300	各种飞机	>0.100
		0.400	火炮失效	$>0.150\sim0.200$
人员目标	中等伤害	$0.029\sim0.049$	雷达、电子设备失效	>0.050
	严重伤害	$0.049\sim0.098$	装甲车、火炮被破坏	$0.300\sim0.035$
	致死	>0.098	坦克被破坏	$0.400\sim0.500$

7.6.4.2　设防安全距离

研究设防安全距离主要考虑冲击波的破坏作用。研究表明，冲击波正压区作用时间小于 1/4 建筑物自振周期时，它们的破坏作用主要靠冲量，而冲击波正压区作用时间大于 10 倍建筑物自振周期时，它们的破坏作用主要靠峰值超压。研究还表明，在大部分情况下，冲击波正压区作用时间和建筑物自振周期的关系不满足上述极端条件，而在两个条件之间。因此，一般情况下设防安全距离的确定，既不能单纯依据峰值超压，也不能单纯依据冲量，而要看两者的综合作用，依靠建筑物实际破坏程度确定。

按照爆炸相似律，峰值超压与炸药量 m 的 1/3 次幂成正比；冲量与炸药量 m 的 2/3 次幂成正比。因此，设防安全距离与爆炸药量的幂次关系一般在 1/3～2/3 次幂之间。通常可以写成

$$R = Km_{\text{T}}^{\alpha} \tag{7-90}$$

式中　R——某种建筑物破坏等级下的安全距离，m；

$\quad\quad m_{\text{T}}$——在 R 距离上达到此破坏所对应的梯恩梯当量，kg；

$\quad\quad K,\ \alpha$——待定系数和指数。

待定系数和指数可以通过实验数据处理确定。通过大量实验和事故资料分析，并且进行必要的调整修正，得到各个破坏等级所对应的设防安全距离公式。为了使用方便，实际采用的公式列于表 7.25 中。这些公式以第五级的严重破坏为基准，按照国家安全规范的规定进行重新调整后确定。

表 7.25　现行的设防安全距离公式

破坏等级	公　式
三级轻度破坏	$R_3 = 2.0R_5$
四级中度破坏	$R_4 = 1.5R_5$
五级严重破坏	$R_5 = \begin{cases} 1.2m_{\text{T}}^{1/2}\ (m_{\text{T}} \leqslant 6\,400\ \text{kg}) \\ 2.5m_{\text{T}}^{1/2.4}\ (m_{\text{T}} > 6\,400\ \text{kg}) \end{cases}$
六级房屋倒塌	$R_6 = 0.75R_5$

以上公式适用于爆点周围设有土围墙，土围墙高度大于建筑物房檐高度 1 m，顶宽 1 m，底宽为高度 1.5 倍的条件。需要说明，上述设防安全距离不能用于职工住宅区，住宅区的安全条件是不允许建筑物有较大破坏的，也不允许对人员有任何损伤，只允许在不幸事故发生时住宅窗户的玻璃偶有损坏现象。在该安全等级标准下，住宅区安全距离公式为

$$R = 25m_T^{1/2.8} \tag{7-91}$$

[例4] 欲建设一个最大存放 5 000 kg 黑索今炸药量的库房，库房周围按规范设土围墙，试求三级轻度破坏和职工住宅的设防安全距离。

取黑索今炸药的 $Q_V = 5.44 \times 10^6$ J/kg，则黑索今炸药的梯恩梯当量为

$$m_T = 5\,000 \times \frac{5.44 \times 10^6}{4.184 \times 10^6} = 6\,501 \;(\text{kg})$$

$$R = 2.5m_T^{1/2.4} = 2.5 \times 6\,501^{1/2.4} = 96.8 \;(\text{m})$$

$$R_3 = 2.0R_5 = 193.6 \;(\text{m})$$

按式（7-91）计算住宅区设防安全距离为

$$R = 25m_T^{1/2.8} = 25 \times 6\,501^{1/2.8} = 575 \;(\text{m})$$

防爆土堤对于防护冲击波破坏有一定的效果。理论分析和实验结果表明，防爆土堤对冲击波的防护作用，在爆点单方设置时，其设防安全距离比防爆土堤时可减少 15%左右；而爆点和被防护建筑双方均设置防爆土堤时，其设防安全距离可减少 25%。防爆土堤除能够有效地降低冲击波超压之外，还能够有效地阻挡固体飞散物，一般在危险生产区和危险品库房周围均应设置防爆土堤。

7.6.4.3 危险建筑物设防安全距离

爆炸危险品生产工房和库房根据危险程度，按国家规定划分为 1.1（含 1.1*）、1.2、1.3、1.4 级，其 1.3 级为发射药、烟火剂生产工房专设。无雷管感度列为 1.1*级，有雷管感度为 1.1级。各个等级建筑物之间以及其与外部住宅、村庄、城镇等建筑物之间的距离，按照设防安全标准及有关因素进行了具体规定，规定条文见 GB 50089—2007《民用爆破器材工程设计安全规范》。

1. 危险品生产区内最小允许距离

危险品生产区内各建筑物之间的最小允许距离，应分别根据建筑物的危险等级及计算药量所计算的距离和本节有关条款所规定的距离，取其最大值确定。

最小允许距离应自危险性建筑物的外墙轴线算起。

危险品生产区，1.1 级建筑物应设置防护屏障，1.1 级建筑物与其邻近建筑物的最小允许距离，应符合下列规定：1.1 级建筑物与其邻近生产性建筑物的最小允许距离，应根据设置防护屏障的情况不小于表 7.26 的规定，且不应小于 30 m；当相邻生产性建筑物采用轻钢钢架结构时，其最小允许距离应按表 7.26 的规定数值再增加 50%，且不应小于 30 m。

表 7.26 1.1 级建筑物距其他建（构）筑物的最小允许距离

建筑物危险等级	两个建筑物均无防护屏障	两个建筑物中仅有一方有防护屏障	两个建筑物均有防护屏障
1.1	$1.8R_{1.1}$	$1.0R_{1.1}$	$0.64R_{1.1}$

注：① $R_{1.1}$ 是指单方有防护屏障，不同计算药量的 1.1 级建筑物与相邻无防护屏障的建筑物所需的最小允许距离值。

② 表中指标按梯恩梯当量等于 1 时确定；当 1.1 级建筑物内危险品梯恩梯当量大于 1 时，应按本表所计算的距离再 20%；当 1.1 级建筑物内危险品梯恩梯当量小于 1 时，应按本表所计算距离再减少 10%。

③ 当厂房的防护屏障高出爆炸物顶面 1 m，低于屋檐高度时，在计算该厂房与邻近建筑物的距离时，该厂房应按有防护屏障计算；在计算邻近建筑物与该厂房的距离时，该厂房应按无防护屏障计算。

④ 嵌入 1.1 级建筑物防护屏障外侧的非危险性建筑物，与其邻近各危险性建筑物的距离，应分别按其邻近各危险性建筑物的要求确定。

⑤ 1.1 级建筑物采用抑爆间室等特殊结构建筑物时，与其邻近建筑物的最小允许距离可由抗爆计算确定。

⑥ 无雷管感度炸药生产、硝铵膨化工序等 1.1*级建筑物不设置防护屏障时，与其邻近建筑物的最小允许距离为 50 m。梯恩梯药柱（压制）、继爆管、导爆索生产等 1.1*级建筑物不设置防护屏障时，与其邻近建筑物的最小允许距离为 35 m。

2. 1.1 级建筑物的外部距离

危险品生产工房和库房与危险区外部其他建筑物的距离，称为外部距离。

按设防标准规定，1.1 级建筑物距本厂职工住宅区边缘的距离，按二级玻璃破坏计算，即

$$R = 25m_T^{1/2.8} \tag{7-92}$$

1.1 级建筑物距危险生产区以外其他建筑物的距离，可以根据设防标准，分别以上述三式计算的相应数据作为 R，再乘以表 7.27 中的比例系数确定。具体计算时可以取成规整的数字，同时满足 1.1 级建筑物的外部距离不应小于 200 m。

3. 1.1 级总库房的内部距离

按设防标准规定，在总库房区内 1.1 级总库房距其他总库房的设防标准是不殉燃、不殉爆。表 7.28 中规定了相邻库房都有土围墙时的内部距离；当相邻总库房无土围墙时，表中数据应增加一倍。

4. 1.1 级总库房的外部距离

1.1 级总库房的设防标准与危险区中 1.1 级工房相比取破坏级的上界，即在同样存药量条件下，1.1 级总库房的外部距离取 1.1 级工房外部距离的 0.85 倍，但最小值不能低于 200 m。

表 7.27 1.1 级建筑物的外部距离（m）

	相邻建筑物	外部距离
厂内	本厂住宅区边缘	R
	本厂独立的机加区、总库区、靶场区建筑物	$0.6R$
厂外	国家铁路	$0.7R$
	县以上公路	$0.5R$
	110 kV 高压输电线	$0.5R$

续表

相邻建筑物		外部距离
厂外	35 kV 高压输电线	0.3R
	零星住户边缘	0.6R
	村庄边缘、铁路车站边缘	R
	小于 10 万人口的城镇边缘	1.5R
	大于 10 万人口的城镇边缘	3.0R

表 7.28 有土围墙的 1.1 级库房间内部距离（m）

存药种类		存药量/t						
		>150 ≤200	>100 ≤150	>50 ≤100	>30 ≤50	>20 ≤30	>10 ≤20	≤10
A₁	黑索今、特屈儿类炸药及无金属壳制品			100	80	70	60	50
	太安炸药及无金属壳制品				100	90	80	70
A₂	梯恩梯类炸药及无金属壳制品，大于 30 mm 口径的各种弹药及爆破筒		100	90	70	60	50	40
	传爆药			100	80	70	60	50
	枪弹底火，起爆、发火器材					90	80	70
A₃	硝铵炸药、烟火药等	100	90	80	70	60	50	40
	黑火药及其制品、手榴弹		100	90	70	60	50	40

注：表中的内、外部距离适用于平坦地形，遇有利地形适当减小，遇不利地形宜适当增加。

[例 5] 设计一个最大存药量为 20 t 的硝铵炸药工房，试确定这个工房与危险区内建筑物和职工住宅区间应满足的最小允许距离。

硝铵炸药属于 1.1 级，按规定工房周围应修土围墙。

$$R=2.5m^{1/2.4}=2.5\times20\ 000^{1/2.4}=155（m）$$

工房与职工住宅区间的外部距离：

$$R=25m^{1/2.8}=25\times20\ 000^{1/2.8}=860（m）$$

[例 6] 修建一个存放 25 000 kg 梯恩梯炸药的库房，试确定这个库房与库区内其他库房和库区外职工住宅区之间的距离，以及按设防标准要求所应满足的最小允许距离。

按表 7.27，梯恩梯库存药 25 000 kg 时的内部距离为

$$R=60\ m$$

按表 7.27，1.1 级 25 000 kg 库存药距本厂职工住宅的最小允许距离为

$$R=25m_T^{1/2.8}=930\ m$$

7.7 炸药在密实介质中的爆炸

炸药在密实介质中的爆炸主要指装药在水中和土中的爆炸。

7.7.1 炸药在水中爆炸的基本现象

当装药在水介质中发生爆炸时，在装药本身体积内形成高温高压的爆轰产物，其压力远大于周围介质的静压力，产生水中冲击波和气泡脉冲。

水中爆炸和空气中的爆炸是有区别的，由于水的特殊性质，即它的可压缩性小、密度较大，在一般压力下，几乎可认为是不可压缩的，如压力在 100 MPa 时，水的密度变化为 $\dfrac{\Delta \rho}{\rho} \approx 0.05$。因此，在通常情况下，对于水中冲击波的传播和反射可近似地看作符合声学中的规律。但是，在爆轰产物的高压作用下，水的压缩性便不可忽略，且形成了水中冲击波。由于水的密度比空气大很多，这样水的阻力也较大，因此爆轰产物在水中的膨胀比在空气中要缓慢得多。

1. 水中冲击波

设装药是在无限、均匀和静止的水中发生爆炸，爆轰产物高速向外膨胀，在水中形成冲击波。此外，在爆轰产物与水的界面处还产生反射膨胀波，并以相反的方向往爆轰产物中心运动。水中冲击波的初始压力比空气中的大很多，如空气冲击波的初始压力为（80～130）MPa。而水中冲击波的初始压力超过 104 MPa，随着水中冲击波的传播，其波阵面的压力和速度下降很快，且波形不断拉宽，如图 7.39 所示。

在离爆炸中心较近距离处，波阵面压力下降较快；而在离爆炸中心较远距离处，波阵面压力下降较缓慢。此外，水中冲击波正压区作用时间也逐渐增加。

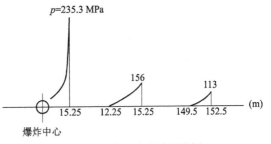

图 7.39　水中冲击波的传播

冲击波离开后，爆轰产物在水中以气泡的形式继续膨胀，推动周围的水沿径向向外流动。气泡内的压力随着膨胀不断下降，当降低到周围的静压力时，并不立即停止，在水流的惯性运动下，气泡还作"过度"的膨胀，一直达到最大半径。此时，气泡内的压力低于周围介质的平衡压力（即大气压力与水的静压力之和），周围的水便开始反向运动，即向中心聚合，同时压缩气泡，使气泡不断收缩，其压力逐渐增大。受聚合水流惯性运动的结果，气泡被"过度"压缩，其内部的压力又高于周围的平衡压力，直到气体的压力高到能阻止气泡的压缩而达到新的平衡，这样，气泡脉动的第一次循环结束。但是，由于气泡内的压力比周围介质的静压力大，于是又产生了第二次膨胀和压缩的脉动过程。由于水的密度大、惯性大，这种气泡脉动的次数比在空气中爆炸时多，高的可达 10 次以上。例如，250 g 特屈儿在海水中 91.5 m 处爆炸时气泡半径与时间的关系如图 7.40 所示。爆炸后，开始时气泡膨胀速度很大，经过 14 μs 后速度下降为零，然后气泡很快被压缩，到 28 μs 后达到最大的压缩，于是便开始第二次膨胀和压缩的脉动过程，以此类推。

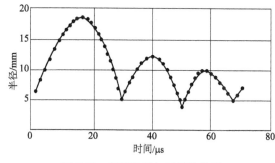

图 7.40 气泡半径与时间的关系

应该指出的是，在脉动过程中，气泡的膨胀和压缩并不是在原地不动的，由于气体产物的浮力作用，气泡会逐渐上升。气泡膨胀时，上升缓慢，几乎原地不动，而当气泡受压缩时，则上升较快。一般情况下，爆轰产物所形成的气泡均接近于球形。若装药自身是非球形的，且长与宽之比在 $1\sim6$ 内，则离装药 $25r_0$（r_0 为装药半径）距离处的气泡便接近球形。气泡脉动时，水中将形成膨胀波和压缩波。膨胀波的产生对应于每次气泡最大半径的情况，而压缩波的产生则对应于每次气泡最小半径的情况。通常，气泡第一脉动时所形成的压缩波（又称二次压缩波）才具有实际意义。多次研究已经表明，二次压缩波的最小压力不超过冲击波压力的 $10\%\sim20\%$，但是它的作用时间远远超过冲击波的作用时间，它的作用冲量可以与冲击波相比拟，因而它的破坏作用不容忽视。至于以后几次气泡脉动的影响，可以不予考虑。

装药总是在有自由表面的水介质中爆炸，由于自由表面的存在，水中的冲击波将首先达到水面。冲击波在自由面发生反射，其反射波为膨胀波，在膨胀波的作用下，表面处的水质点向上飞溅而形成一个特有的飞溅水冢。在此之后，爆轰产物形成的气泡才到达水面，又在水面出现爆炸飞溅水柱。气泡在开始收缩前到达水面时，由于气泡的上浮速度小，气泡几乎只作径向飞散，因此水柱按径向喷射出现在水面上；气泡在最大压缩的瞬间到达水面时，气泡上升的速度很快，这时气泡上方所有的水几乎都垂直向上喷射，从而形成一个高而窄的喷泉或水柱。喷泉或水柱的高度和气泡上升的速度取决于装药在水中的深度。膨胀波从自由表面反射的特性可以用来加强水中爆炸的破坏作用，若水下建筑物的背面有自由表面，放置空罐头盒等可加强爆炸的破坏作用。

应该说明的是，若装药是在足够深的水中爆炸，气泡在到达自由表面以前就被分散和溶解了，因而水面上没有喷泉出现；若装药在很深的水中爆炸，则在自由表面处看不到有关水中爆炸的任何现象。

在有水底存在时，装药如同在地面爆炸一样，地使水中冲击波的压力增高。若水底是绝对钢体，则相当于 2 倍装药量的爆炸作用；若水底是砂质黏土，则由于它要吸收一部分能量，冲击波的压力将增加约 10%，冲量将增加约 23%。

2. 水中冲击波的初始参数

如同在空气中爆炸一样，装药在水中爆炸时也形成初始冲击波，并向爆轰产物内反射膨胀波，如图 7.41 所示。

水中冲击波的初始参数取决于炸药和水的性质。由于水的可压缩性较小，冲击波的初始压力很大，通常大于 $10^4\ \mathrm{MPa}$，因此可以假设爆轰产物是按 $pV^\gamma=$ 常数的规律进行膨胀。假设是一维运动，则界面处爆轰产物的质点速度如下：

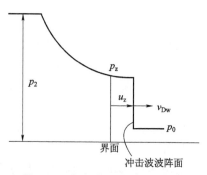

图 7.41 水中冲击波的初始参数

$$p_2 \gamma - 1/2\gamma u_z = \frac{v_D}{\gamma+1}\left[1 + \frac{2\gamma}{\gamma-1}\left(1 - \frac{p_z}{p_2}\gamma^{-1/2\gamma}\right)\right] \tag{7-93}$$

若 $u_0 = 0$，则水中冲击波阵面上的质点速度为

$$u_w = \sqrt{(p_w - p_0)\left(\frac{1}{\rho_0} - \frac{1}{\rho_w}\right)} \tag{7-94}$$

式中　p_w，ρ_w——水中初始冲击波的压力和密度；

　　　　p_0，ρ_0——未经扰动的水介质的压力和密度。

实验测定，当水中冲击波的压力 $0 < p < 4\,500\,\text{MPa}$ 时，水的冲击绝热方程为

$$v_{Dw} = 1.483 + 25.306\lg\left(1 + \frac{u_w}{5.190}\right) \tag{7-95}$$

式中　v_{Dw}，u_w——水中冲击波波阵面的速度和质点运动速度。

水中冲击波的动量方程为

$$p_w = \rho_0 v_{Dw} u_w \tag{7-96}$$

将式（7-94）代入式（7-95）得

$$p_w = \rho_0\left[1.483 + 25.306\lg\left(1 + \frac{u_w}{5.190}\right)\right]u_w \tag{7-97}$$

将式（7-96）、式（7-92）、式（7-93）联立就可解出水中冲击波的初始参数 p_z 和 u_z。

7.7.2　炸药在土石中爆炸的基本现象

炸药在土石中爆炸主要是指装药在岩石或土壤中的爆炸。由于地层（包括岩石）是一种很不均匀的介质，它们的颗粒之间存在着较大的孔隙，即使是同一岩层，各部分岩质的结构与力学性能也存在着较大的差别，因此，与空气和水中的爆炸相比，土中爆炸的情况更加复杂。本节主要介绍炸药在无限土石介质中和有限土石介质中爆炸的基本现象。

1. 土石中的爆炸现象

（1）装药在无限土石介质中的爆炸。

直接与炸药接触的土石在炸药爆炸时受到强烈的压缩，结构被完全破坏，且颗粒被压碎。由于受到爆轰产物的挤压，整个土石发生径向运动，从而形成一个空腔，如图 7.42 所示。若是脆性岩石则被压成粉末，此空腔称为排出区。排出区的体积为装药体积的几十倍甚至几百倍。与排出区相邻接的是强烈压碎区，在该区内的原土石结构全部被破坏和压碎，若在均质岩石中，还能观察到细密的裂纹。由于排出区和强烈压碎区中土石的破坏主要是由压缩应力作用引起的，因此又通称为压碎区或压缩区。

随着与爆炸中心距离的增大，爆轰产物的能量

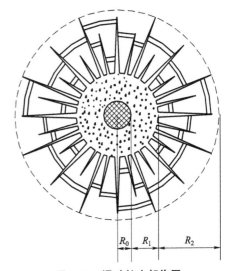

图 7.42　爆破的内部作用

R_0—药包半径；R_1—粉碎区半径；R_2—破裂区半径

将传给更多的介质，爆轰波在介质中形成的压缩应力波幅将迅速下降。当压缩应力值小于土石的动态抗压强度极限时，土石将不再被压坏和压碎，基本上保持原有的结构；当介质中的拉伸应力大于土石的动态抗拉强度极限时，将产生从爆炸中心向外辐射的径向裂缝。大量的研究表明，土石的抗拉强度远小于抗压强度，因此，在压碎区外就出现拉伸应力的破坏区，并且破坏范围要比前者大。在径向裂缝形成后，由于裂缝端部应力集中，裂缝进一步延伸到较远处。但随着爆轰波的继续传播及波幅的不断下降，当介质中形成的切向拉伸应力小于抗拉强度极限时，就不再形成新的裂缝了。由于膨胀导致爆轰产物的压力迅速下降，周围的土石卸载，并且向爆炸中心作微小的膨胀，于是在土石内形成了很大的拉伸应力，这样在径向裂缝之间又形成了许多环形裂缝。这种主要由拉伸应力作用而引起的径向裂缝和环形裂缝彼此交错的破坏区称为破碎区或松动区。

在破碎区以外，由于爆轰波已很弱，不能再引起土石结构的破坏，只能使其质点产生振动，而且离爆炸中心越远，振动的幅度越小，直到爆轰波衰减成声波，习惯上称这一区域为振动区。

（2）装药在有限土石介质中的爆炸。

装药在有限土石介质中爆炸时，按装药埋设的深度可分为松动爆破和抛掷爆破两种。

① 松动爆破。松动爆破是指装药在地下较深处的爆炸，其特点是爆轰只引起周围土石的松动，而不发生土石向外抛掷的情况。装药爆炸后，爆炸波由中心向四周传播。爆轰波通过时，介质的质点产生向外的径向运动。在无自由表面时，这种运动由于受外层介质的阻挡而停止；在有地面或其他自由表面存在时，则位于表面处的土石不再受到外层介质的阻碍，而产生向外的径向运动。与此同时，爆轰波从自由界面反射为稀疏波，并以当地的声速向土石深处传播，如图 7.43 所示。这种破坏是从自由表面开始向深处一层一层地扩展，而且基本上是按几何光学或声光的规律进行的。自由表面的存在使装药的破坏作用增大，因而在工程爆破中常常利用增加自由表面的方法来提高炸药的爆破效率。

② 抛掷爆破。抛掷爆破是指当装药离地面较近或者装药量较大时，爆炸的能量就会超过装药上方土石介质的障碍，使得土石被抛掷，并在爆炸中心与地面之间形成一个抛掷漏斗坑的爆破现象。如图 7.44 所示，图中装药中心至自由表面的垂直距离称为最小抵抗线，用 W 表示，漏斗坑口部的半径用 r 表示。

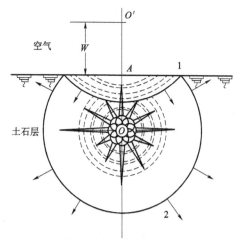

图 7.43　松动爆破时波的传播

1—反射波波阵面；2—爆轰波波阵面

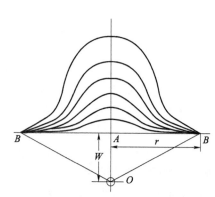

图 7.44　抛掷爆破时鼓包运动阶段

　　抛掷爆破时土石块的运动过程是最小抵抗线处地面首先突起，并不断地向周围扩展，其上升的高度和扩展的范围随着时间的增加而增大，但是，范围扩展到一定的程度后便停止了，而高度却继续增大。在该阶段内，抛掷漏斗坑内的土石虽已破碎，但地面却仍以一个整体向上运动，其外形类似于鼓包或钟形，因此，该阶段称为鼓包运动阶段，如图 7.43 所示。当地面鼓包的高度为最小抵抗线的 1～2 倍时，鼓包的顶部破裂，此时，爆轰产物便同土石的碎块一起向外飞散，该阶段称为鼓包破裂飞散阶段。最后，在重力和空气阻力的共同作用下，在空中飞行的土石碎块便落到地面，形成抛掷堆积阶段。因此，抛掷爆破的过程可分为三个阶段，即鼓包运动阶段、鼓包破裂飞散阶段和抛掷堆积阶段。此外，通过对抛掷爆破过程各阶段的分析还知道，对于单药包抛掷爆破，在最小抵抗线方向上土石块运动的速度最大，而偏离最小抵抗线越远，则速度越小，特别是漏斗坑边缘处的速度最小。

　　对抛掷爆破，可根据爆破作用指数 $n\left(n=\dfrac{r}{W}\right)$ 的大小分成以下几种爆破情况，如图 7.45 所示。

　　a. $n>1$ 为加强抛掷爆破。此时，漏斗的坑顶角大于 90°。

　　b. $n=1$ 为标准抛掷爆破。此时，漏斗的坑顶角等于 90°。

　　c. $0.75\leqslant n<1$ 为减弱抛掷爆破。此时漏斗的坑顶角小于 90°。

　　d. $n<0.75$ 为松动爆破。此时，没有土石的抛掷现象，没有可见的爆破漏斗。

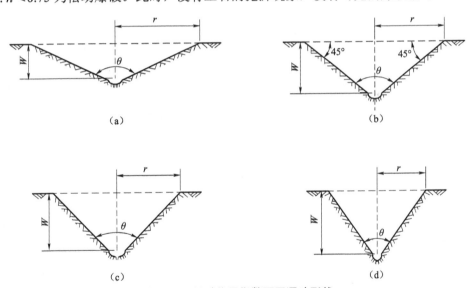

图 7.45　爆破作用指数不同漏斗形状
(a) $n=1$ 为标准抛掷爆破；(b) $n>1$ 为加强抛掷爆破；
(c) $0.75\leqslant n<1$ 为减弱抛掷爆破；(d) $n<0.75$ 为松动爆破

2. 土石中爆炸药量的计算

（1）无限土石介质中的爆炸药量计算。

　　对于无限土石介质中装药的爆炸，可以近似地认为介质的变形和破坏情况与炸药的作用力有关，而与重力无关。研究表明，土中爆炸产生的球形冲击波和压缩波在传播过程中也遵从爆炸相似律。当装药以质量 M 表示时，在离爆炸中心 r 处爆轰波波阵面的最大压力 p_{m} 的

函数表示式为

$$p_m = f\left(\frac{\sqrt[3]{m}}{r}\right)$$

当爆轰波的最大压力超过介质的抗压强度极限时，介质就被压碎。而对于某种土石介质来说，其抗压强度是定值，因此上式可写成

$$\frac{\sqrt[3]{m}}{r} = 常数$$

对于压碎区，则有

$$r_y = k_y \sqrt[3]{m} \tag{7-98}$$

对于破碎区，则有

$$r_p = k_p \sqrt[3]{m} \tag{7-99}$$

式中 r_y，r_p——压碎区和破碎区的半径；

k_y，k_p——与土石性质及炸药性质有关的压碎系数和破碎系数。

对于硝铵炸药，各种土石的 k_y、k_p 值如表 7.29 所示，而其他炸药，其装药量 M 值需用硝铵炸药的当量值代入。

表 7.29 各种土石的 k_y、k_p 值

序号	介 质	密度 ρ / (kg·m^{-3})	q_0/ kg	k_p/ (m·kg$^{-\frac{1}{3}}$)	k_y/ (m·kg$^{-\frac{1}{3}}$)
1	普通土壤（植物土）	1 504	0.447	1.07	0.50
2	沙质黏土	1 779	0.565	0.99	0.46
3	坚实的蓝色黏土	1 808	0.560	0.99	0.46
4	新积松土	1 359	0.200	1.40	0.63
5	流沙	1 620	0.590	0.97	0.45
6	含沙质黏土及多石的土壤	1 981	0.610	0.96	0.45
7	很坚硬的黏土	1 923	0.790	0.88	0.41
8	无裂缝的石灰岩或砂岩	2 285	0.710	0.90	0.22
9	无裂缝的花岗岩或片麻岩	2 704	0.800	0.87	0.215
10	劣质石砌体	—	0.420	1.09	0.27
11	中等质量石砌体	1 692	0.490	1.04	0.25
12	优质石砌体	2 450	0.710	0.90	0.22
13	含砾石配比为 1:3:7 的混凝土	—	—	0.77	0.19
14	优质水泥、花岗岩石制的混凝土	2 024	1.180	0.77	0.19
15	含砾石配比为 1:2:5 的钢筋混凝土	—	—	0.65	0.16
16	沥青混凝土	—	—	0.45	0.11
17	含水泥沙浆砌的砖体	—	—	0.97	0.24
18	钢筋混凝土	2 400	—	0.39	—

（2）有限土石介质中的爆炸药量计算。

有限土石介质中的爆炸是指装药靠近一个或多个自由表面时发生的爆炸。

① 松动爆破。当装药在平坦地形条件下发生爆炸时，由内、外松动破碎区组成的松动爆破的体积可近似地用下式计算：

$$V_s = 12r_p^3 = 12k_p^3 m \qquad (7-100)$$

式中　r_p——破碎区半径。

松动爆破用药量的估算式如下：

$$m = q_s W^3 \qquad (7-101)$$

式中　W——最小抵抗线；

　　　q_s——与地形、土石性质和炸药性质有关的松动爆破炸药用药量（平坦地形取 $q_s = \frac{1}{2}q$，

斜坡地形取 $q_s = \frac{1}{3}q$，其中 q 如表 7.30 所示）。

当装药在斜坡地形发生爆炸时，由于爆破松动的土石可在重力作用下顺着山坡滚滑，因而松动爆破也可形成爆破漏斗。

表 7.30　我国一些土石的 q 值

土石种类	$q/(\text{kg} \cdot \text{m}^{-3})$	土石种类	$q/(\text{kg} \cdot \text{m}^{-3})$
黏土	1.0～1.1	石灰岩、流纹岩	1.4～1.5
黄土	1.1～1.2	石英砂岩	1.5～1.7
坚实黏土	1.1～1.2	辉长岩	1.6～1.7
泥岩	1.2～1.3	变质砾岩	1.6～1.8
风化石灰岩	1.2～1.3	花岗岩	1.7～1.8
坚硬砂岩	1.3～1.4	辉绿岩	1.8～1.9
石英斑岩	1.3～1.4		

② 抛掷爆破。抛掷爆破的漏斗坑体积可按圆锥体进行近似计算，即

$$V = \frac{1}{3}\pi r^2 W \qquad (7-102)$$

对于标准抛掷爆破，则漏斗坑的半径 r 等于最小抵抗线 W，于是有

$$V = \frac{1}{3}\pi W^3 \approx W^3 \qquad (7-103)$$

研究表明，抛掷漏斗坑的尺寸与装药量和性能、埋地深度以及土石的特性等因素有关。一般情况下，装药量增加时，抛掷漏斗的体积增大；埋地深度变化时，漏斗坑的尺寸也变化。在某种介质中，若不考虑重力的影响，则装药量与抛掷漏斗体积的关系式为

$$Q = qW^3 f(n) \qquad (7-104)$$

式中　n——抛掷爆破指数；

$f(n)$——爆破作用指数方程 $f(n)=0.4+0.6n^3$；

q——标准抛掷爆破系数，表示当形成标准抛掷爆破漏斗时，爆破单位体积土石的炸药用药量，kg/m^3。

q 值可通过查表 7.30 获得，若装药为非 2# 岩石炸药，则应进行换算。

思考题

1. 简述提高炸药做功能力的途径，以及炸药做功能力试验方法（铅壔扩张）。

2. 简述提高炸药猛度的途径，以及炸药猛度试验方法（铅柱压缩）。

3. 什么是聚能现象？常用聚能装药有哪些部分组成？提高聚能效应的途径有哪些？

4. 什么是管道效应？简述管道效应（又称沟槽效应或间隙效应）的消除方法与内管道效应的应用。

5. 什么是拐角效应？拐角效应有哪些用途？使用中哪些拐角效应应避免？

6. 20 kg 太安在距离地面 10 m 的高度上爆炸，分别计算距爆炸中心 10 m 和 25 m 处空气冲击波的超压，并试求装药正下方地面上目标管理的最大冲击波压力。

7. 100 kg 黑索今在普通地面上爆炸，计算距爆点 10 m 和 30 m 处空气冲击波正压作用时间和冲量。

8. 为模拟 100 t 梯恩梯爆炸时对 500 m 处目标的破坏作用，利用小药量梯恩梯 1 kg 进行近距离试验，试确定试验距离。

主要参考文献

[1] 惠君明，陈天云. 炸药爆炸理论 [M]. 南京：江苏科学技术出版社，1995.

[2] 《炸药理论》编写组. 炸药理论 [M]. 北京：国防科学出版社，1982.

[3] 松金才，杨崇惠，金韶华. 炸药理论 [M]. 北京：兵器工业出版社，1997.

[4] 北京工业学院. 爆炸及其作用（上、下册）[M]. 北京：国防科学出版社，1979.

[5] 孙锦山，朱建土. 理论爆轰物理 [M]. 北京：国防工业出版社，1995.

[6] [美] C. Y. 约翰逊，P. A. 珀森. 猛炸药爆轰学 [M].《猛炸药爆轰学》译校组译校. 北京：国防工业出版社，1976.

[7] [苏] Ф. A. 鲍姆. 爆炸物理学 [M]. 众智，译. 北京：科学出版社，1964.

[8] 张俊秀，刘光烈. 爆炸及其应用技术 [M]. 北京：兵器工业出版社，1998.

[9] 张守中. 爆炸基本原理 [M]. 北京：国防工业出版社，1988.

[10] 李翼祺，马素贞. 爆炸力学 [M]. 北京：科学出版社，1992.

[11] 蔡瑞娇. 火工品设计原理 [M]. 北京：北京理工大学出版社，1999.

[12] 王廷武，刘清泉，杨永琦，等. 地面与地下工程爆破 [M]. 北京：煤炭工业出版社，1990.

[13] 吕洪生，曾新吾. 连续介质力学（中册）流体力学与爆炸力学 [M]. 长沙：国防科技大学出版社，1999.

[14] 丁长兴. 管道熄爆效应的产生原因及过程 [J]. 爆破，Vol.15，No.3（1998）：8-13.

[15] 陆明. 工业炸药配方设计 [M]. 北京：北京理工大学出版社，2002.

[16] 黄文尧，颜事龙. 炸药化学与制造 [M]. 北京：冶金工业出版社，2009.

[17] 周霖. 爆炸化学基础 [M]. 北京：北京理工大学出版社，2005.

[18] 张国伟. 爆炸作用原理 [M]. 北京：国防工业出版社，2006.

[19] 张宝坪，张就明，黄风雷. 爆轰物理学 [M]. 北京：兵器工业出版社，2001.

[20] 黄寅生. 炸药理论 [M]. 北京：兵器工业出版社，2009.